"十二五"高等学校动漫游戏专业设计丛书

游戏数学基础教程

房晓溪　主　编

侯宇坤　副主编

中国铁道出版社
CHINA RAILWAY PUBLISHING HOUSE

内容简介

本书主要讲解了与计算机游戏开发相关的数学知识和物理知识，重点为3D数学。3D数学是一门和计算几何相关的学科，主要研究怎样用数值方法解决几何问题。3D数学和计算几何广泛应用在游戏开发领域中，如图形变换、物理仿真等。本书讲述基本的代数和几何知识，包括向量、矩阵、四元数、几何变换等相关内容；讲述计算机游戏开发的相关数学知识，包括几何图元的碰撞检测、可见性判断、光照等内容；介绍物理的基础知识，包括力学、运动学、碰撞等基础物理理论。本书在对相关数学知识进行讨论的同时，给出了相应的C++实现代码。

本书既可作为高等院校动漫游戏专业的游戏开发教程，也可作为游戏开发人员的参考用书和游戏开发爱好者的自学教材。

图书在版编目（CIP）数据

游戏数学基础教程 / 房晓溪主编. — 北京：中国铁道出版社，2012.7

（“十二五”高等学校动漫游戏专业设计丛书）

ISBN 978-7-113-14704-4

Ⅰ.①游… Ⅱ.①房… Ⅲ.①数学－高等学校－教材 Ⅳ.①O1

中国版本图书馆CIP数据核字（2012）第102911号

书　名： 游戏数学基础教程
作　者： 房晓溪　主编

策　划： 巨　凤　　**读者热线：** 400-668-0820
责任编辑： 徐盼欣
封面设计： 一克米工作室
责任印制： 李　佳

出版发行： 中国铁道出版社（100054，北京市西城区右安门西街8号）
网　址： http://www.51eds.com
印　刷： 北京新魏印刷厂
版　次： 2012年7月第1版　　2012年7月第1次印刷
开　本： 787mm×1092mm　1/16　**印张：** 14.5　**字数：** 346千
印　数： 1～3 000册
书　号： ISBN 978-7-113-14704-4
定　价： 32.00元

前　言

计算机游戏开发技术是一门与数学及物理紧密相关的技术，数学及物理知识在计算机游戏开发中占有重要的位置，正是由于有深厚的数学及物理理论做后盾，计算机模拟的虚拟游戏世界才可以像今天这样逼真。

本书主要介绍了计算机图形学、仿真、计算几何等学科的基础知识，物理方面的基础知识，以及游戏开发中光照的数学计算知识等，旨在使学生对相关知识有更深入的理解。

学习本书前，学生需要掌握一些基本的理论知识和实践知识。此处所说的理论知识主要是指代数和几何知识，具体包括：

- 代数表达式变换；
- 代数运算法则，如结合律、分配律；
- 函数和变量；
- 基本2D欧几里得几何知识；
- 三角函数的基本知识。

而此处所说的实践知识，则主要是指C++编程的基础知识，具体包括：

- 程序流程控制；
- 函数和参数；
- 面向对象编程和类的设计。

这里需要说明的是，本书中的样本代码不受编译器和目标平台的限制，对于“高级”的C++语言特征和可能不熟悉的语言特征（如操作符重载、引用参数等）这里并未涉及，也不需要学生在特定的知识背景下学习。

本书的主要内容有：

第1章　数学基础与坐标系统，主要介绍有关坐标系统的知识及一些游戏和图形应用开发中常用的坐标系统和一些简单的数学概念。

第2章　向量，主要介绍3D数学中的向量，着重介绍向量和向量运算的几何意义。

第3章　矩阵，主要介绍3D数学中的矩阵，从数学的角度讨论矩阵的基本性质和运算，介绍这些性质、运算和几何解释，并深入探讨矩阵与线性变换之间的关系，讨论怎样使用矩阵的运算将基本变换按顺序组合成一个复杂的变换矩阵及各种变换的种类，最后介绍关于矩阵的其他有用知识点。

第4章　3D空间的方位与角位移，主要介绍在3D数学中如何描述物体方位，讨论角位移的概念，介绍3D数学中描述方位和角位移的常用方法，如矩阵、欧拉角和四元数等。

第5章　空间几何体，主要介绍几何图形的基本性质，讲解一般和特殊的几何图形，给出这些图形的表达方法和它们的重要性质及操作，并且给出一些C++代码，用于表达图形和实现所讨论的操作。

第6章　几何检测和碰撞检测，主要介绍碰撞检测系统的基础、最近点和相交性检测，这些知识可以帮助学生更好地理解碰撞检测的原理；还介绍了关于可见性检测的方法、概念，并详细讲解四叉树的概念实现。

第7章　物理模拟，主要介绍游戏开发中应用到的物理基础知识。在游戏开发的整个过程中，会用到很多物理学的知识，许多特定游戏的元素都需要通过实际物理的模拟才能达到真实的效果。

第8章　光线的相关算法，主要介绍光线的相关知识。在游戏中，光线跟踪的应用包括光谱的产生、可见性确定、碰撞检测及视线检测。这里重点介绍当光线照射到物体上时，如何确定光线与物体的交点，以及当光线照射到反射面或折射面时，光线的传播路径是如何改变的。

第9章　光照，主要介绍光照的相关知识。首先讲解RGB颜色系统，列举各种各样的光源，然后介绍漫反射光和镜面反射光，最后分析描述渲染表面细节的技术，如纹理映射。

本书由房晓溪任主编，侯宇坤任副主编，其中房晓溪负责全书的策划、内容的审订和章节的安排；侯宇坤负责全书的整理及校对工作。此外，本书的编写工作还得到了中国铁道出版社的编辑同志的帮助，他们提出了宝贵的意见和建议，在此一并表示感谢。希望本书能够给广大游戏开发人员、游戏开发爱好者及游戏专业的学生带来帮助。

由于编写时间有限，书中不足之处在所难免，望各位读者不吝赐教。

编　者

2012年2月

目　录

第1章

数学基础与坐标系统

本章主要内容：

3D 数学简介
一维数学
2D 数学
3D 扩展
世界坐标系
物体坐标系
摄像机坐标系
惯性坐标系
坐标系转换

本章重点：

2D 坐标系的建立
坐标系的种类
坐标系转换

本章难点：

坐标系转换

学完本章您将能够：

- 了解 3D 数学知识
- 掌握坐标系的概念及表示
- 了解各种坐标系的定义
- 了解坐标系转换

引　言

3D数学是一门和计算几何相关的学科。计算几何是研究怎样用数值方法解决几何问题的学科。3D数学和计算几何广泛应用在那些使用计算机来模拟3D世界的领域，如图形学、游戏、仿真、机器人技术、虚拟现实和动画等。3D数学讲解如何在3D空间中精确度量位置、距离和角度，其中使用最广泛的度量体系是笛卡儿坐标系统。本章将介绍有关坐标系统的知识，以及一些在游戏和图形应用开发中常用的坐标系和简单的数学概念。

1.1　3D数学简介

本书研究隐藏在3D几何世界背后的数学问题，研究内容包括理论知识和C++实现代码。“理论”部分解释3D中数学和几何之间的关系，列出的技巧与公式可以当做参考手册以方便查找。“实现”部分演示了怎样用代码来实现这些理论概念。本书编程语言使用C++，而实际上，本书的理论知识能用任何编程语言实现。

3D游戏数学填补了讲解图形学、线性代数和编程之间关系的鸿沟，可以作为学生编写游戏和图形程序的重要基础。

1.2　数学坐标系

笛卡儿数学由伟大的法国哲学家、物理学家、生理学家、数学家勒奈·笛卡儿（René Descartes，1596—1650）发明，并以他的名字命名。笛卡儿不仅创立了解析几何，将当时完全分开的代数学和几何学联系到了一起，他还在回答“我怎样判断某件事情是真的”这个问题上迈出了一大步，使后来的一代哲学家能够轻松愉快地工作。

本节将介绍一维数学、2D数学及3D数学中坐标系的建立和特点。

1.2.1　一维数学

在进入学习3D数学之前，需要了解关于数字系统和计数的一些概念。本节将学习有关一维数学的知识。

数学是一门实用学科，随着历史的发展，人类对数学的利用越来越深入。在很早以前，人们在生活中为了便于计数，他们不准备为所有的自然数命名，而是发展出多种计数系统，在需要时再为自然数命名——使用数字“1”、“2”等。

人们习惯于应用数学的知识把数排成一排，由此产生了数轴的概念，如图1-1所示。

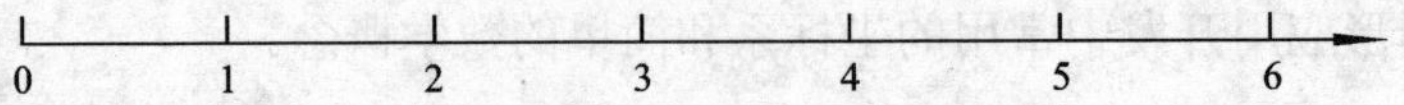

图1-1　自然数数轴

数轴描述为：在一条直线上等间隔地标记数字。理论上，数轴可以无限延长，后面用一个箭头来表示数轴延长的方向。当然，在某些情况下，需要将数轴向反方向延长，表示负值，由此产生了整数，其是由自然数和与自然数相反的数组成，如图1-2所示。

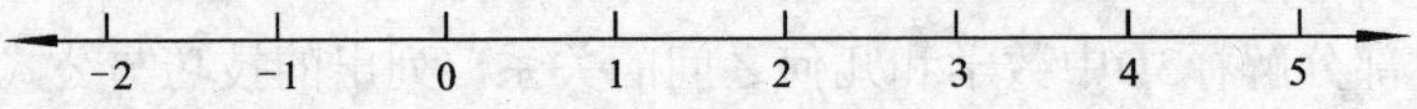

图1-2　整数数轴

在实际应用过程中，人们逐渐发现了分数——由一个整数除以另一个整数所得到的数字，如4/5，这些数统称为有理数。有理数填补了之前整数的空白，并出现了小数点的表示方法，如4/5的小数表示为0.8。

在逐渐发展中，出现了一些不能由有理数表示的数字，如最常见的“圆周率π”，人们把这样的数称为无理数，数的范畴就扩充成了实数。实数包括有理数和无理数，实数数学被很多人认为是数学中重要的领域之一，研究实数的领域被称为“连续数学”。

对于3D虚拟世界的设计者来说，可以使用C＋＋提供的多种数据类型来描述3D虚拟世界，包括short、int、float和double。short是16位整数，可以表示65 536个不同的数值。虽然这个数很大，但度量现实世界还是远远不够的。int是32位整数，可以表示4 294 967 296个不同的数值。float是32位有理数，可以表示4 294 967 296个数值。double与float类似，可以表示64位有理数。

1.2.2 2D数学

1. 引入2D坐标系

2D坐标系又称笛卡儿坐标系，即为矩形坐标系。举一个常用的例子，使用该坐标系来描述一张某城市的平面地图，如图1-3所示。

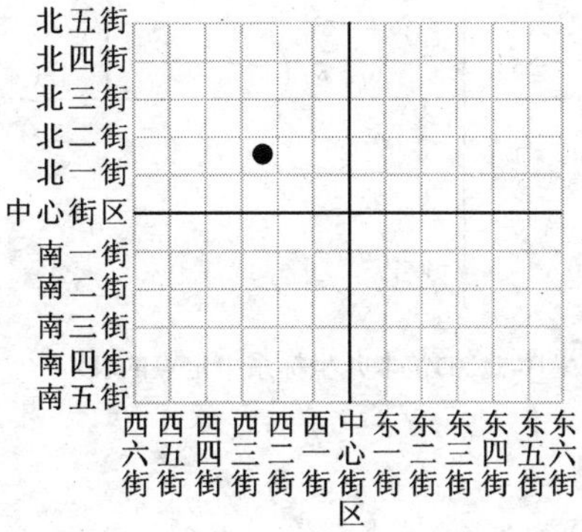

图1-3 某城市平面地图

从图中可以看到，把地图平均分成均匀的若干小区域，中心处贯穿城市东西、南北，将城市分成4个等分区域，其他街道名称分别由中心街区向外扩展。对于此图而言，很容易描述城市中的建筑，如图1-3所示，图中黑色圆圈表示某一建筑，可以很容易地在西三街区与北二街区找到该建筑。

2. 2D坐标系的建立

前面通过实例引入笛卡儿坐标系的概念，利用坐标系作为一个城市平面地图的表示方法，当然，可以把此方法应用到任何一个地方，如一个房屋的平面图、一个场景关卡的俯视图等。下面将建立一个2D笛卡儿坐标系，如图1-4所示。

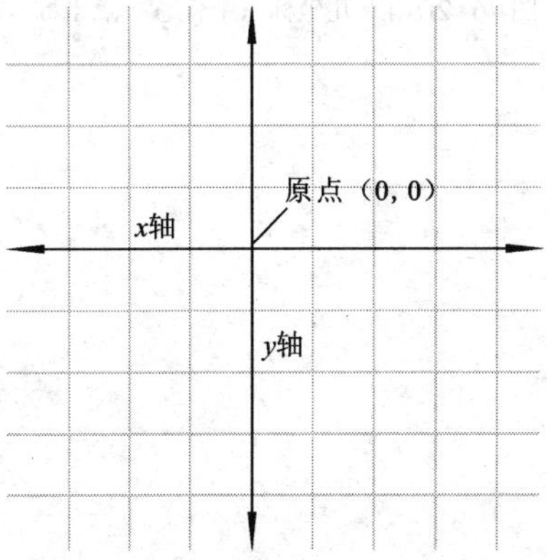

图1-4 2D笛卡儿坐标系

2D笛卡儿坐标系的解释如下：

1）每个2D笛卡儿坐标系都有一个特殊的点，称为原点，它是坐标轴的中心，如图1-4中原点所示。

2）每个2D笛卡儿坐标系都有两条过原点的直线向两侧无限延伸，称为“轴”。两个轴互相垂直，即图1-4中的x轴、y轴。

3）上面所介绍的城市平面地图的例子与2D笛卡儿坐标系有了很明显的区别：城市是有范围的区域，而2D空间是无限延伸的，表现为x轴和y轴向正负两个方向延伸；对于城市的任意街道都是有宽度的，其中容纳建筑等设施，而坐标系中的任意直线是没有宽度的。

3．2D笛卡儿坐标系中任意一点的表示

2D中，两个数(x, y)就可以定位一个点（因为是2D空间，所以使用两个数。与此类似，3D空间中使用3个数）。与某城市平面地图中描述建筑的位置一样，坐标系中每个分量都表明了该点与原点之间的距离和方位。确切地说，每个分量都是到相应轴的有符号距离。图1-5所示为表示坐标系中任意一点的定位。

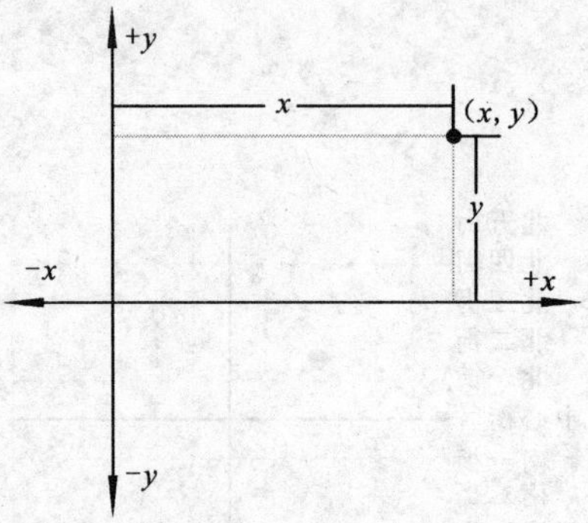

图1-5　2D笛卡儿坐标系中定点的表示

如图1-5所示，x分量表示该点到y轴的有符号距离，同样，y分量表示该点到x轴的有符号距离。“有符号距离”是指在某方向上距离为正，而在相反的方向上为负。

下面来表示2D笛卡儿坐标系中任意一点的坐标。图1-6展示了坐标系中多个任意点。

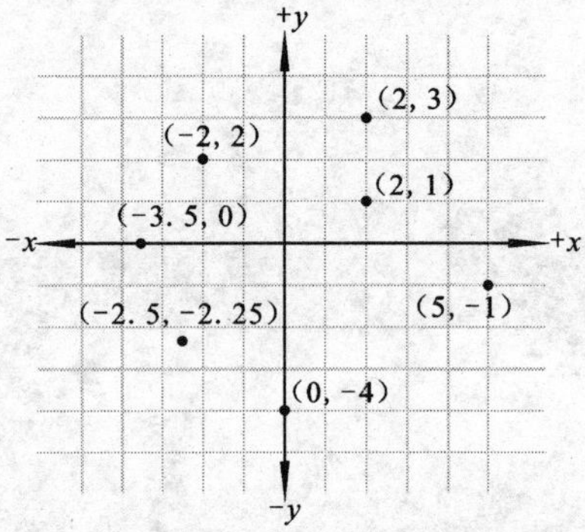

图1-6　2D笛卡儿坐标系中任意一点坐标

应该注意的是，y轴左侧点的x坐标值都是负值，右侧则是正值，x轴上侧点的y坐标值都是正值，下侧则是负值。当然，图中为了感官上清晰，将坐标轴分为了很多区域，有些点在区域的交点上，也有些点不在区域的交点上，但对于任意一点，都是可以用$(x，y)$表示的。

1.2.3　3D扩展

在上一节中讲解了2D坐标系的建立及表示，本节将2D扩展到3D的空间中，将讲解3D坐标系的建立、3D空间中任意点的描述及两种非常重要的3D坐标系。

1．3D坐标系建立

在2D空间中需要2个坐标轴表示。3D空间与2D空间的不同，在于除了能表示平面上的点以外，加入了一个深度的概念，使坐标系可以表示3D空间中的任意一点。为表示空间中的点，新加入一个坐标

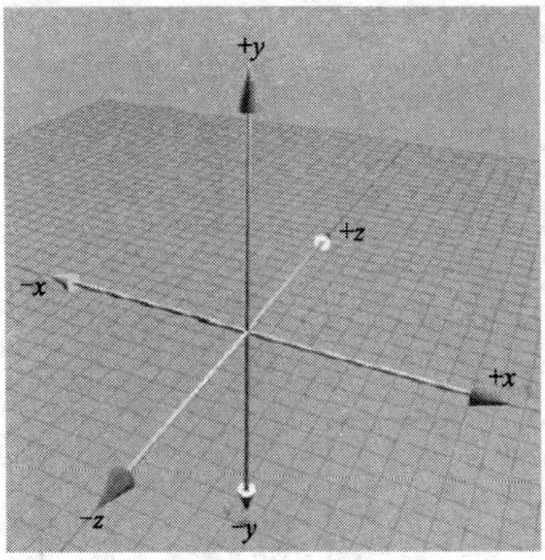

图1-7 3D笛卡儿坐标系

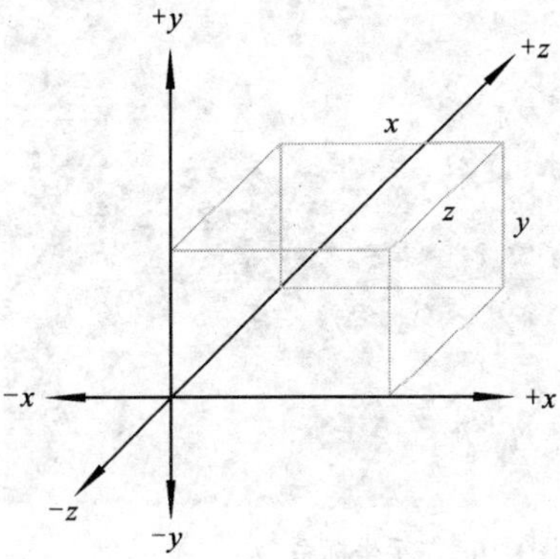

图1-8 3D笛卡儿坐标系中定点的表示

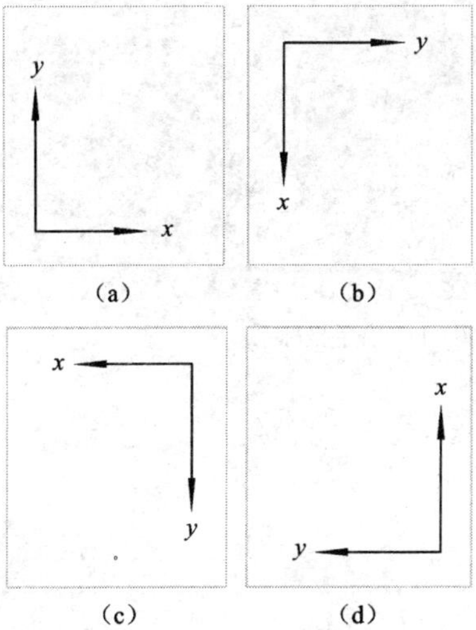

图1-9 不同坐标轴方向的表示

轴z轴，z轴和x轴、y轴相互垂直，即每个轴都垂直于另外两个轴。图1-7展示了一个3D坐标系。

在之前的一节中已经讲过，2D坐标系的统一标准：x轴正向为向右，y轴正向为向上，但是，在3D坐标系中并没有统一的标准，因为在不同领域研究时，将使用不同的标准，图1-7中定义z轴正方向是指向本书纸面里的。下面将讨论3D坐标系的两种坐标系种类。

这里需要注意的是，将3D坐标系中的x、y轴等同于2D坐标系中的x、y轴是不准确的。在3D坐标系中，任意两个坐标轴所构成的平面都垂直于第三个轴，所以，可以认为在3D坐标系中3个轴建立了3个2D坐标系（x、y轴的xy平面；x、z轴的xz平面；y、z轴的yz平面）。

将2D坐标系对于定点的表示扩展到3D空间，即在3D中表示一个点，需要3个数：x、y和z分别表示到yz、xz和xy平面的有符号距离，如图1-8所示。

2. 右手坐标系与左手坐标系

上面提到了3D坐标系两种标准的问题。首先，先从2D坐标系来讨论关于定义坐标轴的问题。在2D笛卡儿坐标系中，可以根据自己的需要定义坐标轴的指向，例如规定x轴向右为正方向，y轴向下为正方向等，可能的轴向共8种，如图1-9所示。

对于图1-9（a）至图1-9（d），在2D坐标系中，无论x、y轴的方向如何，都能通过旋转使x轴的正方向为向右，y轴正方向为向上；而对于图1-9（e）至图1-9（h），则可以通过绕x轴或y轴翻转得到，比如图1-9（e）所示是通过图1-9（d）绕x轴翻转的结果，即可得出结论：所有2D坐标系都是“等价”的。

那么，在3D坐标系中是一样的吗？试着将3D坐标系做旋转，以图1-7所示，是否能将z轴方向与现在相反，使子轴正方向面向纸的外侧，而其他两个坐标轴方向不变？

答案是否定的，由此得出结论：3D坐标系不能等价。3D坐标系存在两个完全不同的3D坐标系：左手坐标系和右手坐标系，如果属于同一种坐标系，则通过旋转可以重合；否则不可以。

两个坐标系轴向的规定可以由左右手帮助完成，所以称为左手坐标系与右手坐标系。下面学习如何通过左右手确定3D坐标系。伸出左手，让拇指和食指成 L形，拇指向右，食指向上，其余的手指指向前方，就确定了一个左手坐标系，而拇指、食指和其余手指分别表示x、y、z轴的正方向，如图1-10所示。

同样，伸出右手，使食指向上，其余三指向前，拇指这时指向左，这就是一个右手坐标系，拇指、食指和其余手指分别表示x、y、z轴的正方向。右手坐标系如图1-11所示。

左手坐标系和右手坐标系可以相互转换，最简单的方法就是翻转任意一轴的方向，保持其他轴方向不变。

在不同的研究领域中，将会选择不同的坐标系，如传统的计算机图形学使用左手坐标系，而线性代数则倾向于使用右手坐标系。例如，在DirectX中使用的是左手坐标系，而在OpenGL中则使用右手坐标系。本书约定使用左手坐标系。

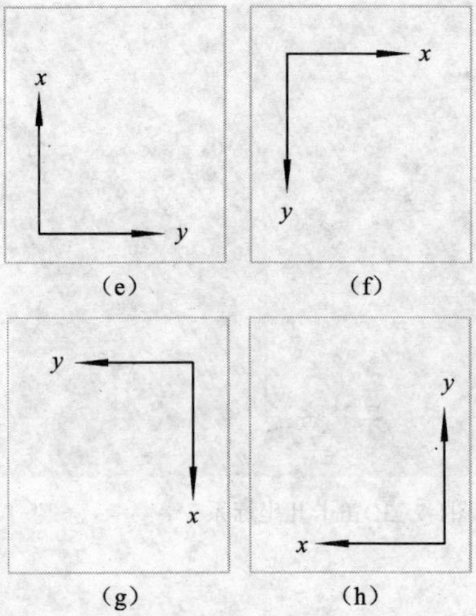

图1-9 不同坐标轴方向的表示（续）

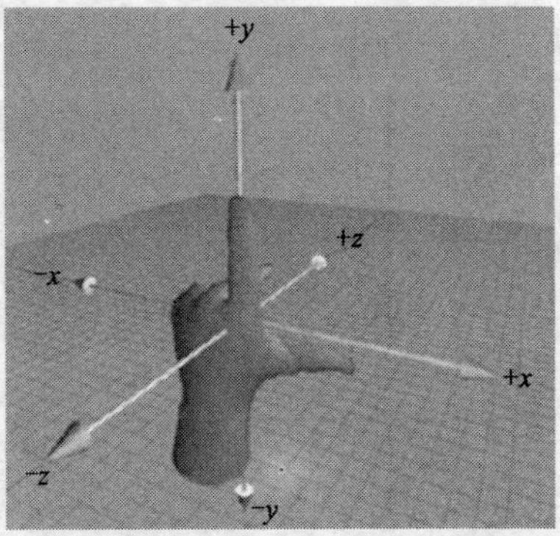

图1-10 左手坐标系

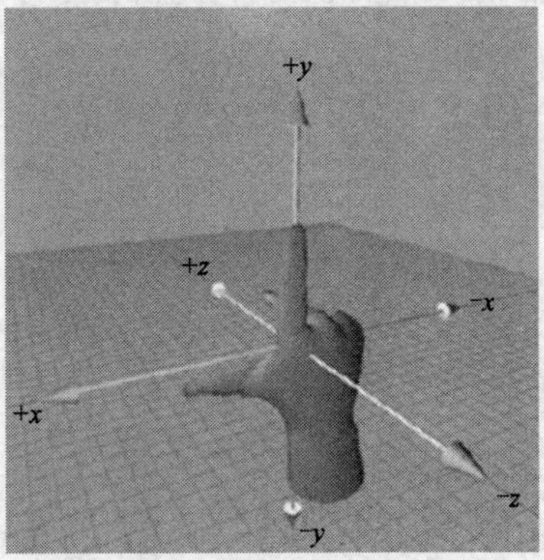

图1-11 右手坐标系

1.3 多坐标系

上面已经介绍了如何建立3D坐标系，选定原点和坐标轴就能在任意地方建立坐标系。在真正应用时，将在不同的具体情况下选择不同的坐标系，而不是只使用一个坐标系，因为在不同情况下使用合适的坐标系会更加方便。

下面举一个形象的例子来加深理解。在以前的章节里，介绍过一个关于城市平面地图的例子，使用2D笛卡儿坐标系来表示所有在城区内的建筑及其他事物，对于这个城市的人来说，应用这张地图可以清楚地了解城区的情况。当然，城市是在国家里，国家有很多城市，每个城市都有自己相应的地图作为方便当地居民的工具。但是对于作为国家的城市规划者来说，整个国家的地图会更重要，他会需要一张国家地图来描述各个城市及城市的建设。此时，国家地图将设定另一个坐标系，将城市地图中的整体情况在国家地图中表示出来，以新坐标系作参照指引。

下面将介绍一些3D图形学中常用的坐标系。

1.3.1 常见坐标系

1. 世界坐标系

顾名思义，世界坐标系将描述在地球上的“绝对”位置，比如，地球上的任意一点在该坐标系中，可以基于该坐标系对点进行描述。当然，这只是一个形象的说法，世界坐标系并不一定就是地球。世界坐标系定义为：世界坐标系是一个特殊的坐标系，它建立了描述其他坐标系所需要的参考框架。另一种解释是：能够以世界坐标系为基础参考框架来描述其他坐标系的位置（或者说描述其他物体的位置，这个物体本身又有自己内部的坐标系表示）。在描述现实或者3D虚拟世界的应用中，应该以世界坐标系为基础参考系，以利于形成一个统一的绝对位置概念，方便管理，而不能用更大的、外部的坐标系来描述世界坐标系。

世界坐标系是关注范围内最大的坐标系，比如，对于一个城市的全景来说，只关心城市内部，不用理会城市外部，就可将城市作为“整个世界”。

世界坐标系还可以称为宇宙坐标系或全局坐标系。

世界坐标系所关注的主要问题是关于初始位置与环境，包括：

1）摄像机的位置和方向，比如游戏场景中的摄像机位置及朝向。

2）每个物体的位置和方向，比如玩家的初始位置及朝向或建筑等物体的位置。

3）世界中每一点的地形情况，比如在游戏场景中的地形，可以形成山丘或河流。

4）每个物体的运动轨迹，比如NPC（Non-Player-Controlled character）的运动路径。

2. 物体坐标系

每一个物体都有自己独立的坐标系，即将物体本身作为坐标系描述的范围。比如，在向别人指路时，会说“前”、“后”、“左”、“右”，而这些只对于自己本身的物体坐标系才有意义，根据不同的情况，向“左”转有可能向北转，也有可能向东转，而这时的北方和东方则是在世界坐标系中。

物体坐标系中也可以指定位置。比如，当询问存储箱里的备用装备放在哪里时，即使在放置存储箱的安全区里，也不能说“在安全区里”，而应该以存储箱的物体坐标系作为标准，回答“在存储箱的第二行第二格里”。

物体坐标系所关注的主要是相对物体本身的问题。比如：玩家周围是否有怪物？怪物在玩家的哪个方向？如果逃跑，玩家应该朝向哪里？

3. 摄像机坐标系

摄像机坐标系是针对3D空间的，和2D平面的屏幕坐标系相似，与观察者有密切的联系，观察者是否能看到3D空间中的物体，看到哪些或哪一部分，都是摄像机坐标系所研究的问题。

可以把摄像机坐标系看做一个特殊的“物体”坐标系，该物体定义坐标系的地方就是摄像机定义可视区域的地方。在摄像机坐标系中，原点被定义为摄像机，x轴正方向相对于摄像机向右，y轴正方向相对于摄像机向上，z轴正方向面向屏幕内或摄像机的方向，如图1-12所示。

摄像机坐标系的主要研究内容包括：

1）3D空间中的物体是否在摄像机的可视区域内？如图1-12中淡灰色的四棱锥以内的区域便是摄像机的可视区域。可视区域是否应在屏幕中描绘出来？

2）多个物体的方位顺序，比如，哪个在前，哪个在后，是否是全部描绘，还是部分描绘等。

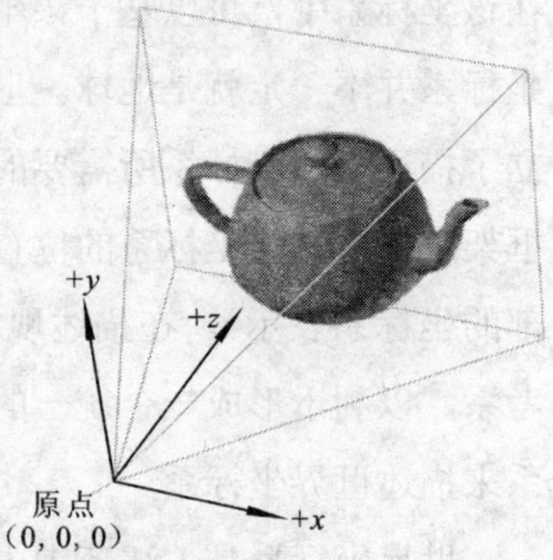

图1-12　摄像机坐标系

4. 惯性坐标系

前面已经介绍了世界坐标系和物体坐标系，那么，想象现在处于3D虚拟空间中，将要在3D场景中拿到一把武器。这时，整个3D场景在世界坐标系中，武器在世界坐标系中表示，而本身使用物体坐标系表示，需要知道武器在玩家的什么方位，要走多远，玩家需要知道自己在世界坐标系中的位置与方向，才能确定向哪个方向移动及移动多少才能拿到武器，这就需要进行物体坐标系到世界坐标系的转换。为了简化转换过程，引入一个新的坐标系——惯性坐标系，它是物体坐标系和世界坐标系转化过程中的一个半成品，也可以说是一个中间转化结果。

举一个例子：图1-13展示了2D空间中的情况，惯性坐标系的原点与物体坐标系的原点重合，而惯性坐标系的轴平行于世界坐标系的轴。

可以将物体坐标系转化到世界坐标系的过程分为两个步骤：

1）将物体坐标系旋转，使坐标轴平行于世界坐标系的轴，发现此时的物体坐标系与惯性坐标系重合。

2）将此时的物体坐标系（或得到的惯性坐标系）平移，使原点与世界坐标系原点重合，便完成了物体坐标系到世界坐标系的转换。

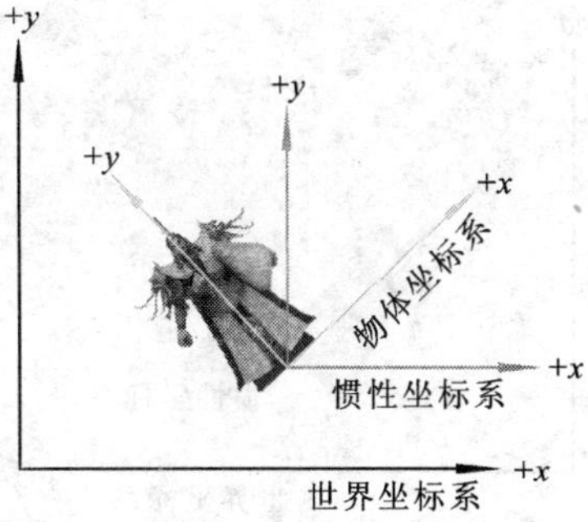

图1-13 物体坐标系、惯性坐标系与世界坐标系

下一节将详细介绍坐标系转换的过程。

1.3.2 坐标系转换

上一节中已经简单介绍了坐标系转换的原因和惯性坐标系的作用，本节将具体研究坐标系的转换。

坐标系的转换过程就是如果知道某一点的坐标，如何在另一个坐标系中描述该点。在上一节中，知道能用惯性坐标系作为中介来转换世界坐标系和物体坐标系，用旋转能从物体坐标系转换到惯性坐标系，用平移能从惯性坐标系转换到世界坐标系。现在继续讨论上一节中的转换过程。

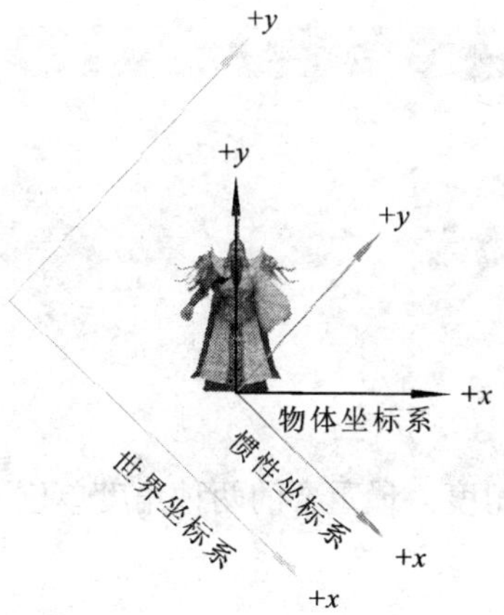

图1-14 物体坐标系中的物体

如图1-14所示，物体在物体坐标系中表示。在这里，不关注物体中某个具体点从物体坐标系到世界坐标系，而来研究物体坐标系转换到世界坐标系，这样就可以得到物体中任意点的转换方法。为了方便理解，假定人物的中心点在物体坐标系中的坐标是(0,100)（人物的脚作为物体坐标系的原点），惯性坐标系的轴与物体坐标系的轴成45°。

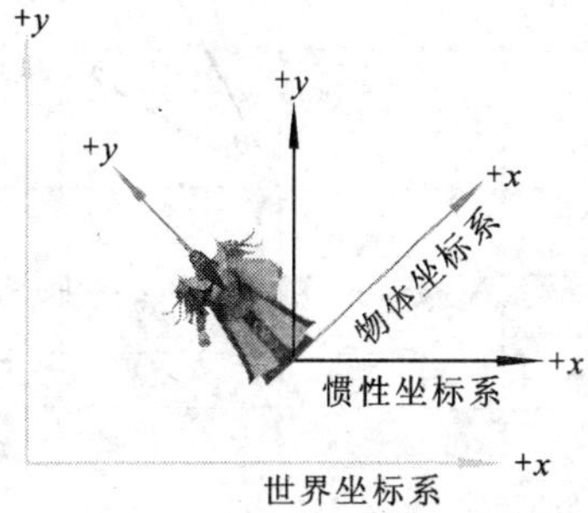

图1-15 惯性坐标系中的物体

首先，将物体坐标系顺时针旋转45°，与惯性坐标系重合。如图1-15所示，相当于惯性坐标系逆时针旋转45°与物体坐标系重合，物体在惯性坐标系中的坐标值将改变，人物中心点在惯性坐标系中大概的位

置可能是(-300,600)。

接下来，将惯性坐标系转换到世界坐标系。应该将物体坐标系（或惯性坐标系）向下、向左平移，使原点与世界坐标系中原点重合。如图1-16所示，物体在世界坐标系中的坐标将改变，人物中心点在世界坐标系中大概的位置可能是(1 200,1 000)。

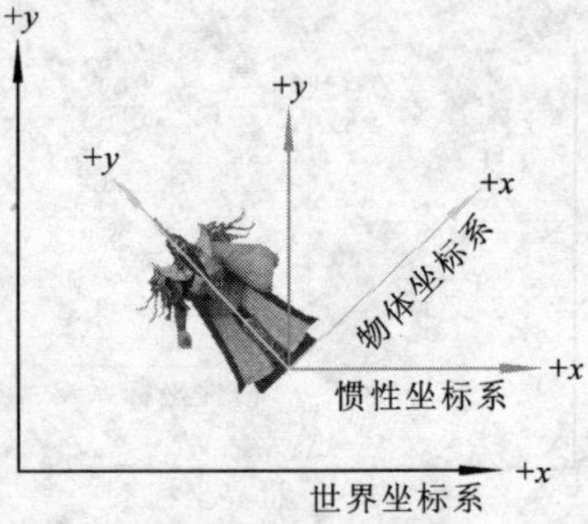

图1-16　世界坐标系中的物体

从上面的例子中可以发现，对于坐标轴的具体转换过程，针对物体本身，将是发生相反的事情。比如，物体坐标系顺时针旋转特定角度重合于惯性坐标系，相当于物体相对于惯性坐标系逆时针旋转相同角度；惯性坐标系向左和向下平移一段距离重合于世界坐标系，相当于物体向右和向上平移相应的距离。

1.4　简单的数学概念

本节将介绍在游戏开发中常用的数学公式。

1.4.1　角度、度和弧度

“角度”用于度量平面中的旋转。常使用希腊字母θ代表角度。最重要的两种角度单位是度（单位为°）和弧度（单位为rad)。

度，在数学中经常遇到，比较容易理解，比如旋转360°表示旋转一周。

弧度，是基于圆的一种单位，当用弧度表示两条射线的夹角时，指定了单位圆上的一段圆弧，如图1-17所示。

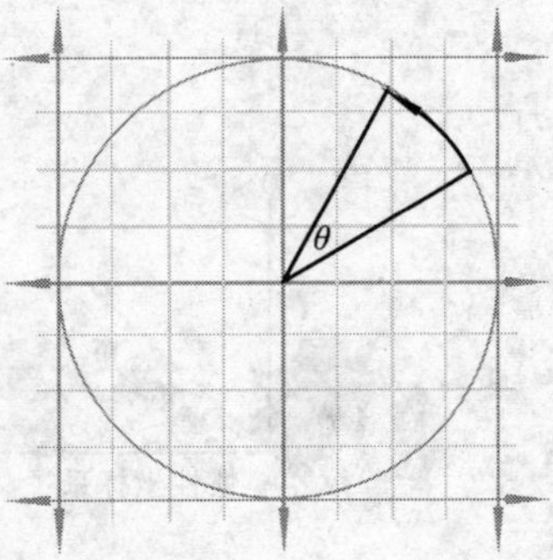

图1-17　弧度

单位圆的周长是2π，π≈3.141 592 635 9。因此，2π就代表旋转一周。因为360°=2π，180°=π，所以将弧度转换成角度时应乘以180/π（约为52.295 78)，角度转换成弧度时乘以π/180（约为0.017 453 29)：

$$1\ \text{rad} = \left(\frac{180}{\pi}\right)^{\circ} \approx 57.295\ 78^{\circ}$$

$$1° = \left(\frac{\pi}{180}\right)\text{rad} \approx 0.017\ 453\ 29\ \text{rad}$$

本书中角度都是用度表示的，因为人们对于度更容易理解，更直观；但是，在代码中都是用弧度来表示角度的，标准的C函数的参数都是弧度。

1.4.2 三角函数

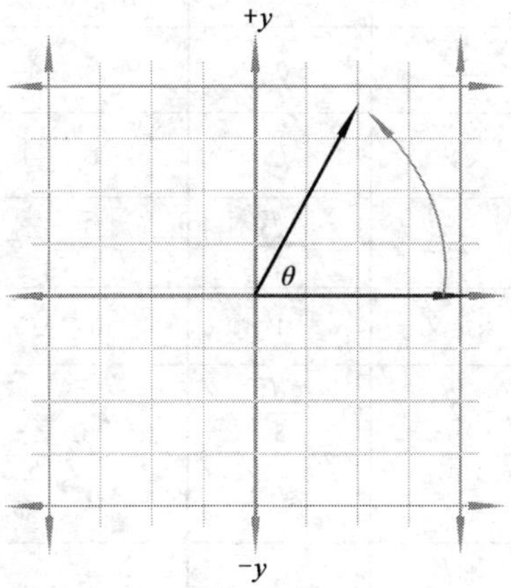

图1-18 角度 θ 的标准位置

在2D空间中，让单位射线指向+x，原点是射线的端点，接着以逆时针的方向 画一个角度为θ，就称这个角度在标准位置，如图1-18所示。

图1-18中，射线端点的x、y值有着特殊的性质，为它赋予两个特殊的函数，也是本节要介绍的cos和sin，表示如下：

$$x=\cos\theta$$

$$y=\sin\theta$$

还可以定义另一些和sin、cos相关的三角函数，分别为tan、sec、csc和cot：

$$\tan\theta = \frac{\sin\theta}{\cos\theta}$$

$$\sec\theta = \frac{1}{\cos\theta}$$

$$\csc\theta = \frac{1}{\sin\theta}$$

$$\cot\theta = \frac{1}{\tan\theta} = \frac{\cos\theta}{\sin\theta}$$

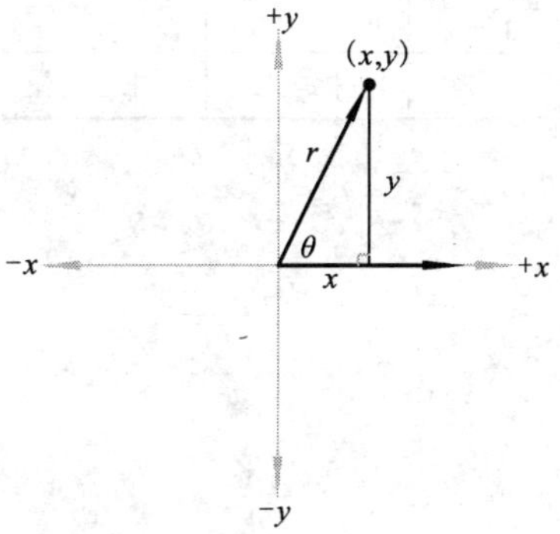

图1-19 在直角三角形中表示三角函数

为了方便记忆，给出记忆方法：将单位射线作为斜边构造一个直角三角形，发现x、y分别是角θ的邻边和对边的长度，如图1-19所示。

图中斜边可以不为单位射线，长度设为r，则得到三角函数公式：

$$\cos\theta = \frac{x}{r},\quad \sec\theta = \frac{r}{x}$$

$$\sin\theta = \frac{y}{r}, \quad \csc\theta = \frac{r}{y}$$

$$\tan\theta = \frac{y}{x}, \quad \cot\theta = \frac{x}{y}$$

下面总结出特殊三角函数的值，如表1-1所示。

表1-1　特殊三角函数的值

θ/°	θ/rad	$\cos\theta$	$\sin\theta$	$\tan\theta$	$\sec\theta$	$\csc\theta$	$\cot\theta$
0	0	1	0	0	1	未定义	未定义
30	$\frac{\pi}{6} \approx 0.526\,3$	$\frac{\sqrt{3}}{2}$	$\frac{1}{2}$	$\frac{\sqrt{3}}{3}$	$\frac{2\sqrt{3}}{3}$	2	$\sqrt{3}$
45	$\frac{\pi}{4} \approx 0.785\,4$	$\frac{\sqrt{2}}{2}$	$\frac{\sqrt{2}}{2}$	1	$\sqrt{2}$	$\sqrt{2}$	1
60	$\frac{\pi}{3} \approx 1.047\,2$	$\frac{1}{2}$	$\frac{\sqrt{3}}{2}$	$\sqrt{3}$	2	$\frac{2\sqrt{3}}{3}$	$\frac{\sqrt{3}}{3}$
90	$\frac{\pi}{2} \approx 1.570\,7$	0	1	未定义	未定义	1	0
120	$\frac{2\pi}{3} \approx 2.094\,4$	$-\frac{1}{2}$	$\frac{\sqrt{3}}{2}$	$-\sqrt{3}$	-2	$\frac{2\sqrt{3}}{3}$	$-\frac{\sqrt{3}}{3}$
135	$\frac{3\pi}{4} \approx 2.356\,2$	$-\frac{\sqrt{2}}{2}$	$\frac{\sqrt{2}}{2}$	-1	$-\sqrt{2}$	$\sqrt{2}$	-1
150	$\frac{5\pi}{6} \approx 2.618\,0$	$-\frac{\sqrt{3}}{2}$	$\frac{1}{2}$	$-\frac{\sqrt{3}}{3}$	$-\frac{2\sqrt{3}}{3}$	2	$-\sqrt{3}$
180	$\pi \approx 3.141\,6$	-1	0	0	-1	未定义	未定义
210	$\frac{7\pi}{6} \approx 3.665$	$-\frac{\sqrt{3}}{2}$	$-\frac{1}{2}$	$\frac{\sqrt{3}}{3}$	$-\frac{2\sqrt{3}}{3}$	-2	$-\sqrt{3}$
225	$\frac{5\pi}{4} \approx 3.927\,0$	$-\frac{\sqrt{2}}{2}$	$-\frac{\sqrt{2}}{2}$	1	$-\sqrt{2}$	$-\sqrt{2}$	1
240	$\frac{4\pi}{3} \approx 4.188\,8$	$-\frac{1}{2}$	$-\frac{\sqrt{3}}{2}$	$\sqrt{3}$	-2	$-\frac{2\sqrt{3}}{3}$	$-\frac{\sqrt{3}}{3}$
270	$\frac{3\pi}{2} \approx 4.712\,4$	0	-1	未定义	未定义	-1	0
300	$\frac{5\pi}{3} \approx 5.236\,0$	$\frac{1}{2}$	$-\frac{\sqrt{3}}{2}$	$-\sqrt{3}$	2	$-\frac{2\sqrt{3}}{3}$	$-\frac{\sqrt{3}}{3}$
315	$\frac{7\pi}{4} \approx 5.497\,8$	$\frac{\sqrt{2}}{2}$	$-\frac{\sqrt{2}}{2}$	-1	$\sqrt{2}$	$-\sqrt{2}$	-1
330	$\frac{11\pi}{6} \approx 5.759\,6$	$\frac{\sqrt{3}}{2}$	$-\frac{1}{2}$	$-\frac{\sqrt{3}}{3}$	$\frac{2\sqrt{3}}{3}$	-2	$-\sqrt{3}$
360	$2\pi \approx 6.283\,2$	1	0	0	1	未定义	未定义

1.4.3　三角公式

1. 常用三角公式

$$\sin^2\theta + \cos^2\theta = 1$$

$$1 + \tan^2\theta = \sec^2\theta$$

$$1+\cot^2\theta=\csc^2\theta$$
$$\sin(-\theta)=-\sin\theta$$
$$\cos(-\theta)=\cos\theta$$
$$\tan(-\theta)=-\tan\theta$$
$$\sin\left(\frac{\pi}{2}-\theta\right)=\cos\theta$$
$$\cos\left(\frac{\pi}{2}-\theta\right)=\sin\theta$$
$$\tan\left(\frac{\pi}{2}-\theta\right)=\cot\theta$$

2. 和差公式

$$\sin(x+y)=\sin x\cos y+\cos x\sin y$$
$$\sin(x-y)=\sin x\cos y-\cos x\sin y$$
$$\cos(x+y)=\cos x\cos y-\sin x\sin y$$
$$\cos(x-y)=\cos x\cos y+\sin x\sin y$$
$$\tan(x+y)=\frac{\tan x+\tan y}{1-\tan x\tan y}$$
$$\tan(x-y)=\frac{\tan x-\tan y}{1+\tan x\tan y}$$

3. 倍角公式

$$\sin 2\theta=2\sin\theta\cos\theta$$
$$\cos 2\theta=\cos^2\theta-\sin^2\theta=1-2\sin^2\theta=2\cos^2\theta-1$$
$$\tan 2\theta=\frac{2\tan\theta}{1-\tan^2\theta}$$

4. sin和cos法则

设有一个三角形如图1-20所示，a、b、c分别表示三角形3条边的长度，A、B、C分别表示三角形的3个顶角。则存在如下公式：

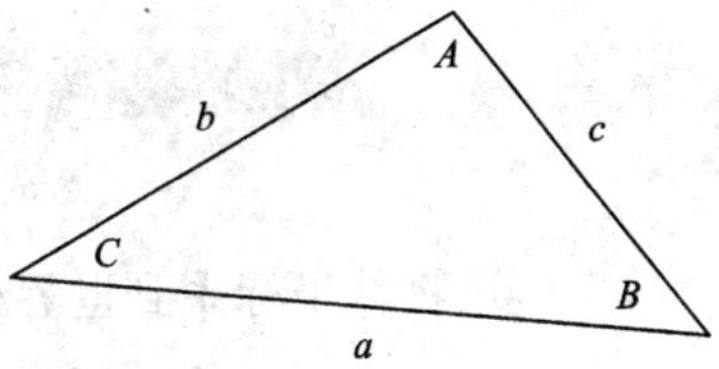

图1-20　三角形

$$\frac{\sin A}{a}=\frac{\sin B}{b}=\frac{\sin C}{c}$$
$$a^2=b^2+c^2-2bc\cos A$$
$$b^2=a^2+c^2-2ac\cos B$$
$$c^2=a^2+b^2-2ab\cos C$$

小结

本章主要介绍了3D数学；重点介绍了3D数学中一个重要的内容：坐标系统，讲解了关于坐标系的发展，循序渐进地引入3D空间坐标系，对于坐标系统的建立及应用做了详细的讲解；另外，引入了多坐标系概念，重点讲解在3D图形学中的几种有用的坐标系，并介绍了关于坐标系转换的知识。最后，介绍了角度、三角函数及简单的三角公式。

习题

1．DirectX中所使用的是（　　）。

A．右手坐标系　　　　B．左手坐标系

C．世界坐标系　　　　D．物体坐标系

2．请判断下面的句子是否正确。

1）2D笛卡儿坐标系都有一个特殊的点，称为原点，它是坐标轴的中心。（　　）

2）在2D坐标系中，无论x、y轴的方向如何，都能通过旋转使x轴的正方向为向右，y轴正方向为向上。（　　）

3）在3D坐标系中，无论x、y、z轴的方向如何，都能通过旋转使x轴、y轴与z轴的方向分别朝向右、上与纸面内。（　　）

扩展练习

1．假设物体坐标系到世界坐标系的转换如下：绕y轴逆时针旋转42°，沿z轴平移6个单位，沿x轴平移12个单位。请给出物体上点的变换过程。

2．下列每个问题中，采用哪个坐标系是最合适的？（物体、惯性、摄像机、世界坐标系）

1）计算机在我前面还是后面。

2）书在我的西边还是东边。

3）怎样从一个房间到另一个房间。

第2章

向　　量

本章主要内容：

向量的定义
向量的大小
零向量
负向量
单位向量
标量与向量的乘法
向量的加减法
距离公式
向量的点乘
向量的叉乘

本章重点：

向量的定义
向量的大小
几种特殊向量
向量的运算
距离公式

本章难点：

向量的点乘
向量的叉乘

学完本章您将能够：

- 了解向量的定义
- 了解几种常见的特殊向量
- 掌握向量的运算方法及几何意义

引 言

向量又称矢量，最初应用于物理学。很多物理量如力、速度、位移及电场强度、磁感应强度等都是向量。大约公元前350年前，古希腊著名学者亚里士多德就知道了力可以表示成向量，两个力的组合作用可用著名的平行四边形法则来得到。“向量”一词来自力学、解析几何中的有向线段。最先使用有向线段表示向量的是英国科学家牛顿。

在线性代数中的向量只是一列数字，这种抽象的概念解决了很多数学问题，而在3D数学中的向量，主要是关注向量和向量运算的几何意义，与线性代数的研究向量及向量的运算步骤不同。

2.1 向量的定义

向量是2D、3D数学研究的标准工具。术语向量有两种不同但相关的意义，一种是纯抽象的数学意义，另一种是几何意义。大部分书只集中讲解了向量的某一种意义，然而为了精通3D数学，需要理解这两种意义及它们之间的关系。

2.1.1 向量的数学定义

本书在讲解向量相关知识时，减少了对于代数的运算知识，重点突出向量的几何意义及其作用。

本书会使用到大量的不同变量，其中包括本章节的向量，在此，定义变量的书写形式，以便区分：

1）标量，用小写罗马或希腊字母表示，如a、b、x、y、z、θ、λ。

2）向量，用小写加粗字母表示，如$\boldsymbol{a}$、$\boldsymbol{b}$、$\boldsymbol{u}$、$\boldsymbol{v}$、$\boldsymbol{q}$、$\boldsymbol{r}$。

3）矩阵，用大写加粗字母表示，如$\boldsymbol{A}$、$\boldsymbol{B}$、$\boldsymbol{M}$、$\boldsymbol{R}$。

在所有3D游戏引擎中，向量都是一个非常重要的概念。向量可以用来表示空间中的点，比如游戏中物体的位置或者三角网格的顶点。向量也可以表示空间方向，比如摄像机的指向或者三角网格的平面法向。对于3D编程人员来说，掌握如何进行向量运算是一种基本的技能要求。

1. 数量的定义

在数学中，把只有大小但没有方向的量叫做数量，在物理中常称为标量。标量就是对所有数字的统称，强调的是数量值，比如，标量可以是“长度”。

2. 向量的定义

既有大小又有方向的量叫做向量。

线性代数中的向量是指n个实数组成的有序数组，称为n维向量。向量可以是任意正数维，当然也包括一维，标量就是一维向量，本书主要讨论2维、3维和4维向量。

相对于上面标量表示的例子，向量可以表示为“位移”，既强调数量值，又包括方向。在下面的内容中将详细讲解。

3. 向量的书写

向量的书写形式是使用方括号将一列数据起来，写为[1,2,3]。水平书写的向量叫做行向量，垂直列出时叫做列向量。列向量书写如下：

$$\begin{bmatrix}1\\2\\3\end{bmatrix}$$

现在，先不区别行向量和列向量，将其视为相同。在后面的章节将介绍在特定的情况下它们的不同。

可以使用标写下标的方法来表示n维向量中的任意一个分量，如表示第一个分量为$\boldsymbol{v}_1$。当然，本书只会涉及2维、3维和4维向量，不会涉及多维向量，所以这种表示方法在本书中很少使用，对于2D、3D和4D向量的分量，表示如下：

1）使用x、y表示2D向量的分量：

$$\boldsymbol{a}=\begin{bmatrix}1\\2\end{bmatrix} \qquad \begin{aligned}\boldsymbol{a}_1=\boldsymbol{a}_x=1\\ \boldsymbol{a}_2=\boldsymbol{a}_y=2\end{aligned}$$

2）使用x、y、z表示3D向量的分量：

$$\boldsymbol{b}=\begin{bmatrix}3\\4\\5\end{bmatrix} \qquad \begin{aligned}\boldsymbol{b}_1=\boldsymbol{b}_x=3\\ \boldsymbol{b}_2=\boldsymbol{b}_y=4\\ \boldsymbol{b}_3=\boldsymbol{b}_z=5\end{aligned}$$

3）使用x、y、z、w表示4D向量的分量：

$$c = \begin{bmatrix} 6 \\ 7 \\ 8 \\ 9 \end{bmatrix} \qquad \begin{aligned} c_1 &= c_x = 6 \\ c_2 &= c_y = 7 \\ c_3 &= c_z = 8 \\ c_4 &= c_w = 9 \end{aligned}$$

2.1.2 向量的几何定义

上一节中已经讲解了向量的数学定义，从几何意义角度来说，向量可以用有向线段来表示：

1）有向线段的长度表示向量的大小。

2）有向线段箭头所指方向表示向量的方向。

1. 向量几何表示

图2-1中所表示的就是用图形描述向量的标准方式，其中已经表示出向量的长度和向量的方向。向量是有头部和尾部的，如图2-2所示，箭头是向量的末端，箭尾是向量的开始。

2. 向量的表达

在上一节中讲到了表示向量的数学方法，如2D向量表示为：$[x, y]$，其中x、y是向量的两个分量；在几何中，x分量、y分量分别表示2D向量在x方向和y方向上的位移，如图2-3所示。

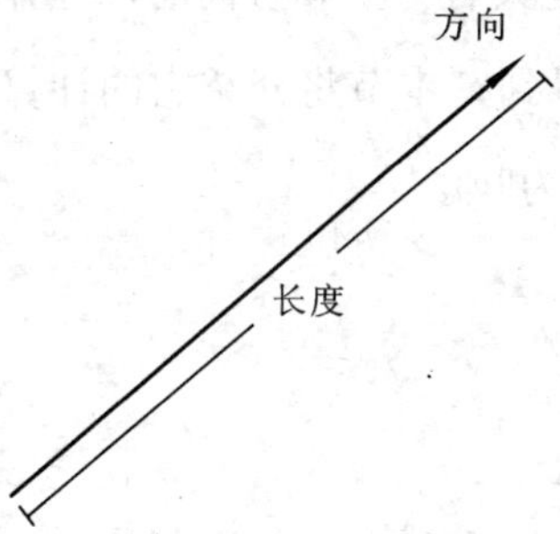

图2-1 2D向量

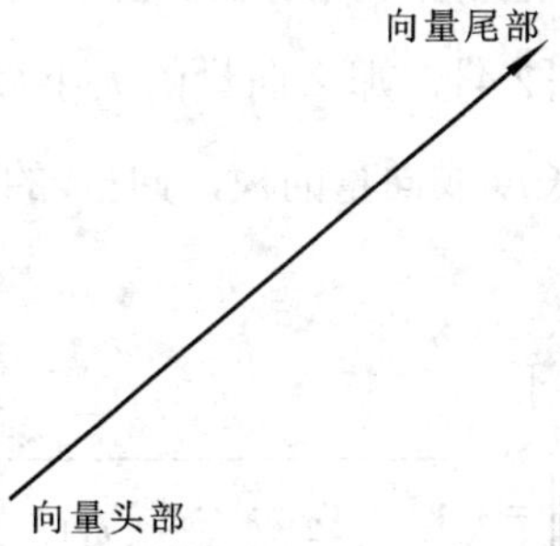

图2-2 向量的头部和尾部

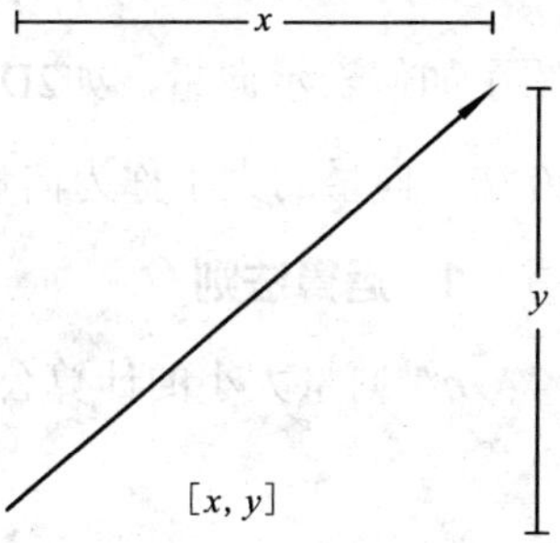

图2-3 使用每一个分量上的有符号位移表示向量

上面所提到x、y方向上的位移中的“位移”是与“位置”不同的概念。位移只有大小和方向，没有确定的地点，即向量是没有绝对位置的，如图2-4所示，在不同位置的两个点可以表示相同的向量。

由图2-4可见，对于向量$[1.5,1]$，虽然两个向量位置不同，但表示同一个向量。

将其扩展到3D向量中。3D向量的表示在上面已经讲到，由3个方向上的分量表示：

x、y、z，分别度量在这3个轴上的位移。总结一下，以上2D和3D向量都是将其分解成与轴平行的分量，把这些分量的位移组合起来，就得到了向量整体代表的位移。图2-5展示了一个3D向量是怎样使用各个轴位移的总和来表示的。

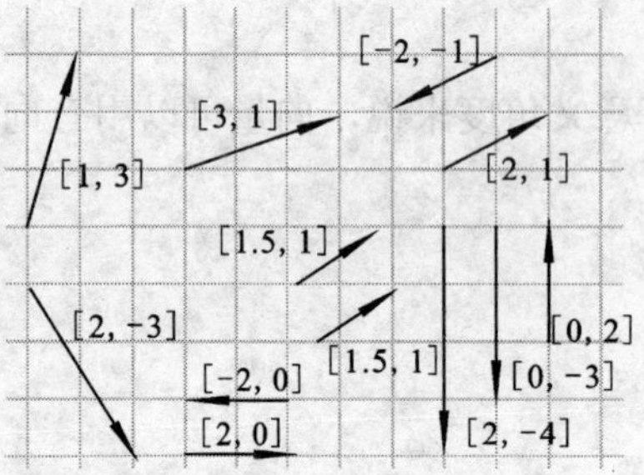

图2-4 2D向量的表示

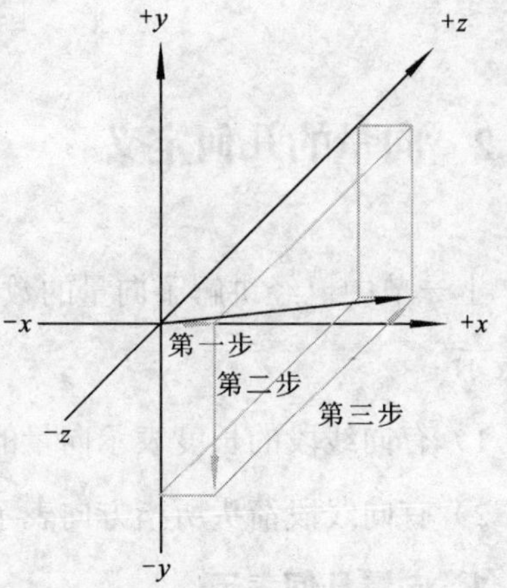

图2-5 位移序列的介绍

如图2-5所示，一个3D向量[1,-3,4]，其实可以看做先向右平移1个单位，再向下移动3个单位，最后向前移动4个单位，当然这里的移动顺序没有限制，在本章2.3.2节中，将从数学的角度验证现在的想法。

2.1.3 向量的大小(模)

在前面的学习中，介绍了向量的数学和几何定义，向量是具有大小和方向的，并介绍了如何表示向量，如2D向量[2,4]，那么向量的大小如何得到？本节将介绍它的计算方法。向量的大小称为向量的长度或向量的模，向量$\boldsymbol{v}$的模记为$\|\boldsymbol{v}\|$。

1. 运算法则

n维向量大小的计算公式如下：

$$\|\boldsymbol{v}\| = \sqrt{\boldsymbol{v}_1^2 + \boldsymbol{v}_2^2 + \cdots + \boldsymbol{v}_{n-1}^2 + \boldsymbol{v}_n^2}$$

$$\|\boldsymbol{v}\| = \sqrt{\sum_{i=1}^{n} \boldsymbol{v}_i^2}$$

向量的大小就是向量的各个分量平方和的平方根，对于2D、3D向量模的计算公式就能得出：

$$\|\boldsymbol{v}\| = \sqrt{\boldsymbol{v}_x^2 + \boldsymbol{v}_y^2} \quad (\text{对2D向量}\boldsymbol{v})$$

$$\|\boldsymbol{v}\| = \sqrt{\boldsymbol{v}_x^2 + \boldsymbol{v}_y^2 + \boldsymbol{v}_z^2} \quad (\text{对3D向量}\boldsymbol{v})$$

向量的模是一个不为负的标量。下面是一个计算3D向量大小的例子：

$$\begin{aligned}\left\|[5,-4,7]\right\| &= \sqrt{5^2+(-4)^2+7^2} \\ &= \sqrt{25+16+49} \\ &= \sqrt{90} \\ &\approx 9.486\,8\end{aligned}$$

2. 几何意义

通过对向量模的运算方法进行研究，将任意向量$\boldsymbol{v}$构造成一个以$\boldsymbol{v}$为斜边的直角三角形，如图2-6所示。

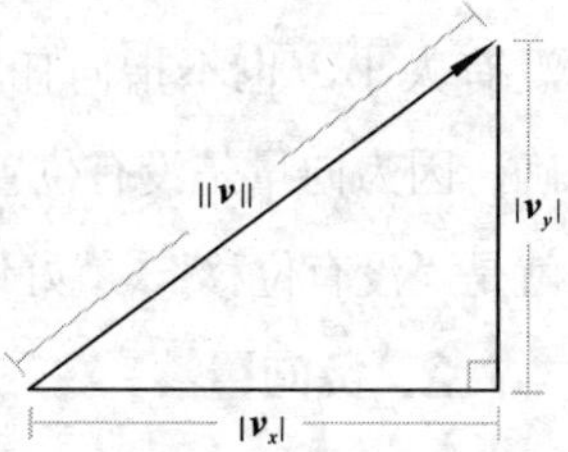

图2-6 向量大小的几何意义

图2-6中的两个直角边是2D向量$\boldsymbol{v}$的两个分量的绝对值，即是分量的大小，没有包括方向。根据勾股定理，可以得出：

$$\left\|\boldsymbol{v}\right\|^2 = \left|\boldsymbol{v}_x\right|^2 + \left|\boldsymbol{v}_y\right|^2$$

因为$|x|^2 = x^2$，所以可以省略绝对值符号：

$$\left\|\boldsymbol{v}\right\|^2 = \boldsymbol{v}_x^2 + \boldsymbol{v}_y^2$$

两边取平方根，得：

$$\sqrt{\left\|\boldsymbol{v}\right\|^2} = \sqrt{\boldsymbol{v}_x^2 + \boldsymbol{v}_y^2}$$

$$\left\|\boldsymbol{v}\right\| = \sqrt{\boldsymbol{v}_x^2 + \boldsymbol{v}_y^2}$$

则得到了上一节中的结论。几何意义对于求得向量的大小更加直观，有助于理解。

2.2 几种特殊向量

本节介绍3种特殊的向量，重点理解它们的几何意义。

1. 零向量

在中学数学中，任何数字x加上0，都满足$x+0=x$，那么，在向量中是否也存在这样的向量呢？答案是肯定的，长度为0的向量叫做零向量，记作$\mathbf{0}$，如：

$$\mathbf{0}=\begin{bmatrix}0\\0\\\vdots\\0\end{bmatrix}$$

这是一个3D零向量，表示为[0,0,0]。

零向量很特殊，在向量中是唯一大小为0、唯一没有方向的。在向量中，有无数个大小为正数m，方向为任意的向量，如图2-7所示，这样的向量形成了一个圆形。

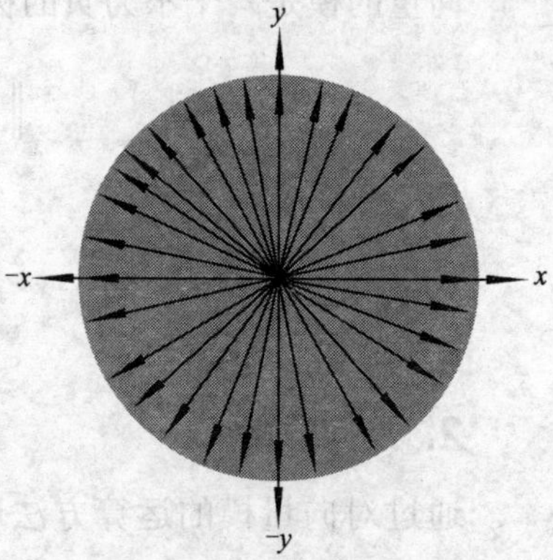

图2-7 有无数个相同大小的向量

由图2-7有可能会认为，零向量就是圆的中心点，没有大小，也不指向任意方向，其实这样表示不准确，因为向量是没有位置的。可以这样认为，零向量就是“没有位移”，就好像数字零“没有数量”一样。

2. 负向量

对于任意数字x，都存在一个数字y，满足$x+y=0$，$y=-x$，也就是说数字都可以求负。

对于这种运算，当然也可以应用到向量上，满足$\boldsymbol{v}+(-\boldsymbol{v})=\boldsymbol{0}$。

1）运算法则。若要得到n维向量的负向量，可以将该向量的每一个分量变为该分量的负值，表达式如下：

$$-\begin{bmatrix} a_1 \\ a_2 \\ \vdots \\ a_{n-1} \\ a_n \end{bmatrix} = \begin{bmatrix} -a_1 \\ -a_2 \\ \vdots \\ -a_{n-1} \\ -a_n \end{bmatrix}$$

对于2D、3D、4D向量的表示方法可以是：

$$-[x,y]=[-x,-y]$$

$$-[x,y,z]=[-x,-y,-z]$$

$$-[x,y,z,w]=[-x,-y,-z,-w]$$

举一些实例：

$$-[1,3,-5]=[-1,-3,5]$$

$$-[4,-5]=[-4,5]$$

$$-\left[-1,0,\sqrt{3}\right]=\left[1,0,-\sqrt{3}\right]$$

$$-[1.34,-3/4,-5,10]=[-1.34,3/4,5,-10]$$

2）几何意义。任意向量的负向量对于原向量而言是大小相等、方向相反的向量，如图2-8所示。

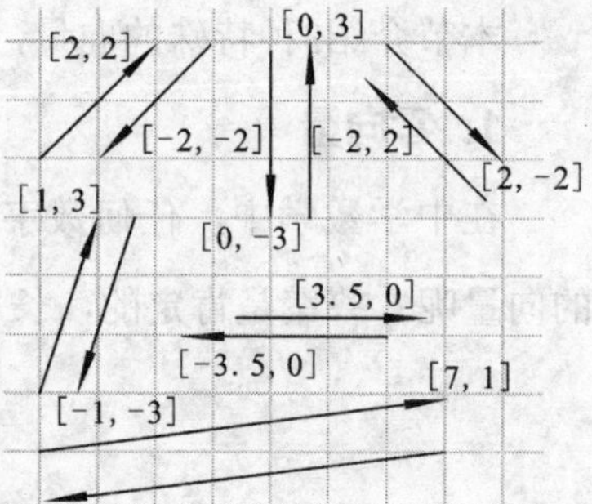

图2-8 向量和相对的负向量

3. 单位向量

在很多情况下，对于向量，只关心它的方向，比如，将朝向什么方向而面对怪物，这时，为了方便，定义一种向量，它的大小是1，称为单位向量，也叫做标准化向量。

以上已经介绍了关于向量的定义和几种特殊的向量，下面的小节中，将介绍关于向量的相关运算及其几何意义。

2.3 向量的运算

向量的运算在3D数学中占有非常重要的位置。本节从数学意义和几何意义都做了详尽的说明，更充分地说明了3D数学背后的几何意义，以及使用数学知识解决几何世界的问题。

2.3.1 标量与向量的乘法

标量和向量是不能进行加法运算的，但是可以进行乘法运算，所得的结果是一个向量，而且该向量的方向与原向量平行，但是大小可能不同或方向相反。

1. 运算法则

标量与向量的乘法就是将标量与该向量的每个分量相乘，数学表示为：

$$k\begin{bmatrix} a_1 \\ a_2 \\ \vdots \\ a_{n-1} \\ a_n \end{bmatrix}=\begin{bmatrix} a_1 \\ a_2 \\ \vdots \\ a_{n-1} \\ a_n \end{bmatrix}k=\begin{bmatrix} ka_1 \\ ka_2 \\ \vdots \\ ka_{n-1} \\ ka_n \end{bmatrix}$$

一般会把标量写在算式表达式的左边，举3D向量的例子：

$$k\begin{bmatrix} x \\ y \\ z \end{bmatrix}=\begin{bmatrix} x \\ y \\ z \end{bmatrix}k=\begin{bmatrix} kx \\ ky \\ kz \end{bmatrix}$$

对于3D向量$\boldsymbol{v}$和非零标量k，可以扩展到除法，因为除以标量可以理解为乘以标量的倒数：

$$\frac{\boldsymbol{v}}{k}=\left(\frac{1}{k}\right)\boldsymbol{v}=\begin{bmatrix} \boldsymbol{v}_x / k \\ \boldsymbol{v}_y / k \\ \boldsymbol{v}_z / k \end{bmatrix}$$

举例说明：

$$3[2,4,6]=[6,12,18]$$

$$[4,8,-24]/2=[2,4,-12]$$

这里在做运算时，需要注意的是：

1）标量和向量做乘法时，不需要写乘号，将两个量挨着写就可以（标量通常写在左边）。

2）向量运算也遵循数学运算的优先级规定，先乘除后加减，比如：$3\boldsymbol{a}+\boldsymbol{b}$是$(3\boldsymbol{a})+\boldsymbol{b}$，不是$3(\boldsymbol{a}+\boldsymbol{b})$。向量的加减法将在下一节中讲解。

3）除法的除数只能是标量，向量只能做被除数，向量不能除以向量。

4）负向量也可以使用乘法来完成，原向量乘以-1就是该向量的负向量。

2. 几何意义

向量乘以一个标量的效果其实就是缩放该向量的长度，可以使该向量的大小成倍增加或缩短，还可以使向量的方向与原向量方向相反。图2-9所示为某向量进行乘法后的变化。

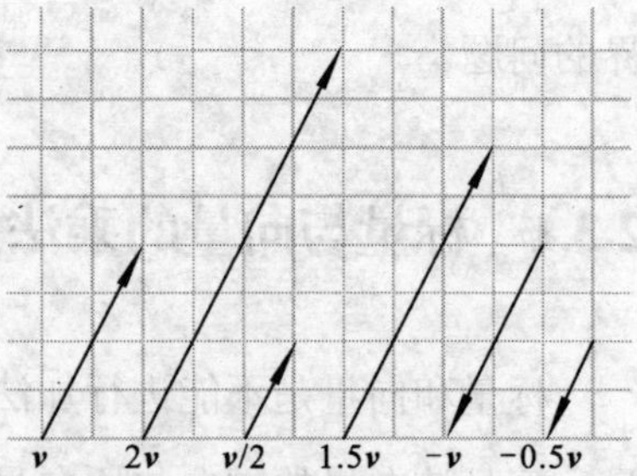

图2-9 标量与向量的乘法

如图2-9所示，向量$\boldsymbol{v}$经过乘以2的乘法运算，变为方向相同、大小是原向量大小的2倍；第三个向量则是原向量大小的一半，方向相同；如乘以负值则向量方向与原向量相反，大小根据不同标量增加或缩短。

2.3.2 向量的加减法

对于维数相同的向量，可以进行向量之间的加减法（维数不相同的向量则不可以），运算结果是一个与两个原向量相同维数的向量。向量加减法的表示与标量加减法相同。

1. 运算法则

向量的加减法运算就是向量对应的各分量加或减的结果，分量之间的加减法同标量加减法运算相同，下面是具体运算过程：

$$\begin{bmatrix} a_1 \\ a_1 \\ \vdots \\ a_{n-1} \\ a_n \end{bmatrix} + \begin{bmatrix} b_1 \\ b_1 \\ \vdots \\ b_{n-1} \\ b_n \end{bmatrix} = \begin{bmatrix} a_1+b_1 \\ a_1+b_2 \\ \vdots \\ a_{n-1}+b_{n-1} \\ a_n+b_n \end{bmatrix}$$

减法的运算同加上一个负向量一样：

$$\boldsymbol{a}-\boldsymbol{b}=\boldsymbol{a}+(-\boldsymbol{b})$$

$$\begin{bmatrix} a_1 \\ a_1 \\ \vdots \\ a_{n-1} \\ a_n \end{bmatrix} - \begin{bmatrix} b_1 \\ b_1 \\ \vdots \\ b_{n-1} \\ b_n \end{bmatrix} = \begin{bmatrix} a_1 \\ a_1 \\ \vdots \\ a_{n-1} \\ a_n \end{bmatrix} + \left(- \begin{bmatrix} b_1 \\ b_1 \\ \vdots \\ b_{n-1} \\ b_n \end{bmatrix} \right) = \begin{bmatrix} a_1 - b_1 \\ a_1 - b_2 \\ \vdots \\ a_n - b_{n-1} \\ a_n - b_n \end{bmatrix}$$

举一些例子。设3个向量$\boldsymbol{a}$、$\boldsymbol{b}$、$\boldsymbol{c}$：

$$\boldsymbol{a}=\begin{bmatrix} 1 \\ 2 \\ 3 \end{bmatrix},\boldsymbol{b}=\begin{bmatrix} 4 \\ 5 \\ 6 \end{bmatrix},\boldsymbol{c}=\begin{bmatrix} 7 \\ -3 \\ 0 \end{bmatrix}$$

$$\boldsymbol{a}+\boldsymbol{b}=\begin{bmatrix} 1 \\ 2 \\ 3 \end{bmatrix}+\begin{bmatrix} 4 \\ 5 \\ 6 \end{bmatrix}=\begin{bmatrix} 1+4 \\ 2+5 \\ 3+6 \end{bmatrix}=\begin{bmatrix} 5 \\ 7 \\ 9 \end{bmatrix}$$

$$\boldsymbol{a}-\boldsymbol{b}=\begin{bmatrix} 1 \\ 2 \\ 3 \end{bmatrix}-\begin{bmatrix} 4 \\ 5 \\ 6 \end{bmatrix}=\begin{bmatrix} 1-4 \\ 2-5 \\ 3-6 \end{bmatrix}=\begin{bmatrix} -3 \\ -3 \\ -3 \end{bmatrix}$$

$$\boldsymbol{b}+\boldsymbol{c}-\boldsymbol{a}=\begin{bmatrix} 4 \\ 5 \\ 6 \end{bmatrix}+\begin{bmatrix} 7 \\ -3 \\ 0 \end{bmatrix}-\begin{bmatrix} 1 \\ 2 \\ 3 \end{bmatrix}=\begin{bmatrix} 4+7-1 \\ 5+(-3)-2 \\ 6+0-3 \end{bmatrix}=\begin{bmatrix} 10 \\ 0 \\ 3 \end{bmatrix}$$

2. 定理

对于给定的任何两个系数a和b，以及任何3个向量$\boldsymbol{p}$、$\boldsymbol{q}$和$\boldsymbol{r}$，存在下面的运算规律：

1）$\boldsymbol{p}+\boldsymbol{q}=\boldsymbol{q}+\boldsymbol{p}$

2）$(\boldsymbol{p}+\boldsymbol{q})+\boldsymbol{r}=\boldsymbol{p}+(\boldsymbol{q}+\boldsymbol{r})$

3）$(ab)\boldsymbol{p}=a(b\boldsymbol{p})$

4）$a(\boldsymbol{p}+\boldsymbol{q})=a\boldsymbol{p}+a\boldsymbol{q}$

5）$(a+b)\boldsymbol{p}=a\boldsymbol{p}+b\boldsymbol{p}$

根据实数的加法结合律和加法交换律，通过直接的运算可以证明上述的运算规律。

3. 几何意义

对于两个向量$\boldsymbol{a}$、$\boldsymbol{b}$，$\boldsymbol{a}+\boldsymbol{b}$的几何表示为：平移向量，使$\boldsymbol{a}$的头连接到$\boldsymbol{b}$的尾，接着从$\boldsymbol{a}$的尾向$\boldsymbol{b}$的头画一个向量，该向量就是$\boldsymbol{a}+\boldsymbol{b}$的几何表示，称为“三角形法则”。减法则为将减数向量的头指向被减数向量的头，从而形成的向量就是减法运算结果。图2-10所示为向量加减法的几何表示。

由图2-10可验证向量加法满足交换律，也证明减法不满足交换律。注意，向量$\boldsymbol{a}+\boldsymbol{b}$

和向量$b+a$相等，但向量$d-c$和$c-d$的方向相反，因为$d-c=-(c-d)$。

如果是多个向量进行加减运算，例如$a+b+c+d+e+f$，其运算表示如图2-11所示。

前面已经介绍了基本的向量的运算，其中在介绍向量的几何意义时，提到了2D和3D向量都是将其分解成与轴平行的分量，把这些分量的位移组合起来，就得到了向量整体代表的位移，这里将用数学的方法解释在2.1节中提到的例子，如图2-12所示。

这时，可以用加法运算的数学方式对该向量进行解释：

$$\begin{bmatrix}1\\-3\\4\end{bmatrix}=\begin{bmatrix}1\\0\\0\end{bmatrix}+\begin{bmatrix}0\\-3\\0\end{bmatrix}+\begin{bmatrix}0\\0\\4\end{bmatrix}$$

验证了2.1节中对于描述向量几何想法的正确性。类似的做法还将会用到后面章节的坐标系间转换，以后将详细讲解。

4. 一个点到另一个点的向量

在需求中，求两点之间位移的情况有很多。例如，当玩家攻击怪物时，要判断玩家攻击的射程是否大于玩家与怪物之间的距离。要确定两点之间的位移，可以使用三角形法则和向量的加减法。图2-13表示的是两向量相减。

如图2-13所示，2D空间中两个向量a、b，计算a到b的向量，使用三角形法则，用$b-a$来计算得到；而对于从b到a的距离则是$a-b$来表示。

注：计算两点的距离是没有意义的，这样并没有指名方向，求一个点到另一点的向量才有意义。

5. 距离公式

前面已经讲到了从一点到另一点的向量如何

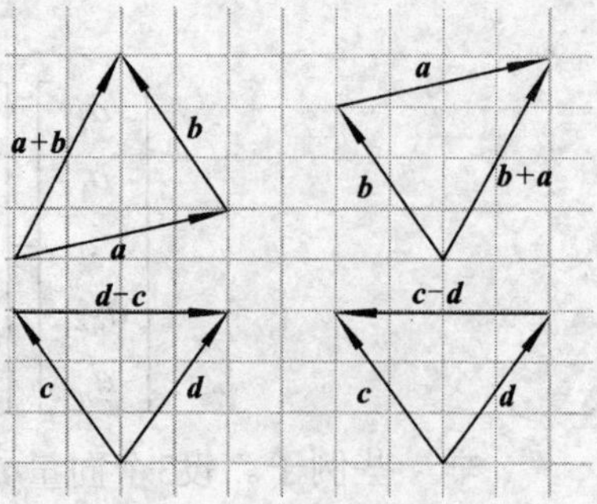

图2-10 向量加减法的三角形法则

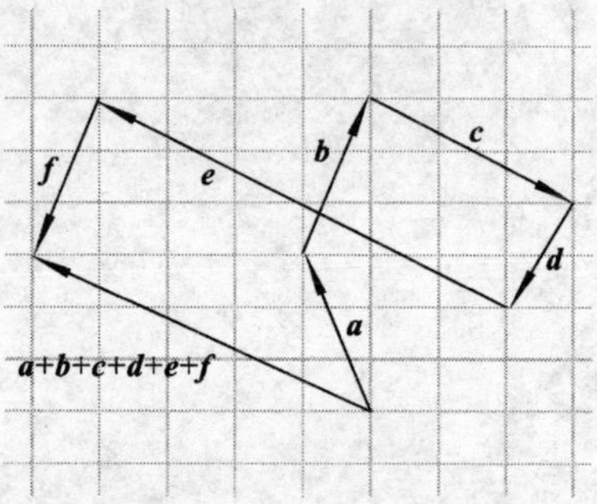

图2-11 多个向量加减运算的表示

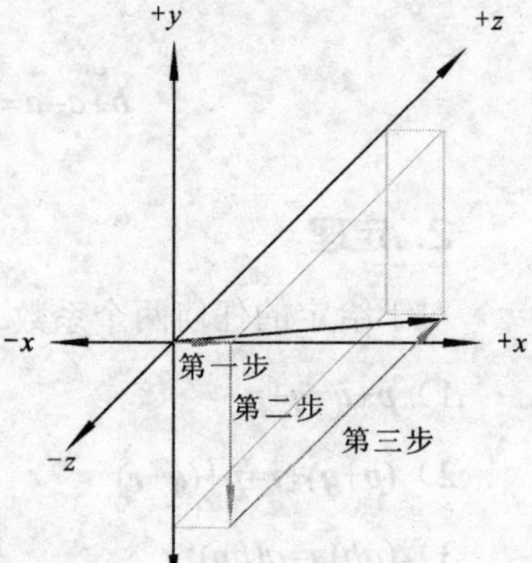

图2-12 向量的位移序列

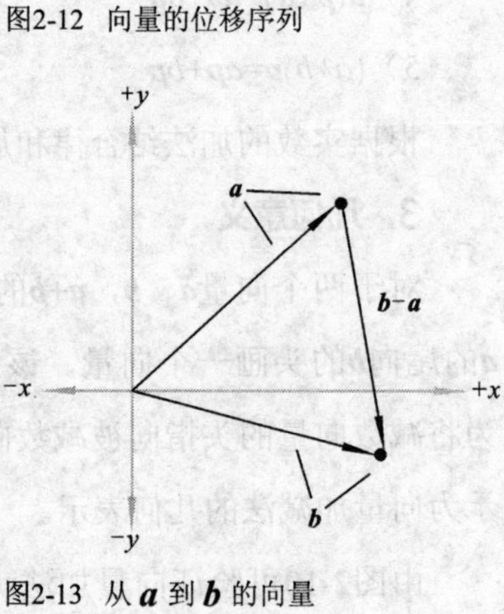

图2-13 从a到b的向量

得到，本节将介绍一个很重要的公式：距离公式。该公式就是用来计算两点间的距离。

两点间距离就是从一点到另一点的向量的大小（向量是有向线段）。设向量$\boldsymbol{d}$为从$\boldsymbol{a}$到$\boldsymbol{b}$的向量，则有：

$$\boldsymbol{d}=\boldsymbol{b}-\boldsymbol{a}=\begin{bmatrix}\boldsymbol{b}_x-\boldsymbol{a}_x\\ \boldsymbol{b}_y-\boldsymbol{a}_y\\ \boldsymbol{b}_z-\boldsymbol{a}_z\end{bmatrix}$$

在之前已经知道如何求得向量的长度（模），距离：

$$(\boldsymbol{a},\boldsymbol{b})=\|\boldsymbol{d}\|=\sqrt{\boldsymbol{d}_x^2+\boldsymbol{d}_y^2+\boldsymbol{d}_z^2}$$

将$\boldsymbol{d}$代入，得到距离：

$$(\boldsymbol{a},\boldsymbol{b})=\|\boldsymbol{b}-\boldsymbol{a}\|=\sqrt{\left(\boldsymbol{b}_x-\boldsymbol{a}_x\right)^2+\left(\boldsymbol{b}_y-\boldsymbol{a}_y\right)^2+\left(\boldsymbol{b}_z-\boldsymbol{a}_z\right)^2}$$

这样就导出了3D空间中的距离公式。在2D中表示为：

距离 $$(\boldsymbol{a},\boldsymbol{b})=\|\boldsymbol{b}-\boldsymbol{a}\|=\sqrt{\left(\boldsymbol{b}_x-\boldsymbol{a}_x\right)^2+\left(\boldsymbol{b}_y-\boldsymbol{a}_y\right)^2}$$

看一个2D中的例子：

距离
$$\begin{aligned}\left(\begin{bmatrix}5 & 0\end{bmatrix},\begin{bmatrix}-1 & 8\end{bmatrix}\right)&=\sqrt{(-1-5)^2+(8-0)^2}\\&=\sqrt{(-6)^2+8^2}\\&=\sqrt{36+64}\\&=10\end{aligned}$$

2.3.3 向量的点乘

在2.3.1节中已经讲到了标量和向量的乘法，两个向量间也可以进行乘法运算。向量的乘法与标量不太一样，有两种不同类型的乘法运算，首先介绍第一种：向量的点乘，又称内积。

1. 运算法则

两向量$\boldsymbol{a}$、$\boldsymbol{b}$的点乘表示为$\boldsymbol{a}\cdot\boldsymbol{b}$，其中点乘符号为“·”，此符号在书写时不能省略（标量和向量相乘时可省略）；点乘的优先级要高于向量的加减法。

两向量点乘的运算就是对应各分量乘积的和，结果是一个标量：

$$\begin{bmatrix} a_1 \\ a_2 \\ \vdots \\ a_{n-1} \\ a_n \end{bmatrix} \cdot \begin{bmatrix} b_1 \\ b_2 \\ \vdots \\ b_{n-1} \\ b_n \end{bmatrix} = a_1b_1 + a_2b_2 + \cdots + a_{n-1}b_{n-1} + a_nb_n$$

或写为：

$$\boldsymbol{a} \cdot \boldsymbol{b} = \sum_{i=1}^{n} a_i b_i$$

对于2D、3D向量可以写为：

$$\boldsymbol{a} \cdot \boldsymbol{b} = a_x b_x + a_y b_y \text{（2D向量）}$$

$$\boldsymbol{a} \cdot \boldsymbol{b} = a_x b_x + a_y b_y + a_z b_z \text{（3D向量）}$$

向量的点乘满足交换律：

$$\boldsymbol{a} \cdot \boldsymbol{b} = \boldsymbol{b} \cdot \boldsymbol{a}$$

举一个例子：

$$[3,7] \cdot [5,1]=(3)(5)+(7)(1)=22$$

2. 几何意义

点乘描述的是两向量的差异程度，点乘结果越大，那么两向量越相近，如图2-14所示。

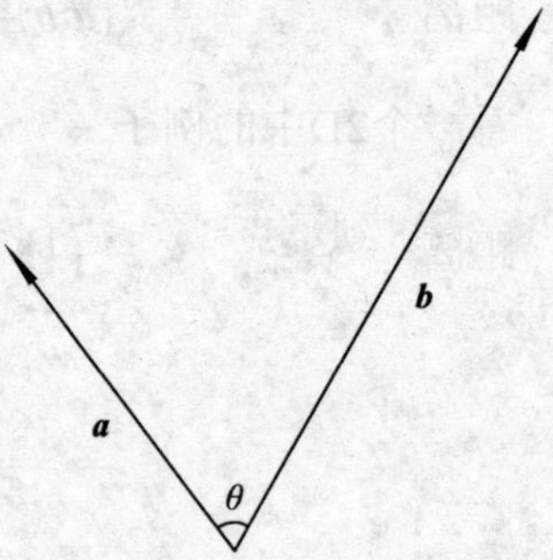

图2-14 点乘与向量间的夹角关系

点乘等于向量大小与向量夹角（是在包含两向量平面中定义的）cos值的积：

$$\boldsymbol{a} \cdot \boldsymbol{b}=\|\boldsymbol{a}\|\|\boldsymbol{b}\|\cos\theta$$

则夹角：

$$\theta = \arccos\left(\frac{\boldsymbol{a} \cdot \boldsymbol{b}}{\|\boldsymbol{a}\|\|\boldsymbol{b}\|}\right)$$

若向量$\boldsymbol{a}$、$\boldsymbol{b}$为单位向量，则分母为1，对于这种情况，夹角为：

$$\theta = \arccos(\boldsymbol{a} \cdot \boldsymbol{b})$$

可以通过向量的点乘来判断两向量的方向情况，如表2-1所示。

表2-1 通过点乘符号判断两向量之间的关系

$\boldsymbol{a} \cdot \boldsymbol{b}$	θ 范围	角度	$\boldsymbol{a}$ 和 $\boldsymbol{b}$
>0	0° ≤θ<90°	锐角	方向基本相同
0	θ=90°	直角	正交
<0	90° <θ≤180°	钝角	方向基本相反

向量的大小并不影响点乘的符号，所以判断向量间的关系和两向量的大小无关。一个特殊的情况：当零向量与任意一个向量点乘时，点乘的结果等于零，由上面表格中解释为零向量与任意向量都是垂直的。

3. 向量的投影

向量的投影在很多地方有非常重要的作用，比如碰撞检测等，是一个非常基本的运算。本节将介绍向量投影的计算方法。

给定两个向量$\boldsymbol{v}$和$\boldsymbol{n}$，将$\boldsymbol{v}$分解为两个分量：$\boldsymbol{v}_{//}$和$\boldsymbol{v}_{\perp}$，它们分别平行于和垂直于向量$\boldsymbol{n}$，并满足$\boldsymbol{v}=\boldsymbol{v}_{\perp}+\boldsymbol{v}_{//}$。称平行于$\boldsymbol{n}$的那个分量$\boldsymbol{v}_{//}$为$\boldsymbol{v}$在$\boldsymbol{n}$上的投影，如图2-15所示。

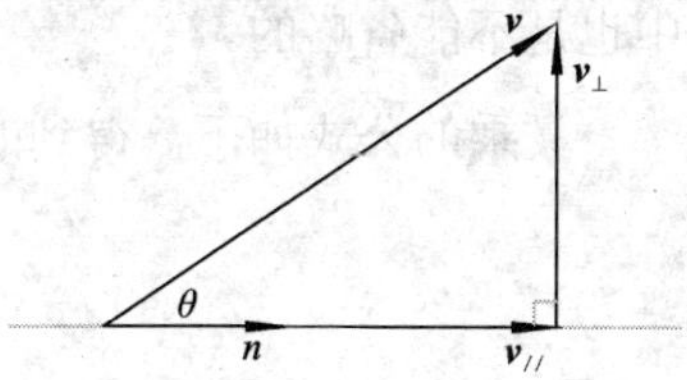

图2-15 向量的投影

首先，来观察一下，平行分量$\boldsymbol{v}_{//}$可以表示为：

$$\boldsymbol{v}_{//}=\boldsymbol{n}\frac{\|\boldsymbol{v}_{//}\|}{\|\boldsymbol{n}\|}$$

又有：

$$\cos\theta=\frac{\|\boldsymbol{v}_{//}\|}{\|\boldsymbol{v}\|}$$

得出：

$$\cos\theta\|\boldsymbol{v}\|=\|\boldsymbol{v}_{//}\| \tag{1}$$

上面讲到了点乘的运算公式：

$$\boldsymbol{a}\cdot\boldsymbol{b}=|\boldsymbol{a}||\boldsymbol{b}|\cos\theta$$

将（1）式代入原等式：

$$\begin{aligned}\boldsymbol{v}_{//}&=\boldsymbol{n}\frac{\|\boldsymbol{v}\|\cos\theta}{\|\boldsymbol{n}\|}\\&=\boldsymbol{n}\frac{\|\boldsymbol{v}\|\|\boldsymbol{n}\|\cos\theta}{\|\boldsymbol{n}\|^2}\\&=\boldsymbol{n}\frac{\boldsymbol{v}\cdot\boldsymbol{n}}{\|\boldsymbol{n}\|^2}\end{aligned}$$

如果$\boldsymbol{n}$是单位向量，除法运算可以不必做。

知道$\boldsymbol{v}_{//}$，求$\boldsymbol{v}_{\perp}$就很容易了：

$$\boldsymbol{v}_{\perp}+\boldsymbol{v}_{//}=\boldsymbol{v}$$

$$\begin{aligned}\boldsymbol{v}_{\perp}&=\boldsymbol{v}-\boldsymbol{v}_{//}\\&=\boldsymbol{v}-\boldsymbol{n}\frac{\boldsymbol{v}\cdot\boldsymbol{n}}{\|\boldsymbol{n}\|^2}\end{aligned}$$

本书将多次使用该公式将向量分解为平行和垂直其他向量的两个分量。

2.3.4 向量的叉乘

另一种向量的乘法叫做向量的叉乘，又称叉积。

1. 运算法则

两向量$\boldsymbol{a}$、$\boldsymbol{b}$的叉乘表示为$\boldsymbol{a}\times\boldsymbol{b}$，其中叉乘的符号为“×”。叉乘的符号在运算过程中也是不能省略的。

叉乘的公式如下，得到的结果是一个向量：

$$\begin{bmatrix} x_1 \\ y_1 \\ z_1 \end{bmatrix} \times \begin{bmatrix} x_2 \\ y_2 \\ z_2 \end{bmatrix} = \begin{bmatrix} y_1 z_2 - z_1 y_2 \\ z_1 x_2 - x_1 z_2 \\ x_1 y_2 - y_1 x_2 \end{bmatrix}$$

叉乘的运算优先级和点乘一样，高于加减法运算；当叉乘和点乘在一起运算时，叉乘要先计算，因为点乘结果是一个标量，而且标量和向量不能进行叉乘。例如，$\boldsymbol{a}\cdot\boldsymbol{b}\times\boldsymbol{c}$就相当于$\boldsymbol{a}\cdot(\boldsymbol{b}\times\boldsymbol{c})$，因为$\boldsymbol{a}\cdot\boldsymbol{b}$是标量，不能和向量进行叉乘，所以$(\boldsymbol{a}\cdot\boldsymbol{b})\times\boldsymbol{c}$是没有意义的。

叉乘和点乘不同，不满足交换律，但满足：

$$\boldsymbol{a}\times\boldsymbol{b}=-(\boldsymbol{b}\times\boldsymbol{a})$$

2. 几何意义

叉乘得到的向量垂直于原来的两个向量，如图2-16所示。

图2-16中向量$\boldsymbol{a}$、$\boldsymbol{b}$在一个平面内，它们的叉乘指向该平面的正上方，垂直于$\boldsymbol{a}$、$\boldsymbol{b}$。叉乘结果的长度等于向量的大小与向量夹角的sin值的积：

$$\|\boldsymbol{a}\times\boldsymbol{b}\|=\|\boldsymbol{a}\|\|\boldsymbol{b}\|\sin\theta$$

如图2-17所示，叉乘结果向量的大小就是以两向量组成的平行四边形的面积。

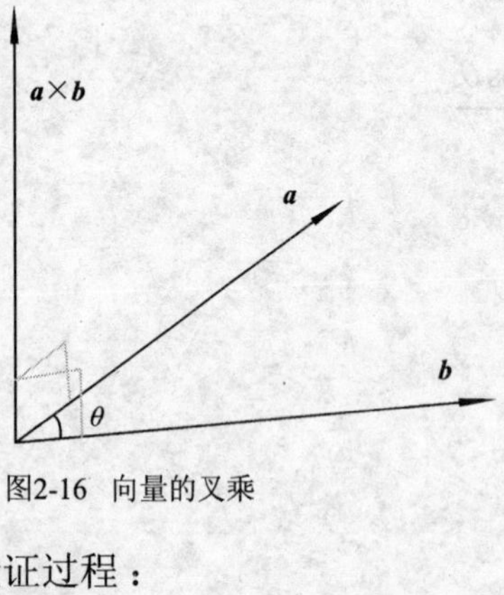

图2-16 向量的叉乘

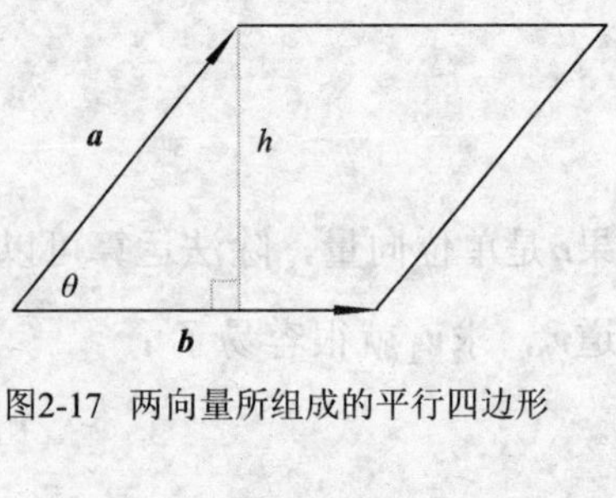

图2-17 两向量所组成的平行四边形

验证过程：

平行四边形面积是hb，其中$h=\|\boldsymbol{a}\|\sin\theta$，则面积可以写成：$b\|\boldsymbol{a}\|\sin\theta$；而$b$表示平行四边形的底边长度，也就是向量$\boldsymbol{b}$的长度，则面积可以表示为：$\|\boldsymbol{b}\|\|\boldsymbol{a}\|\sin\theta$，即$\|\boldsymbol{a}\|\|\boldsymbol{b}\|\sin\theta$，而$\|\boldsymbol{a}\times\boldsymbol{b}\|$就等于$\|\boldsymbol{a}\|\|\boldsymbol{b}\|\sin\theta$，则推出向量$\boldsymbol{a}$、$\boldsymbol{b}$的叉乘结果向量的大小就是以两向量组

成的平行四边形的面积。

零向量与任意向量叉乘结果向量都是零向量，则解释为：零向量平行于任意其他向量。

$||\boldsymbol{a}\times\boldsymbol{b}||$的方向垂直于$\boldsymbol{a}$、$\boldsymbol{b}$，但是垂直于$\boldsymbol{a}$、$\boldsymbol{b}$有两个方向，一个指向$\boldsymbol{a}$、$\boldsymbol{b}$所形成平面的前面，另一个指向$\boldsymbol{a}$、$\boldsymbol{b}$所形成平面的背面。通过将$\boldsymbol{a}$的头部对齐到$\boldsymbol{b}$的尾部，检查从$\boldsymbol{a}$到$\boldsymbol{b}$的旋转方向来判断$\boldsymbol{a}\times\boldsymbol{b}$的方向。

在左手坐标系中，如果$\boldsymbol{a}$和$\boldsymbol{b}$成顺时针，那么$\boldsymbol{a}\times\boldsymbol{b}$指向纸外；如果$\boldsymbol{a}$和$\boldsymbol{b}$成逆时针，那么$\boldsymbol{a}\times\boldsymbol{b}$指向纸里；在右手坐标系中恰好相反，如图2-18和图2-19所示。

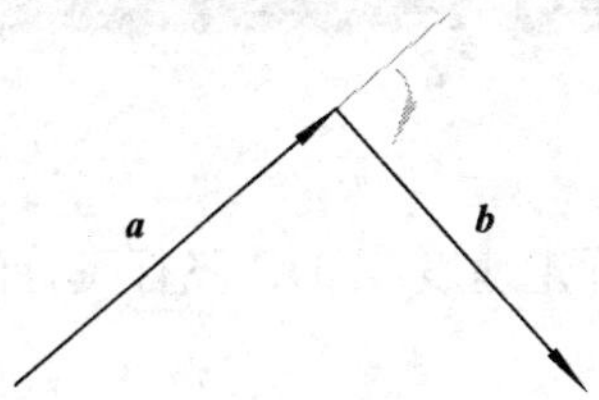

图2-18 顺时针方向

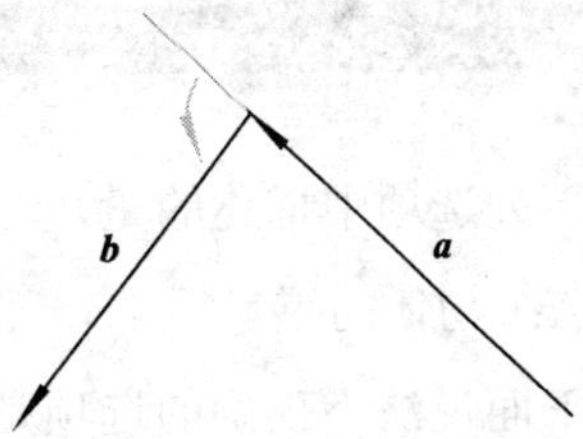

图2-19 逆时针方向

2.4 线性代数公式

总结本章所讲的知识，推导出一些有用的公式，列在表2-2中，以便学习和参考。

表2-2 线性代数公式

公式	解释
$\boldsymbol{a}+\boldsymbol{b}=\boldsymbol{b}+\boldsymbol{a}$	向量加法的交换律
$\boldsymbol{a}-\boldsymbol{b}=\boldsymbol{a}+(-\boldsymbol{b})$	向量减法的定义
$(\boldsymbol{a}+\boldsymbol{b})+\boldsymbol{c}=\boldsymbol{a}+(\boldsymbol{b}+\boldsymbol{c})$	向量加法的结合律
$s(t\boldsymbol{a})=(st)\boldsymbol{a}$	标量乘法的结合律
$k(\boldsymbol{a}+\boldsymbol{b})=k\boldsymbol{a}+k\boldsymbol{b}$	标量乘法对向量加法的分配律
$\|\|k\boldsymbol{a}\|\|=\|k\|\,\|\|\boldsymbol{a}\|\|$	向量乘以标量相当于以标量的绝对值为因子缩放向量
$\|\|\boldsymbol{a}\|\|\geqslant 0$	向量的大小非负
$\|\|\boldsymbol{a}\|\|^2+\|\|\boldsymbol{b}\|\|^2=\|\|\boldsymbol{a}+\boldsymbol{b}\|\|^2$	勾股定理在向量加法中的应用
$\|\|\boldsymbol{a}\|\|+\|\|\boldsymbol{b}\|\|\geqslant\|\|\boldsymbol{a}+\boldsymbol{b}\|\|$	向量加法的三角形法则
$\boldsymbol{a}\cdot\boldsymbol{b}=\boldsymbol{b}\cdot\boldsymbol{a}$	点乘的交换律
$\|\boldsymbol{a}\|=\sqrt{\boldsymbol{a}\cdot\boldsymbol{a}}$	用点乘定义向量大小
$k(\boldsymbol{a}\cdot\boldsymbol{b})=(k\boldsymbol{a})\cdot\boldsymbol{b}=\boldsymbol{a}\cdot(k\boldsymbol{b})$	标量乘法对点乘的结合律
$\boldsymbol{a}\cdot(\boldsymbol{b}+\boldsymbol{c})=\boldsymbol{a}\cdot\boldsymbol{b}+\boldsymbol{a}\cdot\boldsymbol{c}$	点乘对向量加减法的分配律
$\boldsymbol{a}\times\boldsymbol{a}=\boldsymbol{0}$	任意向量与自身的叉乘等于零向量
$\boldsymbol{a}\times\boldsymbol{b}=-(\boldsymbol{b}\times\boldsymbol{a})$	叉乘逆交换律
$\boldsymbol{a}\times\boldsymbol{b}=(-\boldsymbol{a})\times(-\boldsymbol{b})$	叉乘的操作数同时变负得到相同的结果
$k(\boldsymbol{a}\times\boldsymbol{b})=(k\boldsymbol{a})\times\boldsymbol{b}=\boldsymbol{a}\times(k\boldsymbol{b})$	标量乘法对叉乘的结合律
$\boldsymbol{a}\times(\boldsymbol{b}+\boldsymbol{c})=\boldsymbol{a}\times\boldsymbol{b}+\boldsymbol{a}\times\boldsymbol{c}$	叉乘对向量加法的分配律
$\boldsymbol{a}\cdot(\boldsymbol{a}\times\boldsymbol{b})=0$	向量与另一向量的叉乘再点乘该向量本身等于零

小结

本章分为两部分进行讲解，第一部分主要介绍了关于向量的数学定义与几何定义，对于几种特殊的向量进行了讲解，充分理解向量本身的知识；第二部分主要介绍了向量的运算的计算过程，并且详细描述了向量各种运算所展示的几何意义。向量运算是今后在3D游戏编程中非常重要的基础部分。

习题

1．下列选项中描述的量，（　　）是向量。

A．物体的重量　　B．你的身高　　C．你的行走速度　　D．飞行飞行的高度

2．下面说法不正确的选项是（　　）。

A．标量就是一维向量　　B．向量可以用有向线段来表示

C．长度为0的向量叫做零向量，它的方向为任意方向

D．任意向量的负向量对于原向量而言是大小相等、方向相反的向量

3．下面选项中说法正确的是（　　）。

A．和标量间乘法一样，标量和向量相乘时，不需要写乘号

B．和标量间乘法一样，向量间相乘时，不需要写乘号

C．向量的加减法满足交换律

D．向量的乘法满足交换率

4．下面选项中是[5,8,−2]·[4,1,5]的结果的是（　　）。

A．38　　B．18　　C．15　　D．10

扩展练习

1．计算下列向量表达式：

1）$\begin{bmatrix}3\\10\\7\end{bmatrix}-\begin{bmatrix}8\\-7\\4\end{bmatrix}$　　2）$3\begin{bmatrix}a\\b\\c\end{bmatrix}-4\begin{bmatrix}2\\10\\-6\end{bmatrix}$

2．计算向量[1,2]和[−6,3]的夹角。

3．某玩家前往一个区域做任务，区域规定携带武器不能超过两尺长、两尺宽、两尺高。该玩家有一把名贵的剑，长三尺。请问他能将这把剑带进去吗？为什么？他能携带的武器最长为多长？

第 3 章

矩　　阵

本章主要内容：

矩阵的概念和运算

矩阵与线性变换

矩阵的行列式

逆矩阵及正交矩阵

齐次矩阵

本章重点：

矩阵的定义及运算

线性变换中的变换矩阵

逆矩阵的定义

正交矩阵的几何意义

齐次矩阵的应用

透视投影的原理和计算

本章难点：

矩阵的几何意义

线性变换

正交矩阵的几何意义

齐次矩阵的概念

4 × 4 矩阵进行透视投影

学完本章您将能够：

- 了解矩阵的定义及矩阵的运算
- 了解线性变换中的变换矩阵
- 了解矩阵的行列式的相关概念和几何意义
- 了解矩阵的逆及正交矩阵的概念和几何意义
- 掌握齐次矩阵的概念和应用的意义

引 言

矩阵是3D数学中的重要基础，用来描述两个坐标系间的关系，通过一种运算将一个坐标系中的向量转换到另一个坐标系中。

在本章中，分别从数学的角度讨论矩阵的基本性质和运算，介绍这些性质和运算的几何解释，并且深入探讨矩阵与线性变换之间的关系，讨论怎样使用矩阵的运算将基本变换按顺序组合成一个复杂的变换矩阵及各种变换的种类；最后，将介绍关于矩阵的其他非常有用的知识点。

3.1 矩阵的数学定义

在线性代数中这样描述矩阵：矩阵是以行和列的形式组成的矩形数据块。在第2章中讲到的向量被看做是一维数组，那么此时矩阵就是存放多个向量的2D数组（向量是标量所组成的数组，矩阵是向量所组成的数组）。

1. 矩阵的维度与表示方法

向量的维度定义为它包含了多少数，与向量相似，矩阵的维度定义为包含了多少行和多少列。定义一个$r \times c$的矩阵，那么它包含r行、c列。矩阵是使用方括号（有的写法为圆括号）括起来的r行c列数据块。例如，一个4×3的矩阵：

$$\begin{bmatrix} 4 & 0 & 12 \\ -5 & \sqrt{4} & 3 \\ 12 & -4/3 & -1 \\ 1/2 & 18 & 0 \end{bmatrix}$$

在前一章中对本书变量做出规定，使用黑体大写字母表示矩阵，如：$\boldsymbol{M}$、$\boldsymbol{T}$、$\boldsymbol{R}$。引用矩阵分量时，一般使用对应的斜体小写字母，如m_{ij}表示$\boldsymbol{M}$的第i行第j列元素，矩阵的下标是从1开始的，这里要区别C或C++语言中的数组下标。例如，下面表示的3×3矩阵：

$$\boldsymbol{M} = \begin{bmatrix} m_{11} & m_{12} & m_{13} \\ m_{21} & m_{22} & m_{23} \\ m_{31} & m_{32} & m_{33} \end{bmatrix}$$

2. 向量的矩阵表示方法

矩阵的行数和列数可以是任意正整数，当行数或列数为1时，即当矩阵是一个$1\times n$的矩阵或一个$n\times 1$的矩阵时，此时和向量的表示方法一致。对于一个n维向量来说，$1\times n$矩阵称为行向量，$n\times 1$矩阵称为列向量，比如：

$$\begin{bmatrix}1 & 2 & 3\end{bmatrix} \qquad \begin{bmatrix}4\\5\\6\end{bmatrix}$$

在几何意义上这样的矩阵和向量是一样的。所以一般情况下不区分，但是要分清是行向量还是列向量。

3. 方阵

方阵就是行数和列数相同的矩阵。在本书中主要讨论的就是方阵，如2×2、3×3、4×4方阵。

在方阵元素中，行号和列号相同的统称为对角线元素。例如，下面方阵：

$$\begin{bmatrix}m_{11} & m_{12} & m_{13}\\ m_{21} & m_{22} & m_{23}\\ m_{31} & m_{32} & m_{33}\end{bmatrix}$$

其中，m_{11}、m_{22}、m_{33}就是该3×3方阵的对角线元素，该名称形象地表明了元素的位置就是在方阵的对角线上。

除了对角线元素外，方阵的其他元素都为0，这种方阵称为对角矩阵。比如：

$$\begin{bmatrix}4 & 0 & 0 & 0\\ 0 & 2 & 0 & 0\\ 0 & 0 & -5 & 0\\ 0 & 0 & 0 & 3\end{bmatrix}$$

当对角矩阵的对角线元素都为1，其他元素为0时，就是单位矩阵。对于n维的单位矩阵可以记作$\boldsymbol{I}_n$，是$n\times n$矩阵。比如：

$$\boldsymbol{I}_3 = \begin{bmatrix}1 & 0 & 0\\ 0 & 1 & 0\\ 0 & 0 & 1\end{bmatrix}$$

单位矩阵有一个重要的性质，如果一个矩阵乘以单位矩阵，将得到原矩阵，就如在数学运算中的1，因为1乘以标量都等于标量本身。

4. 转置矩阵

设一个矩阵$\boldsymbol{M}$是一个$r\times c$的矩阵，对于$\boldsymbol{M}$的转置矩阵记作$\boldsymbol{M}^{\mathrm{T}}$，是一个$r\times c$矩阵，它

的列由$\boldsymbol{M}$的行所组成，表示为$\boldsymbol{M}_{ij}^{\mathrm{T}}=\boldsymbol{M}_{ji}$，即沿着矩阵的对角线翻折。比如：

$$\begin{bmatrix}1&2&3\\4&5&6\\7&8&9\\10&11&12\end{bmatrix}^{\mathrm{T}}=\begin{bmatrix}1&4&7&10\\2&5&8&11\\3&6&9&12\end{bmatrix}\qquad\begin{bmatrix}a&b&c\\d&e&f\\g&h&i\end{bmatrix}^{\mathrm{T}}=\begin{bmatrix}a&d&g\\b&e&h\\c&f&i\end{bmatrix}$$

对于向量来说，向量的转置就是将行向量变成列向量，将列向量变成行向量。比如，列出一个向量的矩阵表示方法：

$$[x\quad y\quad z]^{\mathrm{T}}=\begin{bmatrix}x\\y\\z\end{bmatrix}\qquad\begin{bmatrix}x\\y\\z\end{bmatrix}^{\mathrm{T}}=[x\quad y\quad z]$$

转置矩阵的两点重要说明：

1）对于任意矩阵$\boldsymbol{M}$，若这个矩阵转置后再进行一次转置，则所得矩阵为原矩阵，即$(\boldsymbol{M}^{\mathrm{T}})^{\mathrm{T}}=\boldsymbol{M}$。

2）对于任意对角矩阵$\boldsymbol{D}$，$\boldsymbol{D}^{\mathrm{T}}=\boldsymbol{D}$。

3.2 矩阵的运算

1. 标量与矩阵的乘法

首先设矩阵$\boldsymbol{M}$和标量k，它们相乘实际上就是标量k与矩阵中各个分量相乘，结果得到一个和$\boldsymbol{M}$维数一样的矩阵。一般写法是标量写在矩阵的左边，不用写乘号。例如：

$$k\boldsymbol{M}=k\begin{bmatrix}m_{11}&m_{12}&m_{13}\\m_{21}&m_{22}&m_{23}\\m_{31}&m_{32}&m_{33}\end{bmatrix}=\begin{bmatrix}km_{11}&km_{12}&km_{13}\\km_{21}&km_{22}&km_{23}\\km_{31}&km_{32}&km_{33}\end{bmatrix}$$

2. 矩阵与矩阵的乘法

设两个矩阵$\boldsymbol{A}$、$\boldsymbol{B}$，当$\boldsymbol{A}$的列数和$\boldsymbol{B}$的行数相等时，可以进行乘法运算。若$\boldsymbol{A}$是一个$r\times n$的矩阵，$\boldsymbol{B}$为一个$n\times c$的矩阵，那么两向量相乘结果得到一个$r\times c$的矩阵。例如，一个4×2矩阵和一个2×5矩阵相乘，结果是一个4×5矩阵。矩阵的乘法运算结果记作$\boldsymbol{AB}$。现设$\boldsymbol{C}$为$\boldsymbol{A}$、$\boldsymbol{B}$两向量相乘结果向量，则$\boldsymbol{C}$的任意元素c_{ij}等于$\boldsymbol{A}$的第i行向量与$\boldsymbol{B}$的第j列向量的点积，记作：

$$c_{ij}=\sum_{k=1}^{n}a_{ik}b_{kj}$$

上式就是对结果中的任意元素c_{ij}的计算公式，提取$\boldsymbol{A}$的第i行和$\boldsymbol{B}$的第j列，将行和列中的对应元素相乘，然后将结果相加（等于**A**的i行和**B**的j列的点乘）所得的和就是c_{ij}。

比如：

$$\begin{bmatrix} c_{11} & c_{12} & c_{13} & c_{14} & c_{15} \\ c_{21} & c_{22} & c_{23} & c_{24} & c_{25} \\ c_{31} & c_{32} & c_{33} & c_{34} & c_{35} \\ c_{41} & c_{42} & c_{43} & c_{44} & c_{45} \end{bmatrix} = \begin{bmatrix} a_{11} & a_{12} \\ a_{21} & a_{22} \\ a_{31} & a_{32} \\ a_{41} & a_{42} \end{bmatrix} \begin{bmatrix} b_{11} & b_{12} & b_{13} & b_{14} & b_{15} \\ b_{21} & b_{22} & b_{23} & b_{24} & b_{25} \end{bmatrix}$$

这是4×2的矩阵**A**和2×5的矩阵**B**相乘得到4×5的矩阵**C**，这时计算其中一个分量c_{24}的运算过程：

$$c_{24} = a_{21}b_{14} + a_{22}b_{24}$$

为了看得更清楚，将矩阵放到合适的地方对齐相应的分量：

$$\begin{matrix} & \begin{bmatrix} b_{11} & b_{12} & b_{13} & b_{14} & b_{15} \\ b_{21} & b_{22} & b_{23} & b_{24} & b_{25} \end{bmatrix} \\ \begin{bmatrix} a_{11} & a_{12} \\ a_{21} & a_{22} \\ a_{31} & a_{32} \\ a_{41} & a_{42} \end{bmatrix} & \begin{bmatrix} c_{11} & c_{12} & c_{13} & c_{14} & c_{15} \\ c_{21} & c_{22} & c_{23} & c_{24} & c_{25} \\ c_{31} & c_{32} & c_{33} & c_{34} & c_{35} \\ c_{41} & c_{42} & c_{43} & c_{44} & c_{45} \end{bmatrix} \end{matrix}$$

$$c_{43} = a_{41}b_{13} + a_{42}b_{23}$$

下面介绍关于方阵的乘法。在几何应用中，方阵的乘法用处比较多，比如2×2矩阵和3×3矩阵，下面具体列出了方阵的乘法运算过程：

2×2矩阵情况：

$$\begin{aligned} \boldsymbol{AB} &= \begin{bmatrix} a_{11} & a_{12} \\ a_{21} & a_{22} \end{bmatrix} \begin{bmatrix} b_{11} & b_{12} \\ b_{21} & b_{22} \end{bmatrix} \\ &= \begin{bmatrix} a_{11}b_{11} + a_{12}b_{21} & a_{11}b_{12} + a_{12}b_{22} \\ a_{21}b_{11} + a_{22}b_{21} & a_{21}b_{12} + a_{22}b_{22} \end{bmatrix} \end{aligned}$$

实数2×2矩阵的例子：

$$\boldsymbol{A} = \begin{bmatrix} -3 & 0 \\ 5 & 1/2 \end{bmatrix}, \boldsymbol{B} = \begin{bmatrix} -7 & 2 \\ 4 & 6 \end{bmatrix}$$

$$\begin{aligned} \boldsymbol{AB} &= \begin{bmatrix} -3 & 0 \\ 5 & 1/2 \end{bmatrix} \begin{bmatrix} -7 & 2 \\ 4 & 6 \end{bmatrix} \\ &= \begin{bmatrix} (-3)(-7) + (0)(4) & (-3)(2) + (0)(6) \\ (5)(-7) + (1/2)(4) & (5)(2) + (1/2)(6) \end{bmatrix} \\ &= \begin{bmatrix} 21 & -6 \\ -33 & 13 \end{bmatrix} \end{aligned}$$

3×3矩阵情况：

$$\boldsymbol{AB}=\begin{bmatrix} a_{11} & a_{12} & a_{13} \\ a_{21} & a_{22} & a_{23} \\ a_{31} & a_{32} & a_{33} \end{bmatrix}\begin{bmatrix} b_{11} & b_{12} & b_{13} \\ b_{21} & b_{22} & b_{23} \\ b_{31} & b_{32} & b_{33} \end{bmatrix}$$

$$=\begin{bmatrix} a_{11}b_{11}+a_{12}b_{21}+a_{13}b_{31} & a_{11}b_{12}+a_{12}b_{22}+a_{13}b_{32} & a_{11}b_{13}+a_{12}b_{23}+a_{13}b_{33} \\ a_{21}b_{11}+a_{22}b_{21}+a_{23}b_{31} & a_{21}b_{12}+a_{22}b_{22}+a_{23}b_{32} & a_{21}b_{13}+a_{22}b_{23}+a_{23}b_{33} \\ a_{31}b_{11}+a_{32}b_{21}+a_{33}b_{31} & a_{31}b_{12}+a_{32}b_{22}+a_{33}b_{32} & a_{31}b_{13}+a_{32}b_{23}+a_{33}b_{33} \end{bmatrix}$$

举一个实例，以便理解：

$$\boldsymbol{A}=\begin{bmatrix} 1 & -5 & 3 \\ 0 & -2 & 6 \\ 7 & 2 & -4 \end{bmatrix},\boldsymbol{B}=\begin{bmatrix} -8 & 6 & 1 \\ 7 & 0 & -3 \\ 2 & 4 & 5 \end{bmatrix}$$

$$\boldsymbol{AB}=\begin{bmatrix} 1 & -5 & 3 \\ 0 & -2 & 6 \\ 7 & 2 & -4 \end{bmatrix}\begin{bmatrix} -8 & 6 & 1 \\ 7 & 0 & -3 \\ 2 & 4 & 5 \end{bmatrix}$$

$$=\begin{bmatrix} (1)(-8)+(-5)(7)+(3)(2) & (1)(6)+(-5)(0)+(3)(4) & (1)(1)+(-5)(-3)+(3)(5) \\ (0)(-8)+(-2)(7)+(6)(2) & (0)(6)+(-2)(0)+(6)(4) & (0)(1)+(-2)(-3)+(6)(5) \\ (7)(-8)+(2)(7)+(-4)(2) & (7)(6)+(2)(0)+(-4)(4) & (7)(1)+(2)(-3)+(-4)(5) \end{bmatrix}$$

$$=\begin{bmatrix} -37 & 18 & 31 \\ -2 & 24 & 36 \\ -50 & 26 & -19 \end{bmatrix}$$

矩阵乘法说明：

1）任意矩阵$\boldsymbol{M}$乘以方阵$\boldsymbol{S}$，若乘法有意义，无论从哪边相乘，结果都将得到与原矩阵行数和列数相同的矩阵；特殊情况下，当$\boldsymbol{S}$方阵为单位方阵时，结果为原矩阵$\boldsymbol{M}$：$\boldsymbol{MI}=\boldsymbol{IM}=\boldsymbol{M}$。

2）矩阵的乘法不满足交换律：$\boldsymbol{AB}\neq\boldsymbol{BA}$。

3）矩阵的乘法满足结合律：$(\boldsymbol{AB})\boldsymbol{C}=\boldsymbol{A}(\boldsymbol{BC})$（前提是矩阵$\boldsymbol{A}$、$\boldsymbol{B}$、$\boldsymbol{C}$的维数使乘法可行）。

4）矩阵乘法满足与标量或向量的结合律。

5）$(k\boldsymbol{A})\boldsymbol{B}=k(\boldsymbol{AB})=\boldsymbol{A}(k\boldsymbol{B})$，$(\boldsymbol{v}\boldsymbol{A})\boldsymbol{B}=\boldsymbol{v}(\boldsymbol{AB})$（下面将介绍向量与矩阵的乘法）。

6）矩阵积的转置相当于先转置矩阵然后以相反的顺序乘：$(\boldsymbol{AB})^{\mathrm{T}}=\boldsymbol{B}^{\mathrm{T}}\boldsymbol{A}^{\mathrm{T}}$。

扩展到多个矩阵：$(\boldsymbol{M}_1\boldsymbol{M}_2\cdots\boldsymbol{M}_{n-1}\boldsymbol{M}_n)^{\mathrm{T}}=\boldsymbol{M}_n{}^{\mathrm{T}}\boldsymbol{M}_{n-1}{}^{\mathrm{T}}\cdots\boldsymbol{M}_2{}^{\mathrm{T}}\boldsymbol{M}_1{}^{\mathrm{T}}$

3. 向量与矩阵的乘法

前面介绍了向量也可以作为矩阵来表示，当做是一列或一行的矩阵，那么就可以与矩阵相乘。根据上面所讲的规则，下面展示了行向量和列向量如何与矩阵相乘：

$$\begin{bmatrix} x & y & z \end{bmatrix}\begin{bmatrix} m_{11} & m_{12} & m_{13} \\ m_{21} & m_{22} & m_{23} \\ m_{31} & m_{32} & m_{33} \end{bmatrix}$$

$$= \begin{bmatrix} xm_{11} + ym_{21} + zm_{31} & xm_{12} + ym_{22} + zm_{32} & xm_{13} + ym_{23} + zm_{33} \end{bmatrix}$$

$$\begin{bmatrix} m_{11} & m_{12} & m_{13} \\ m_{21} & m_{22} & m_{23} \\ m_{31} & m_{32} & m_{33} \end{bmatrix}\begin{bmatrix} x \\ y \\ z \end{bmatrix} = \begin{bmatrix} xm_{11} + ym_{12} + zm_{13} \\ xm_{21} + ym_{22} + zm_{23} \\ xm_{31} + ym_{32} + zm_{33} \end{bmatrix}$$

$$\begin{bmatrix} m_{11} & m_{12} & m_{13} \\ m_{21} & m_{22} & m_{23} \\ m_{31} & m_{32} & m_{33} \end{bmatrix}\begin{bmatrix} x & y & z \end{bmatrix}$$

$$\begin{bmatrix} x \\ y \\ z \end{bmatrix}\begin{bmatrix} m_{11} & m_{12} & m_{13} \\ m_{21} & m_{22} & m_{23} \\ m_{31} & m_{32} & m_{33} \end{bmatrix}$$

由上面的式子可以知道，行向量左乘矩阵时，结果是行向量；列向量右乘矩阵时，结果是列向量。最后两种组合是没有意义的，不能相乘。

向量与矩阵相乘时需要注意以下几点：

1）结果向量中的每一个元素都是原向量与矩阵中单独行或列的点积。

2）矩阵与向量的乘法满足对向量加法的分配律，即对于向量$\boldsymbol{v}$、$\boldsymbol{w}$和矩阵$\boldsymbol{M}$，有$(\boldsymbol{v}+\boldsymbol{w})\boldsymbol{M}=\boldsymbol{vM}+\boldsymbol{wM}$。

4. 行向量与列向量

在第2章中介绍行向量和列向量时并没有区别它们，在本章中，当行向量或列向量与相同的矩阵相乘时，得到的结果一个是行向量，一个是列向量，并且其中每一个结果向量的分量都不同，这便是行向量与列向量的区别。

在不同的情况下使用行向量或列向量，如果在区别不大的情况下，使用列向量，若关系到区别时，使用行向量。

因为行向量和列向量都有其自身的特点，对于不同的作者会使用的不一样，所以应注意，当使用别人的公式或源代码时，要检查使用的是行向量还是列向量，若不同，那么用它的公式时要进行转换，在3D数学编程时，形式转换是经常错误的根源，要引起注意。

3.3 矩阵的几何意义

方阵可以表示任意线性变换，线性变换的正式定义将在以后具体深入地解释，这里可以这样理解线性变换：线性变换将保留坐标系中的直线或其他图形，保持坐标系原点不变，经过线性变换后，这些几何图形的长度、角度、面积和体积都有可能发生改变，可能会使坐标系被拉伸，但坐标系不会被扭曲或弯折。

首先介绍矩阵变换向量的方法。

1. 向量的变换——矩阵方法

在上一章讲到向量在几何意义上可以被解释成与轴平行的一系列位移集合，依然使用上章实例。向量[1,-3,4]可以被解释为沿x轴位移大小为1，沿y轴位移大小为-3，沿z轴位移大小为4，使用向量加法来表示为：

$$\begin{bmatrix}1\\-3\\4\end{bmatrix}=\begin{bmatrix}1\\0\\0\end{bmatrix}+\begin{bmatrix}0\\-3\\0\end{bmatrix}+\begin{bmatrix}0\\0\\4\end{bmatrix}$$

归纳成一般形式，设一个向量$\boldsymbol{v}=[x,y,z]$，写成加法形式为：

$$\boldsymbol{v}=\begin{bmatrix}x\\y\\z\end{bmatrix}=\begin{bmatrix}x\\0\\0\end{bmatrix}+\begin{bmatrix}0\\y\\0\end{bmatrix}+\begin{bmatrix}0\\0\\z\end{bmatrix}$$

接下来，根据向量与标量的乘法运算，将沿各个轴的位移大小提取出来，将各个轴上的向量变为单位向量，如下：

$$\boldsymbol{v}=\begin{bmatrix}x\\y\\z\end{bmatrix}=x\begin{bmatrix}1\\0\\0\end{bmatrix}+y\begin{bmatrix}0\\1\\0\end{bmatrix}+z\begin{bmatrix}0\\0\\1\end{bmatrix}$$

分别使用向量$\boldsymbol{p}$、$\boldsymbol{q}$、$\boldsymbol{r}$表示沿$+x$、$+y$、$+z$方向上的单位向量，将上式中的相对应的单位向量替换，得到：

$$\boldsymbol{v}=x\boldsymbol{p}+y\boldsymbol{q}+z\boldsymbol{r}$$

这时，向量$\boldsymbol{v}$表示为向量$\boldsymbol{p}$、$\boldsymbol{q}$、$\boldsymbol{r}$的线性变换，向量$\boldsymbol{p}$、$\boldsymbol{q}$、$\boldsymbol{r}$可以称为基向量。这里的3个基向量是笛卡儿坐标系。一般来讲，一个坐标系可以使用任意3个基向量来定义，当然这3个基向量要满足不在同一个平面上，可以将$\boldsymbol{p}$、$\boldsymbol{q}$、$\boldsymbol{r}$这3个向量构成一个3×3的矩阵$\boldsymbol{M}$：

$$\boldsymbol{M}=\begin{bmatrix}\boldsymbol{p}\\\boldsymbol{q}\\\boldsymbol{r}\end{bmatrix}=\begin{bmatrix}\boldsymbol{p}_x & \boldsymbol{p}_y & \boldsymbol{p}_z\\\boldsymbol{q}_x & \boldsymbol{q}_y & \boldsymbol{q}_z\\\boldsymbol{r}_x & \boldsymbol{r}_y & \boldsymbol{r}_z\end{bmatrix}$$

用一个向量乘以这个矩阵：

$$
\begin{bmatrix} x & y & z \end{bmatrix}\begin{bmatrix} \boldsymbol{p}_x & \boldsymbol{p}_y & \boldsymbol{p}_z \\ \boldsymbol{q}_x & \boldsymbol{q}_y & \boldsymbol{q}_z \\ \boldsymbol{r}_x & \boldsymbol{r}_y & \boldsymbol{r}_z \end{bmatrix} = \begin{bmatrix} x\boldsymbol{p}_x + y\boldsymbol{q}_x + z\boldsymbol{r}_x & x\boldsymbol{p}_y + y\boldsymbol{q}_y + z\boldsymbol{r}_y & x\boldsymbol{p}_z + y\boldsymbol{q}_z + z\boldsymbol{r}_z \end{bmatrix}
$$

$$
= x\boldsymbol{p} + y\boldsymbol{q} + z\boldsymbol{r}
$$

这和前面计算转换后的$\boldsymbol{v}$的等式相同。

若把矩阵的行解释为坐标系的基向量，那么乘以该矩阵就相当于执行了一次坐标转换。若$\boldsymbol{aM}=\boldsymbol{b}$，可以解释为$\boldsymbol{M}$将$\boldsymbol{a}$转换为$\boldsymbol{b}$。

总结一下，其实矩阵就是用一种紧凑的方式来表达坐标转换所需的数学运算。

2. 矩阵的应用——通用变换

上面讲到矩阵用来表达坐标转换的，那么如何构建一个矩阵，使它能完成想要的坐标转换呢？这里先从一个简单的例子来探讨。基向量[1,0,0]，[0,1,0]，[0,0,1]乘以任意矩阵$\boldsymbol{M}$时的情况如下：

$$
\begin{bmatrix} 1 & 0 & 0 \end{bmatrix}\begin{bmatrix} m_{11} & m_{12} & m_{13} \\ m_{21} & m_{22} & m_{23} \\ m_{31} & m_{32} & m_{33} \end{bmatrix} = \begin{bmatrix} m_{11} & m_{12} & m_{13} \end{bmatrix}
$$

$$
\begin{bmatrix} 0 & 1 & 0 \end{bmatrix}\begin{bmatrix} m_{11} & m_{12} & m_{13} \\ m_{21} & m_{22} & m_{23} \\ m_{31} & m_{32} & m_{33} \end{bmatrix} = \begin{bmatrix} m_{21} & m_{22} & m_{23} \end{bmatrix}
$$

$$
\begin{bmatrix} 0 & 0 & 1 \end{bmatrix}\begin{bmatrix} m_{11} & m_{12} & m_{13} \\ m_{21} & m_{22} & m_{23} \\ m_{31} & m_{32} & m_{33} \end{bmatrix} = \begin{bmatrix} m_{31} & m_{32} & m_{33} \end{bmatrix}
$$

这时候得到的3个结果分别对应矩阵$\boldsymbol{M}$的第一、二、三行，矩阵的每一行都能被解释成转换后的基向量。

首先，给出2D的例子来理解，看下面的2×2矩阵：

$$
\boldsymbol{M} = \begin{bmatrix} 2 & 1 \\ -1 & 2 \end{bmatrix}
$$

为了了解这个矩阵所代表的转换，首先从矩阵中抽出基向量$\boldsymbol{p}$、$\boldsymbol{q}$：

$$
\boldsymbol{p}=\begin{bmatrix} 2 & 1 \end{bmatrix}
$$

$$
\boldsymbol{q}=\begin{bmatrix} -1 & 2 \end{bmatrix}
$$

现在以“原”基向量（x轴、y轴）做参考，如图3-1所示，x基向量转换成上面的$\boldsymbol{p}$向量，y基向量转换成上面的$\boldsymbol{q}$向量。

从图3-1中，可以清楚地看到由行向量构成了L的形状，矩阵$\boldsymbol{M}$所代表的变换是逆时针旋转26°。

当然不仅是基向量进行线性变换，整个2D平行四边形都会进行线性变换，如图3-2所示。

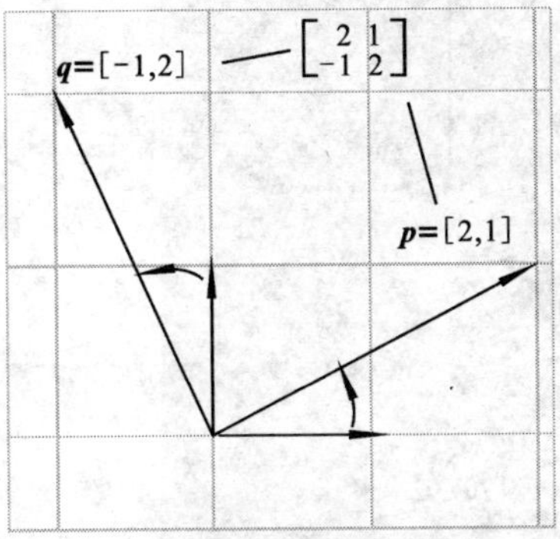

图3-1 2D转换矩阵的行向量

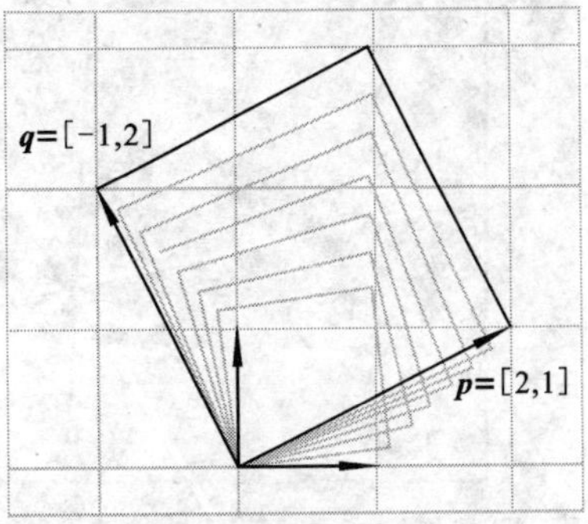

图3-2 矩阵行向量构成的2D空间中的平行四边形

若在平行四边形中放一张图片，便得到图片的线性变换，如图3-3所示。

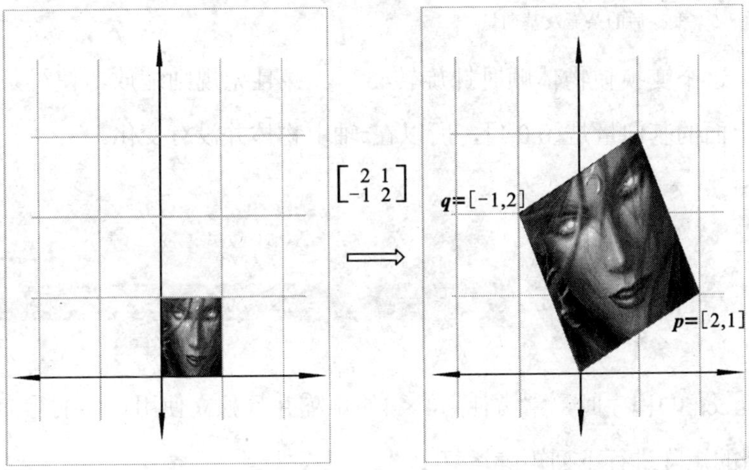

图3-3 平行四边形中图片的变换

图3-3中，矩阵不仅变换了坐标系，而且还拉伸了。

当然，在3D空间中的转换也可以应用以上的方法，只是在3D空间中有3个基向量。首先展示一个变换之前的3D物体。图3-4所示为一个单位立方体大小的茶壶，并标出了两个基向量，z轴的基向量没有标出，是因为被茶壶挡住了，z基向量是[0,0,1]。

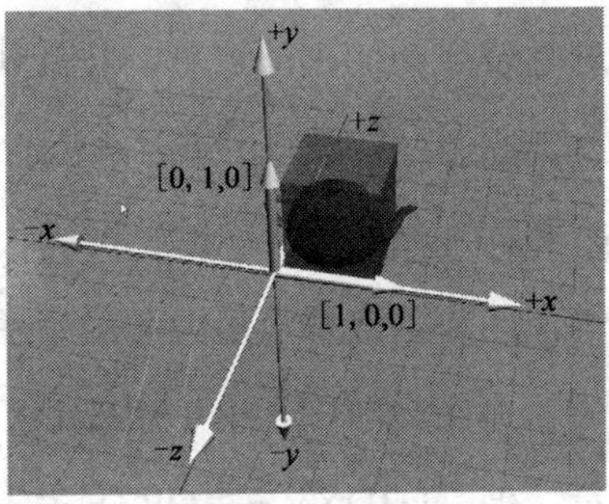

图3-4 变换前的茶壶与基向量

现在，考虑如下矩阵的变换：

$$\begin{bmatrix} 0.707 & -0.707 & 0 \\ 1.250 & 1.250 & 0 \\ 0 & 0 & 1 \end{bmatrix}$$

从矩阵的行中抽出基向量，如图3-5所示的变换后的茶壶。

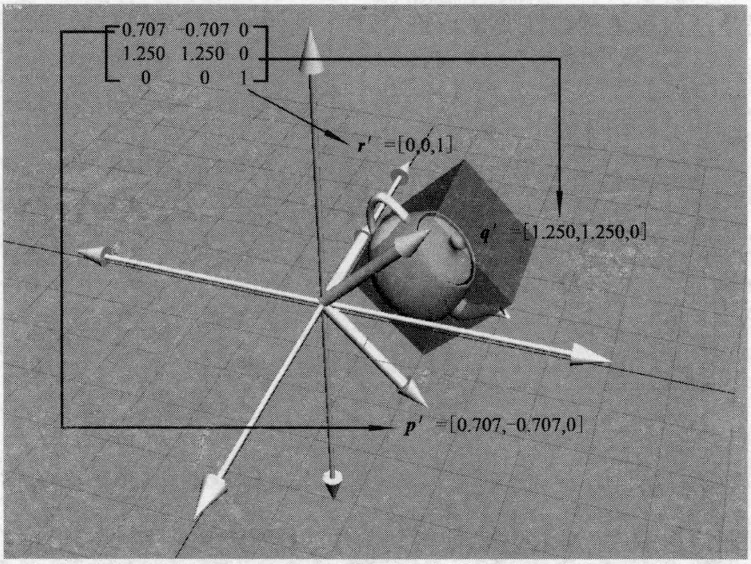

图3-5　变换后的茶壶及基向量

图3-5中，这个变换使物体顺时针旋转45°，并且无规则缩放，使得茶壶比以前高了，由于z轴上面的基向量是[0,0,1]，所以在z轴上物体并没有变化。

3.4　D3DX中的矩阵

当编写Direct 3D程序时，常常使用4×4的矩阵并且独立使用1×4的行向量。可以使用这两种类型的矩阵进行下列矩阵运算：

1）向量矩阵乘法：如果$\boldsymbol{v}$是一个1×4的行向量并且$\boldsymbol{T}$是一个4×4的矩阵，那么可以进行$\boldsymbol{vT}$之间的乘法运算，并且其结果是1×4矩阵。

2）矩阵乘法：如果$\boldsymbol{T}$是一个4×4矩阵并且$\boldsymbol{R}$是一个4×4的矩阵，那么矩阵$\boldsymbol{TR}$的相乘和$\boldsymbol{RT}$的相乘都会得到一个4×4的矩阵。注意，$\boldsymbol{TR}$的相乘结果不一定要和$\boldsymbol{RT}$的乘积相等，因为矩阵乘法不会满足交换律。

在D3DX中常常使用D3DXVECTOR3和D3DXVECTOR4向量类来描述1×4的行向量，但是D3DXVECTOR3只有3个分量，而不是4个，这时第4个分量一般被认为是一个已知的分量1或者0。

在D3DX中使用D3DXMATRIX类表示4×4矩阵，定义如下：

```
typedef struct D3DXMATRIX : public D3DMATRIX
{
```

```
public:
    D3DXMATRIX() {};
    D3DXMATRIX(CONST FLOAT*);
    D3DXMATRIX(CONST D3DMATRIX&);
    D3DXMATRIX(FLOAT _11, FLOAT _12, FLOAT _13, FLOAT _14,
               FLOAT _21, FLOAT _22, FLOAT _23, FLOAT _24,
               FLOAT _31, FLOAT _32, FLOAT _33, FLOAT _34,
               FLOAT _41, FLOAT _42, FLOAT _43, FLOAT _44);

    // access grants
    FLOAT& operator () (UINT Row, UINT Col);
    FLOAT operator () (UINT Row, UINT Col) const;

    // casting operators
    operator FLOAT* ();
    operator CONST FLOAT* () const;

    // assignment operators
    D3DXMATRIX& operator *= (CONST D3DXMATRIX&);
    D3DXMATRIX& operator += (CONST D3DXMATRIX&);
    D3DXMATRIX& operator -= (CONST D3DXMATRIX&);
    D3DXMATRIX& operator *= (FLOAT);
    D3DXMATRIX& operator /= (FLOAT);

    // unary operators
    D3DXMATRIX operator + () const;
    D3DXMATRIX operator - () const;

    // binary operators
    D3DXMATRIX operator * (CONST D3DXMATRIX&) const;
    D3DXMATRIX operator + (CONST D3DXMATRIX&) const;
    D3DXMATRIX operator - (CONST D3DXMATRIX&) const;
    D3DXMATRIX operator * (FLOAT) const;
    D3DXMATRIX operator / (FLOAT) const;

    friend D3DXMATRIX operator * (FLOAT, CONST D3DXMATRIX&);

    BOOL operator == (CONST D3DXMATRIX&) const;
    BOOL operator != (CONST D3DXMATRIX&) const;

} D3DXMATRIX, *LPD3DXMATRIX;
```

D3DXMATRIX类从D3DMATRIX结构继承了它的数据成员。D3DMATRIX结构定义如下：

```
typedef struct _D3DMATRIX {
    D3DVALUE _11, _12, _13, _14;
    D3DVALUE _21, _22, _23, _24;
    D3DVALUE _31, _32, _33, _34;
    D3DVALUE _41, _42, _43, _44;
} D3DMATRIX, *LPD3DMATRIX;
```

通过观察可以发现，D3DXMATRIX类中有许多有用的操作，例如判断矩阵是否相等，矩阵加法和矩阵减法，矩阵的数乘等，更重要的是可以进行两个矩阵的乘法。矩阵乘法非常重要，下面给出一个进行这种操作的范例：

```
D3DXMATRIX A(…);            // initialize A
D3DXMATRIX B(…);            // initialize B
D3DXMATRIX C = A * B;       // C = AB
```

另一个D3DXMATRIX类的重要操作是元素的插入。当使用插入操作时，和C语言中数组一样下标是从0开始。例如，进行设置矩阵中的下标*ij*为11的元素的值的操作，代码如下：

```
D3DXMATRIX M;
M(1, 1) = 5.0f;             // Set entry ij = 11 to 5.0f
```

D3DX库还提供了如下的有用函数：第一个用于把一个D3DXMATRIX对象设置为一个单位矩阵，第二个用于计算矩阵的转置矩阵，第三个用于计算矩阵的逆矩阵。

```
D3DXMATRIX *D3DXMatrixIdentity(
    D3DXMATRIX *pout        // The matrix to be set to the identity.
);

D3DXMATRIX M;
D3DXMatrixIdentity( &M );   // M = identity matrix

D3DXMATRIX *D3DXMatrixTranspose(
    D3DXMATRIX *pOut,       // The resulting transposed matrix.
    CONST D3DXMATRIX *pM    // The matrix to take the transpose of.
);

D3DXMATRIX A(...);          // initialize A
D3DXMATRIX B;
D3DXMatrixTranspose( &B, &A ); // B = transpose(A)


D3DXMATRIX *D3DXMatrixInverse(
    D3DXMATRIX *pOut,       // returns inverse of pM
    FLOAT *pDeterminant,    // determinant, if required, else pass 0
    CONST D3DXMATRIX *pM    // matrix to invert
);
```

当将一个没有逆矩阵的矩阵作为参数传入到求逆函数中时，该函数就会返回NULL。在本书中将忽略第二个参数并且在使用时都设置为0。

```
D3DXMATRIX A(...);          // initialize A
D3DXMATRIX B;
D3DXMatrixInverse( &B, 0, &A ); // B = inverse(A)
```

3.5 线性变换

在上面几节中，已经学习了矩阵的基本数学性质，并讲解了矩阵的几何意义及其与坐标系转换之间的基本关系。在3D游戏的整个开发过程中，通常需要以某种方式对一系列的向量进行变换，用到的变换一般包含缩放和旋转等。在本节中，将深入讨论矩阵与线性变换之间的关系，使用3×3矩阵来表达3D线性变换物体的转换与坐标系的转换。

3.5.1 物体的转换与坐标系的转换

在讨论不同的变换之前，首先来介绍一下变换的方式。通常变换的方式有两种，物体的变换和坐标系的变换。这两种变换得到的变换结果是等价的，但是在什么情况使用哪种方式及它们之间的关系是需要了解的。本节通过一个2D的转换例子来介绍。图3-6所示是将一个物体顺时针旋转30°。

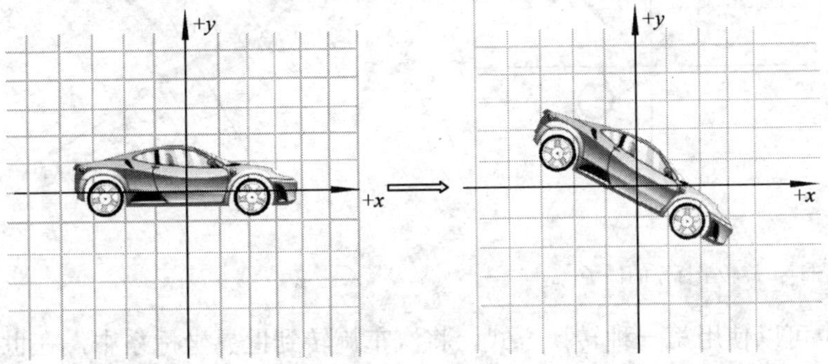

图3-6 2D物体顺时针旋转30°

图3-6中，将汽车旋转30°，也就是将汽车上所有的点都旋转30°，在同一个坐标系中将汽车上所有的点旋转到新的位置。这时，可以使用另一种转换方式来描述这个变换，如图3-7所示，将汽车上所有的点都保持不变，只是在另一个坐标系中展示它。

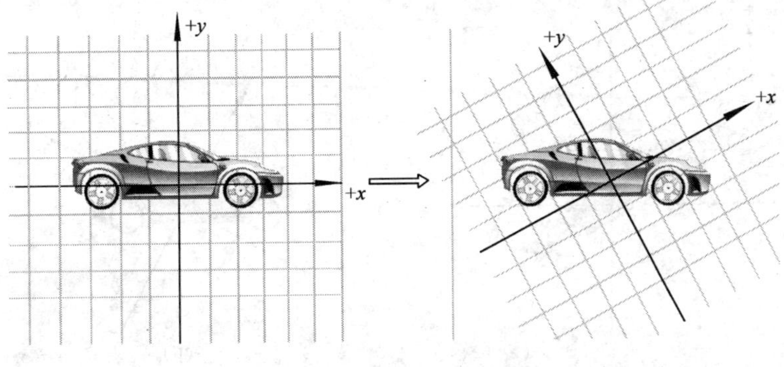

图3-7 逆时针旋转坐标系30°

以上两种方式的变换在不同的情况下将得到使用。下面来分析这两种方式的优点，以及在什么情况下使用哪种方式比较合适。

对于图3-6中的汽车，如果要渲染这辆汽车，就是将汽车上的点从汽车的物体坐标系变换到世界坐标系，接着变换到摄像机坐标系。

这种变换很好理解，那么对于第二种方式，像图3-7所描述的使用旋转坐标轴来实现转换，这种方式在某些情况下能够起到很好的作用。图3-8展示的是一把步枪正向汽车发射子弹，并且知道世界坐标系中枪的位置和子弹的弹道，这时，将世界坐标系旋转并与汽车的物体坐标系重合，并且保持枪、子弹弹道和车相对位置不变，这样，就得到了枪和子弹弹道在汽车的物体坐标系中的坐标，就可以做碰撞检测来判断枪是否能击中汽车。

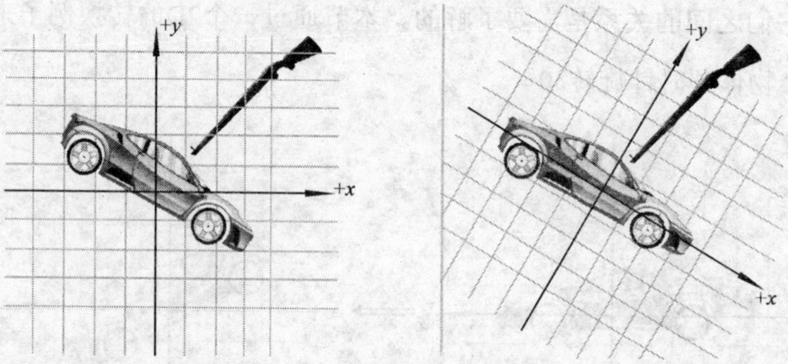

图3-8　旋转坐标系的例子

当然，也可以使用第一种转换方式，将汽车旋转到世界坐标系中，在世界坐标系中做碰撞检测，但这样会慢得多，因为汽车模型上有很多顶点和三角形，对于碰撞检测来说计算量比较大。因此，这种情况第二种方式转换会比较合适。

具体使用哪种方式转换应根据具体情况来选择，其实对于这两种变换方式是等价的，将物体变换一个量等价于将坐标系变换一个相反的量。图3-9所示两种方式的变换就是等价的，对于图3-9（a）是顺时针旋转物体30°，对于图3-9（b）是逆时针旋转坐标系30°。

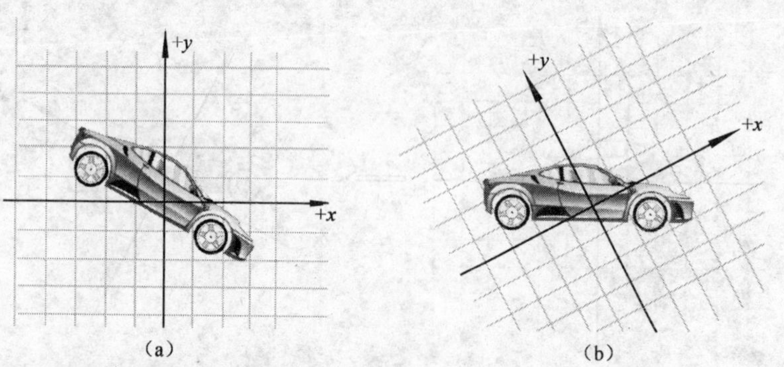

图3-9　两种变换方式等价

当遇到多种变换时，则需要使用相反的顺序变换相反的量。比如，将物体顺时针旋转45°，然后再缩小50%，则等价于将坐标轴首先扩大50%，然后再逆时针旋转45°。这种变换叫做组合变换，将在后面的内容中讲到。

3.5.2 旋转矩阵

从本节开始，将介绍构造各种变换的矩阵公式，且将使用物体变换的方式，使坐标系静止不动。

本节将讲述在之前内容中一直提到的旋转变换，并对它做标准的定义。在这里需要注意的是暂时不考虑平移变换，这种变换方式将在后面的内容中介绍。

1. 2D空间中的旋转变换

在2D空间中，对于旋转来说，只能围绕着原点进行旋转，所以旋转量可以用旋转角度进行描述，设为θ，并规定旋转的正方向为逆时针。如图3-10所示，基向量$\boldsymbol{p}$、$\boldsymbol{q}$绕原点旋转，得到新的基向量$\boldsymbol{p}'$、$\boldsymbol{q}'$，旋转角度为θ。

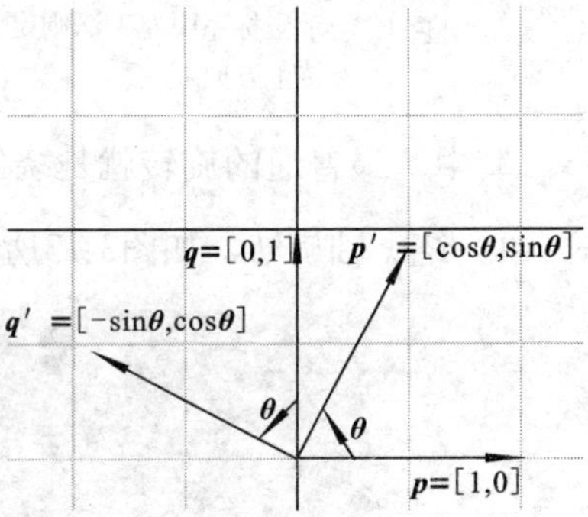

图3-10 2D空间中绕原点旋转 θ

这时，根据旋转后基向量的值，来构造完成此变换的矩阵：

$$\boldsymbol{R}(\theta)=\begin{bmatrix}\boldsymbol{p}'\\\boldsymbol{q}'\end{bmatrix}=\begin{bmatrix}\cos\theta & \sin\theta\\-\sin\theta & \cos\theta\end{bmatrix}$$

2. 3D空间中的旋转变换

对于3D空间的旋转来说，不是围绕原点而是围绕轴旋转，当然这里所说的轴，不仅仅是坐标系中的x轴、y轴和z轴。并且，此时只考虑穿过原点的轴作为旋转轴的情况。

绕轴旋转θ时，依据左手法则定义哪个方向是正方向，哪个方向是负方向。首先，要明确旋转轴指向的正方向，然后，伸出左手，使大拇指向上，规定大拇指的指向是旋转轴的正方向，四指弯曲的方向就是旋转的正方向，如图3-11所示。

如果使用右手坐标系，则有类似的法则，使用右手法则，即使用右手代替左手，如图3-12所示。

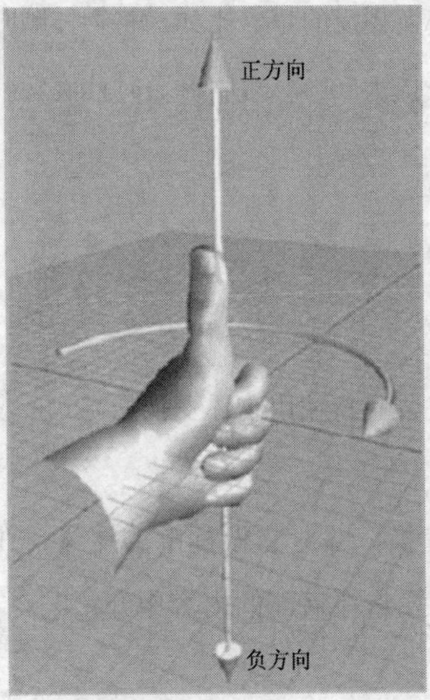

图3-11　左手坐标系中左手法则定义旋转正方向

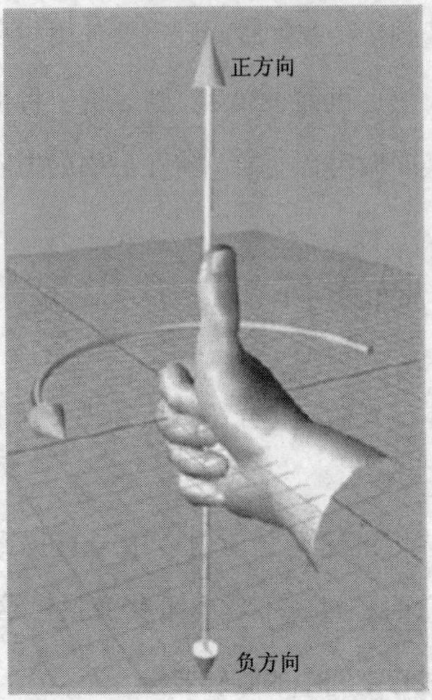

图3-12　右手坐标系中右手法则定义旋转正方向

其中，最普通的旋转就是绕坐标系中的3个坐标轴旋转。

1）绕 x 轴旋转，如图3-13所示。

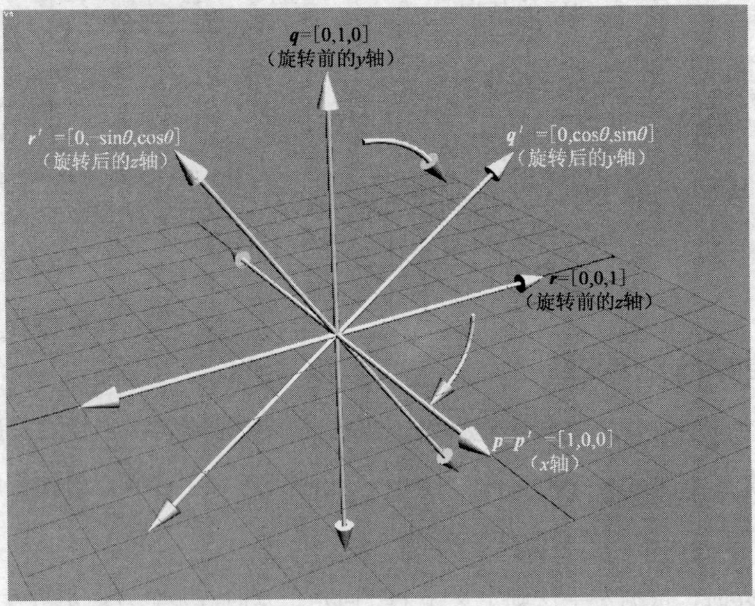

图3-13　3D空间中绕 x 轴旋转

得出了旋转后的基向量，由此可以得到矩阵：

$$\boldsymbol{R}_x(\theta)=\begin{bmatrix}\boldsymbol{p}'\\\boldsymbol{q}'\\\boldsymbol{r}'\end{bmatrix}=\begin{bmatrix}1 & 0 & 0\\0 & \cos\theta & \sin\theta\\0 & -\sin\theta & \cos\theta\end{bmatrix}$$

2）绕 y 轴旋转，和 x 轴类似，如图3-14所示。

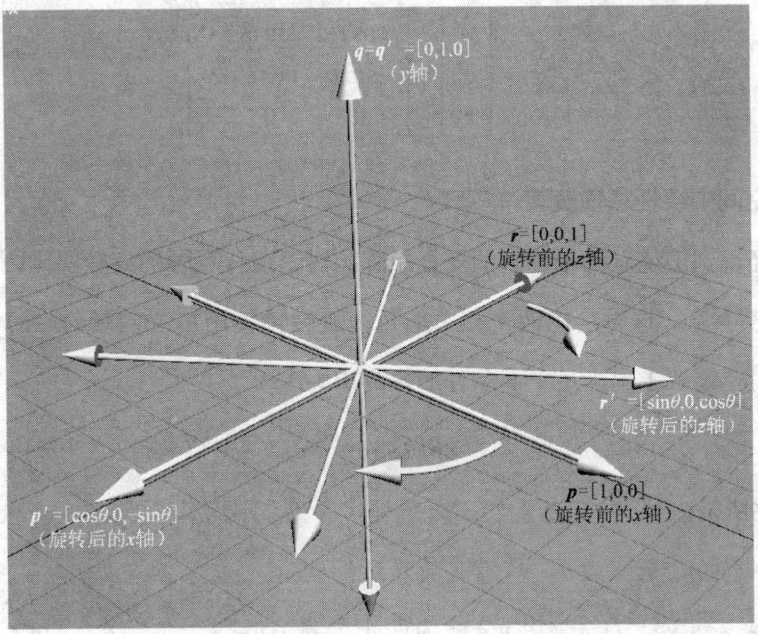

图3-14　3D空间中绕 y 轴旋转

可得到绕 y 轴旋转的矩阵：

$$\boldsymbol{R}_y(\theta)=\begin{bmatrix}\boldsymbol{p}'\\\boldsymbol{q}'\\\boldsymbol{r}'\end{bmatrix}=\begin{bmatrix}\cos\theta & 0 & -\sin\theta\\0 & 1 & 0\\\sin\theta & 0 & \cos\theta\end{bmatrix}$$

3）绕 z 轴旋转，如图3-15所示。

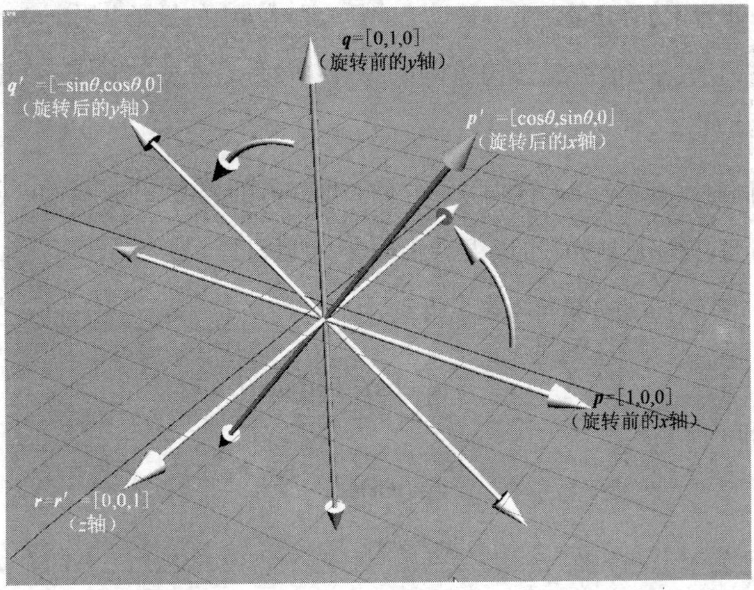

图3-15　3D空间中绕 z 轴旋转

可得到绕 z 轴旋转的矩阵：

$$R_z(\theta)=\begin{bmatrix} \boldsymbol{p}' \\ \boldsymbol{q}' \\ \boldsymbol{r}' \end{bmatrix}=\begin{bmatrix} \cos\theta & \sin\theta & 0 \\ -\sin\theta & \cos\theta & 0 \\ 0 & 0 & 1 \end{bmatrix}$$

3. 3D空间中绕任意轴旋转

上面已经得到了绕坐标轴旋转的变换矩阵，对于绕任意轴的旋转要比绕坐标轴复杂得多，也比较少见，这时给出两个相关的量：旋转轴使用单位向量$\boldsymbol{n}$描述，旋转量由θ来表示，这时，需要求出满足下面条件的矩阵$\boldsymbol{R}(\boldsymbol{n},\theta)$：

$$\boldsymbol{v}\boldsymbol{R}(\boldsymbol{n},\theta)=\boldsymbol{v}'$$

如图3-16所示。

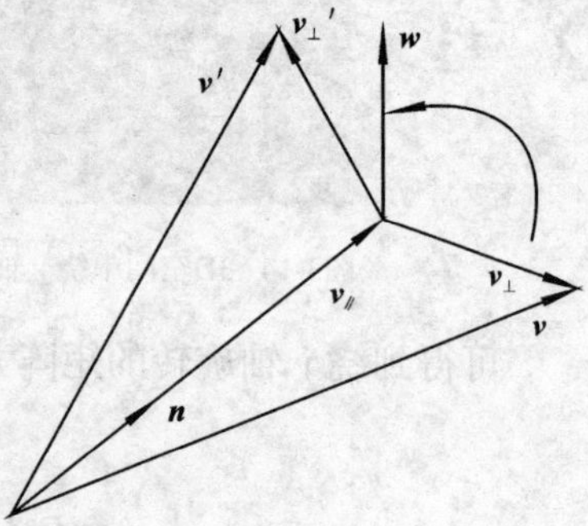

图3-16 沿任意轴旋转

将向量$\boldsymbol{v}$绕轴$\boldsymbol{n}$旋转角度θ，$\boldsymbol{v}'$就是旋转后的向量，使用已知量来表示$\boldsymbol{v}'$。首先，将$\boldsymbol{v}$分解为两个分量：$\boldsymbol{v}_{/\!/}$和$\boldsymbol{v}_\perp$，分别平行于向量$\boldsymbol{n}$和垂直于向量$\boldsymbol{n}$。在以前的课程中已经知道，有$\boldsymbol{v}=\boldsymbol{v}_{/\!/}+\boldsymbol{v}_\perp$，其中$\boldsymbol{v}_{/\!/}$平行于$\boldsymbol{n}$，所以旋转不会影响该分量。那么，只要计算出$\boldsymbol{v}_\perp$分量旋转后变成的$\boldsymbol{v}_\perp'$分量，就能得到$\boldsymbol{v}'$。所以，建立一个中间向量$\boldsymbol{w}$。

1）$\boldsymbol{v}_{/\!/}$是$\boldsymbol{v}$平行于$\boldsymbol{n}$的分量。另一种说法就是$\boldsymbol{v}_{/\!/}$是$\boldsymbol{v}$在$\boldsymbol{n}$上的投影，用$(\boldsymbol{v}\cdot\boldsymbol{n})\boldsymbol{n}$计算。

2）$\boldsymbol{v}_\perp$是$\boldsymbol{v}$垂直于$\boldsymbol{n}$的分量。因为$\boldsymbol{v}=\boldsymbol{v}_{/\!/}+\boldsymbol{v}_\perp$，所以$\boldsymbol{v}_\perp=\boldsymbol{v}-\boldsymbol{v}_{/\!/}$。$\boldsymbol{v}_\perp$是$\boldsymbol{v}$投影到垂直于$\boldsymbol{n}$的平面上的结果。

3）$\boldsymbol{w}$是同时垂直于$\boldsymbol{v}_{/\!/}$和$\boldsymbol{v}_\perp$的向量。它的长度和$\boldsymbol{v}_\perp$的长度相同。$\boldsymbol{w}$和$\boldsymbol{v}_\perp$同在垂直于$\boldsymbol{n}$的平面中。$\boldsymbol{w}$是$\boldsymbol{v}_\perp$绕$\boldsymbol{n}$旋转90°的结果，由$\boldsymbol{n}\times\boldsymbol{v}_\perp$可以得到。

现在，$\boldsymbol{v}'$垂直于$\boldsymbol{n}$的分量可以表示为：

$$\boldsymbol{v}_\perp'=\boldsymbol{v}_\perp\cos\theta+\boldsymbol{w}\sin\theta$$

代换$\boldsymbol{v}_\perp$和$\boldsymbol{w}$：

$$\boldsymbol{v}_{/\!/}=(\boldsymbol{v}\cdot\boldsymbol{n})\boldsymbol{n}$$

$$\begin{aligned}\boldsymbol{v}_\perp&=\boldsymbol{v}-\boldsymbol{v}_{/\!/}\\&=\boldsymbol{v}-(\boldsymbol{v}\cdot\boldsymbol{n})\boldsymbol{n}\end{aligned}$$

$$\begin{aligned}\boldsymbol{w} &= \boldsymbol{n}\times\boldsymbol{v}_{\perp}\\ &= \boldsymbol{n}\times(\boldsymbol{v}-\boldsymbol{v}_{//})\\ &= \boldsymbol{n}\times\boldsymbol{v}-\boldsymbol{n}\times\boldsymbol{v}_{//}\\ &= \boldsymbol{n}\times\boldsymbol{v}-\boldsymbol{0}\\ &= \boldsymbol{n}\times\boldsymbol{v}\end{aligned}$$

$$\begin{aligned}\boldsymbol{v}'_{\perp} &= \boldsymbol{v}_{\perp}\cos\theta+\boldsymbol{w}\sin\theta\\ &= (\boldsymbol{v}-(\boldsymbol{v}\cdot\boldsymbol{n})\boldsymbol{n})\cos\theta+(\boldsymbol{n}\times\boldsymbol{v})\sin\theta\end{aligned}$$

代入$\boldsymbol{v}'$的表达式，有：

$$\begin{aligned}\boldsymbol{v}' &= \boldsymbol{v}'_{\perp}+\boldsymbol{v}_{//}\\ &= (\boldsymbol{v}-(\boldsymbol{v}\cdot\boldsymbol{n})\boldsymbol{n})\cos\theta+(\boldsymbol{n}\times\boldsymbol{v})\sin\theta+(\boldsymbol{v}\cdot\boldsymbol{n})\boldsymbol{n}\end{aligned}$$

现在，已经得出$\boldsymbol{v}'$与$\boldsymbol{v}$、$\boldsymbol{n}$、θ的关系公式，可以用它来计算变换后的基向量并构造矩阵。第一个基向量为：

$$\boldsymbol{p} = [1 \quad 0 \quad 0]$$

$$\begin{aligned}\boldsymbol{p}' &= (\boldsymbol{p}-(\boldsymbol{p}\cdot\boldsymbol{n})\boldsymbol{n})\cos\theta+(\boldsymbol{n}\times\boldsymbol{p})\sin\theta+(\boldsymbol{p}\cdot\boldsymbol{n})\boldsymbol{n}\\
&= \left(\begin{bmatrix}1\\0\\0\end{bmatrix}-\left(\begin{bmatrix}1\\0\\0\end{bmatrix}\cdot\begin{bmatrix}\boldsymbol{n}_x\\\boldsymbol{n}_y\\\boldsymbol{n}_z\end{bmatrix}\right)\begin{bmatrix}\boldsymbol{n}_x\\\boldsymbol{n}_y\\\boldsymbol{n}_z\end{bmatrix}\right)\cos\theta+\left(\begin{bmatrix}\boldsymbol{n}_x\\\boldsymbol{n}_y\\\boldsymbol{n}_z\end{bmatrix}\times\begin{bmatrix}1\\0\\0\end{bmatrix}\right)\sin\theta+\left(\begin{bmatrix}1\\0\\0\end{bmatrix}\cdot\begin{bmatrix}\boldsymbol{n}_x\\\boldsymbol{n}_y\\\boldsymbol{n}_z\end{bmatrix}\right)\begin{bmatrix}\boldsymbol{n}_x\\\boldsymbol{n}_y\\\boldsymbol{n}_z\end{bmatrix}\\
&= \left(\begin{bmatrix}1\\0\\0\end{bmatrix}-\boldsymbol{n}_x\begin{bmatrix}\boldsymbol{n}_x\\\boldsymbol{n}_y\\\boldsymbol{n}_z\end{bmatrix}\right)\cos\theta+\begin{bmatrix}0\\\boldsymbol{n}_z\\-\boldsymbol{n}_y\end{bmatrix}\sin\theta+\boldsymbol{n}_x\begin{bmatrix}\boldsymbol{n}_x\\\boldsymbol{n}_y\\\boldsymbol{n}_z\end{bmatrix}\\
&= \begin{bmatrix}1-\boldsymbol{n}_x^2\\-\boldsymbol{n}_x\boldsymbol{n}_y\\-\boldsymbol{n}_x\boldsymbol{n}_z\end{bmatrix}\cos\theta+\begin{bmatrix}0\\\boldsymbol{n}_z\\-\boldsymbol{n}_y\end{bmatrix}\sin\theta+\begin{bmatrix}\boldsymbol{n}_x^2\\\boldsymbol{n}_x\boldsymbol{n}_y\\\boldsymbol{n}_x\boldsymbol{n}_z\end{bmatrix}\\
&= \begin{bmatrix}\cos\theta-\boldsymbol{n}_x^2\cos\theta\\-\boldsymbol{n}_x\boldsymbol{n}_y\cos\theta\\-\boldsymbol{n}_x\boldsymbol{n}_z\cos\theta\end{bmatrix}+\begin{bmatrix}0\\\boldsymbol{n}_z\sin\theta\\-\boldsymbol{n}_y\sin\theta\end{bmatrix}+\begin{bmatrix}\boldsymbol{n}_x^2\\\boldsymbol{n}_x\boldsymbol{n}_y\\\boldsymbol{n}_x\boldsymbol{n}_z\end{bmatrix}\\
&= \begin{bmatrix}\cos\theta-\boldsymbol{n}_x^2\cos\theta+\boldsymbol{n}_x^2\\-\boldsymbol{n}_x\boldsymbol{n}_y\cos\theta+\boldsymbol{n}_z\sin\theta+\boldsymbol{n}_x\boldsymbol{n}_y\\-\boldsymbol{n}_x\boldsymbol{n}_z\cos\theta-\boldsymbol{n}_y\sin\theta+\boldsymbol{n}_x\boldsymbol{n}_z\end{bmatrix}\\
&= \begin{bmatrix}\boldsymbol{n}_x^2(1-\cos\theta)+\cos\theta\\\boldsymbol{n}_x\boldsymbol{n}_y(1-\cos\theta)+\boldsymbol{n}_z\sin\theta\\\boldsymbol{n}_x\boldsymbol{n}_z(1-\cos\theta)-\boldsymbol{n}_y\sin\theta\end{bmatrix}\end{aligned}$$

另外两个基向量的推导类似，有：

$$\boldsymbol{q}=[0\quad 1\quad 0] \qquad \boldsymbol{r}=[0\quad 0\quad 1]$$

$$\boldsymbol{q}'=\begin{bmatrix} \boldsymbol{n}_x\boldsymbol{n}_y(1-\cos\theta)-\boldsymbol{n}_z\sin\theta \\ \boldsymbol{n}_y^2(1-\cos\theta)+\cos\theta \\ \boldsymbol{n}_y\boldsymbol{n}_z(1-\cos\theta)+\boldsymbol{n}_x\sin\theta \end{bmatrix} \qquad \boldsymbol{r}'=\begin{bmatrix} \boldsymbol{n}_x\boldsymbol{n}_z(1-\cos\theta)+\boldsymbol{n}_y\sin\theta \\ \boldsymbol{n}_y\boldsymbol{n}_z(1-\cos\theta)-\boldsymbol{n}_x\sin\theta \\ \boldsymbol{n}_z^2(1-\cos\theta)+\cos\theta \end{bmatrix}$$

使用这些基向量构造矩阵，可得$\boldsymbol{R}(\boldsymbol{n},\theta)$为：

$$\boldsymbol{R}(\boldsymbol{n},\theta)=\begin{bmatrix} \boldsymbol{p}' \\ \boldsymbol{q}' \\ \boldsymbol{r}' \end{bmatrix}$$

$$=\begin{bmatrix} \boldsymbol{n}_x^2(1-\cos\theta)+\cos\theta & \boldsymbol{n}_x\boldsymbol{n}_y(1-\cos\theta)+\boldsymbol{n}_z\sin\theta & \boldsymbol{n}_x\boldsymbol{n}_z(1-\cos\theta)-\boldsymbol{n}_y\sin\theta \\ \boldsymbol{n}_x\boldsymbol{n}_y(1-\cos\theta)-\boldsymbol{n}_z\sin\theta & \boldsymbol{n}_y^2(1-\cos\theta)+\cos\theta & \boldsymbol{n}_y\boldsymbol{n}_z(1-\cos\theta)+\boldsymbol{n}_x\sin\theta \\ \boldsymbol{n}_x\boldsymbol{n}_z(1-\cos\theta)+\boldsymbol{n}_y\sin\theta & \boldsymbol{n}_y\boldsymbol{n}_z(1-\cos\theta)-\boldsymbol{n}_x\sin\theta & \boldsymbol{n}_z^2(1-\cos\theta)+\cos\theta \end{bmatrix}$$

3.5.3 缩放矩阵

上面已经介绍了关于旋转的变换，并得到了旋转矩阵，本节将介绍另一种变换：缩放变换，这时需要借助一个叫做比例因子的量k，通过比例因子k按比例放大或缩小物体。

其中一种特殊的缩放叫做统一缩放或均匀缩放，即在物体的每个方向施以同比例的缩放，并且沿原点“膨胀”或“缩小”物体。统一缩放可以保持物体角度和比例不变，如果长度增加或减小因子k，其面积增加或减小因子k的平方，体积增加或减小因子k的立方。

相对于统一缩放，如果在不同方向上施以不同因子，这样达到的效果就是将物体拉伸或挤压，叫做非统一缩放或非均匀缩放。这种缩放由于缩放因子不同，所以变化的长度、面积、体积也可不相同。

1. 沿坐标轴的缩放

首先来介绍简单的缩放，就是沿着坐标轴应用单独的缩放因子，在2D空间中是沿着2D的坐标轴，在3D空间中是沿着3D坐标轴所构成的平面。若对于每一个轴的缩放因子相同，就是统一缩放；若缩放因子不同，就是非统一缩放。

对于在2D空间中的缩放情况，可以设两个缩放因子k_x、k_y。图3-17展示了对于缩放因子不同情况时的物体变化情况。

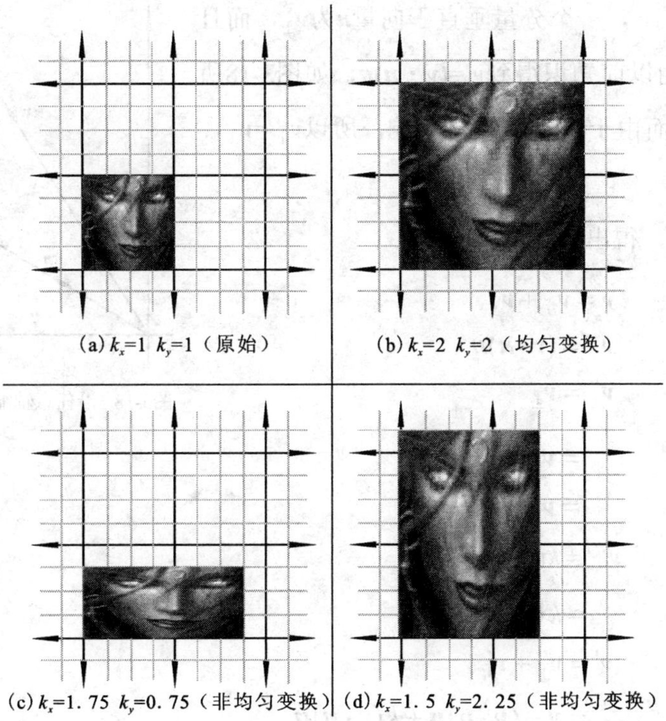

图3-17 2D空间中沿坐标轴缩放

由图3-17所知，两个缩放因子分别对基向量 $\boldsymbol{p}$、$\boldsymbol{q}$ 影响，有：

$$\boldsymbol{p}' = k_x \boldsymbol{p} = k_x \begin{bmatrix} 1 & 0 \end{bmatrix} = \begin{bmatrix} k_x & 0 \end{bmatrix}$$
$$\boldsymbol{q}' = k_y \boldsymbol{q} = k_y \begin{bmatrix} 0 & 1 \end{bmatrix} = \begin{bmatrix} 0 & k_y \end{bmatrix}$$

当 $k_x = k_y$ 时，为图3-17（b）所示的情况，为均匀缩放；而图3-17（c）和图3-17（d）中的 k_x、k_y 不相等，为非均匀缩放。

由上面所得的基向量构造矩阵：

$$\boldsymbol{S}(k_x, k_y) = \begin{bmatrix} \boldsymbol{p}' \\ \boldsymbol{q}' \end{bmatrix} = \begin{bmatrix} k_x & 0 \\ 0 & k_y \end{bmatrix}$$

根据上式，扩展到3D空间，需要添加一个缩放因子 k_z，矩阵为：

$$\boldsymbol{S}(k_x, k_y, k_z) = \begin{bmatrix} k_x & 0 & 0 \\ 0 & k_y & 0 \\ 0 & 0 & k_z \end{bmatrix}$$

2. 沿任意方向的缩放

可以沿着任意方向进行缩放。设 $\boldsymbol{n}$ 为平行于缩放方向的单位向量，$\boldsymbol{k}$ 为缩放因子，缩放沿穿过原点并平行于 $\boldsymbol{n}$ 的直线（在2D空间中）或平面（在3D空间中）进行。

这时，给定向量 $\boldsymbol{v}$，使用 $\boldsymbol{v}$、$\boldsymbol{n}$、$\boldsymbol{k}$ 来表示缩放后的 $\boldsymbol{v}'$。将 $\boldsymbol{v}$ 分解为两个分量，一个分

量平行于向量$\boldsymbol{p}$为$\boldsymbol{v}_{//}$，一个分量垂直于向量$\boldsymbol{n}$为$\boldsymbol{v}_{\perp}$，而且满足$\boldsymbol{v}=\boldsymbol{v}_{//}+\boldsymbol{v}_{\perp}$，由以前知识得到$\boldsymbol{v}_{//}=(\boldsymbol{v}\cdot\boldsymbol{n})\boldsymbol{n}$，如图3-18所示，$\boldsymbol{v}'=\boldsymbol{v}_{//}'+\boldsymbol{v}_{\perp}$，而由于$\boldsymbol{v}_{\perp}$不受缩放影响，所以$\boldsymbol{v}_{\perp}'=\boldsymbol{v}_{\perp}$，$\boldsymbol{v}_{//}'=k\ \boldsymbol{v}_{//}$。

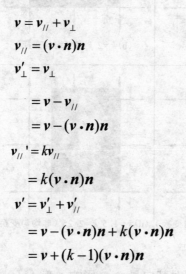

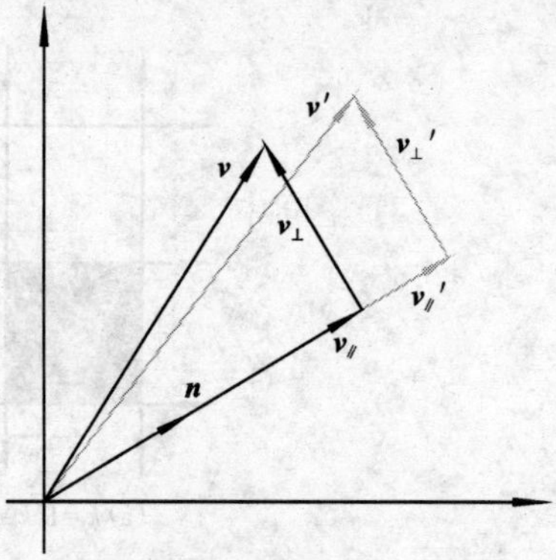

图3-18　沿任意轴缩放

列出表达式，得出结果：

$$
\begin{aligned}
\boldsymbol{v} &= \boldsymbol{v}_{//}+\boldsymbol{v}_{\perp} \\
\boldsymbol{v}_{//} &= (\boldsymbol{v}\cdot\boldsymbol{n})\boldsymbol{n} \\
\boldsymbol{v}_{\perp}' &= \boldsymbol{v}_{\perp} \\
&= \boldsymbol{v}-\boldsymbol{v}_{//} \\
&= \boldsymbol{v}-(\boldsymbol{v}\cdot\boldsymbol{n})\boldsymbol{n} \\
\boldsymbol{v}_{//}' &= k\boldsymbol{v}_{//} \\
&= k(\boldsymbol{v}\cdot\boldsymbol{n})\boldsymbol{n} \\
\boldsymbol{v}' &= \boldsymbol{v}_{\perp}'+\boldsymbol{v}_{//}' \\
&= \boldsymbol{v}-(\boldsymbol{v}\cdot\boldsymbol{n})\boldsymbol{n}+k(\boldsymbol{v}\cdot\boldsymbol{n})\boldsymbol{n} \\
&= \boldsymbol{v}+(k-1)(\boldsymbol{v}\cdot\boldsymbol{n})\boldsymbol{n}
\end{aligned}
$$

计算出任意向量的缩放。这时，计算缩放后的基向量，这里只写出怎样计算2D空间中的一个基向量，其余的基向量依此类推，这里只给出结果：

$$
\begin{aligned}
\boldsymbol{p} &= [1\quad 0] \\
\boldsymbol{p}' &= \boldsymbol{p}+(k-1)(\boldsymbol{p}\cdot\boldsymbol{n})\boldsymbol{n} \\
&= \begin{bmatrix}1\\0\end{bmatrix}+(k-1)\left(\begin{bmatrix}1\\0\end{bmatrix}\cdot\begin{bmatrix}\boldsymbol{n}_x\\\boldsymbol{n}_y\end{bmatrix}\right)\begin{bmatrix}\boldsymbol{n}_x\\\boldsymbol{n}_y\end{bmatrix} \\
&= \begin{bmatrix}1\\0\end{bmatrix}+(k-1)\boldsymbol{n}_x\begin{bmatrix}\boldsymbol{n}_x\\\boldsymbol{n}_y\end{bmatrix} \\
&= \begin{bmatrix}1\\0\end{bmatrix}+\begin{bmatrix}(k-1)\boldsymbol{n}_x^2\\(k-1)\boldsymbol{n}_x\boldsymbol{n}_y\end{bmatrix} \\
&= \begin{bmatrix}1+(k-1)\boldsymbol{n}_x^2\\(k-1)\boldsymbol{n}_x\boldsymbol{n}_y\end{bmatrix} \\
\boldsymbol{q} &= [0\quad 1] \\
\boldsymbol{q}' &= \begin{bmatrix}(k-1)\boldsymbol{n}_x\boldsymbol{n}_y\\1+(k-1)\boldsymbol{n}_y^2\end{bmatrix}
\end{aligned}
$$

从基向量构造矩阵，得到以单位向量$\boldsymbol{n}$为缩放方向、k为因子的缩放矩阵：

$$\boldsymbol{S}(\boldsymbol{n},k)=\begin{bmatrix}\boldsymbol{p}'\\ \boldsymbol{q}'\end{bmatrix}=\begin{bmatrix}1+(k-1)\boldsymbol{n}_x^2 & (k-1)\boldsymbol{n}_x\boldsymbol{n}_y\\ (k-1)\boldsymbol{n}_x\boldsymbol{n}_y & 1+(k-1)\boldsymbol{n}_y^2\end{bmatrix}$$

在3D空间中，基向量为：

$$\boldsymbol{p}=[1\quad 0\quad 0]$$

$$\begin{aligned}\boldsymbol{p}'&=\boldsymbol{p}+(k-1)(\boldsymbol{p}\cdot\boldsymbol{n})\boldsymbol{n}\\
&=\begin{bmatrix}1\\0\\0\end{bmatrix}+(k-1)\left(\begin{bmatrix}1\\0\\0\end{bmatrix}\cdot\begin{bmatrix}\boldsymbol{n}_x\\\boldsymbol{n}_y\\\boldsymbol{n}_z\end{bmatrix}\right)\begin{bmatrix}\boldsymbol{n}_x\\\boldsymbol{n}_y\\\boldsymbol{n}_z\end{bmatrix}\\
&=\begin{bmatrix}1\\0\\0\end{bmatrix}+(k-1)\boldsymbol{n}_x\begin{bmatrix}\boldsymbol{n}_x\\\boldsymbol{n}_y\\\boldsymbol{n}_z\end{bmatrix}\\
&=\begin{bmatrix}1\\0\\0\end{bmatrix}+\begin{bmatrix}(k-1)\boldsymbol{n}_x^2\\(k-1)\boldsymbol{n}_x\boldsymbol{n}_y\\(k-1)\boldsymbol{n}_x\boldsymbol{n}_z\end{bmatrix}\\
&=\begin{bmatrix}1+(k-1)\boldsymbol{n}_x^2\\(k-1)\boldsymbol{n}_x\boldsymbol{n}_y\\(k-1)\boldsymbol{n}_x\boldsymbol{n}_z\end{bmatrix}\end{aligned}$$

$$\boldsymbol{q}=[0\quad 1\quad 0]$$

$$\boldsymbol{q}'=\begin{bmatrix}(k-1)\boldsymbol{n}_x\boldsymbol{n}_y\\1+(k-1)\boldsymbol{n}_y^2\\(k-1)\boldsymbol{n}_y\boldsymbol{n}_z\end{bmatrix}$$

$$\boldsymbol{r}=[0\quad 0\quad 1]$$

$$\boldsymbol{r}'=\begin{bmatrix}(k-1)\boldsymbol{n}_x\boldsymbol{n}_z\\(k-1)\boldsymbol{n}_z\boldsymbol{n}_y\\1+(k-1)\boldsymbol{n}_z^2\end{bmatrix}$$

以单位向量$\boldsymbol{n}$为缩放方向、k为因子的3D缩放矩阵为：

$$\boldsymbol{S}(\boldsymbol{n},k)=\begin{bmatrix}\boldsymbol{p}'\\ \boldsymbol{q}'\\ \boldsymbol{r}'\end{bmatrix}=\begin{bmatrix}1+(k-1)\boldsymbol{n}_x^2 & (k-1)\boldsymbol{n}_x\boldsymbol{n}_y & (k-1)\boldsymbol{n}_x\boldsymbol{n}_z\\ (k-1)\boldsymbol{n}_x\boldsymbol{n}_y & 1+(k-1)\boldsymbol{n}_y^2 & (k-1)\boldsymbol{n}_y\boldsymbol{n}_z\\ (k-1)\boldsymbol{n}_x\boldsymbol{n}_z & (k-1)\boldsymbol{n}_z\boldsymbol{n}_y & 1+(k-1)\boldsymbol{n}_z^2\end{bmatrix}$$

3.5.4 正交投影

在上节中已经讲到了关于缩放变换的知识，其中涉及一个相关量：缩放因子，当缩放因子的值不同时，所得到的变换结果也不同：

1）如果$|k|<1$，物体将“变短”。

2）如果$|k|>1$，物体将“变长”。

3）如果$k=0$，就是正交投影。

4）如果$k<0$，就是镜像，3.5.5节讨论镜像。

5）非均匀缩放的效果类似于切变。

本节将介绍正交投影，即当缩放因子$k=0$时的情况。

如果在某一个方向上缩放因子为0，则意味着物体上所有的点被拉到轴（2D空间中）或被投影到平面（3D空间中），形成了所谓的正交投影，并且对于原来点到投影点的直线都是平行的，所以又称平行投影。

下面介绍正交投影的变换矩阵。

1．向坐标轴或平面上投影

向坐标轴上的投影主要是在2D空间，向平面的投影是3D空间。图3-19所示是在3D空间中的正交投影。

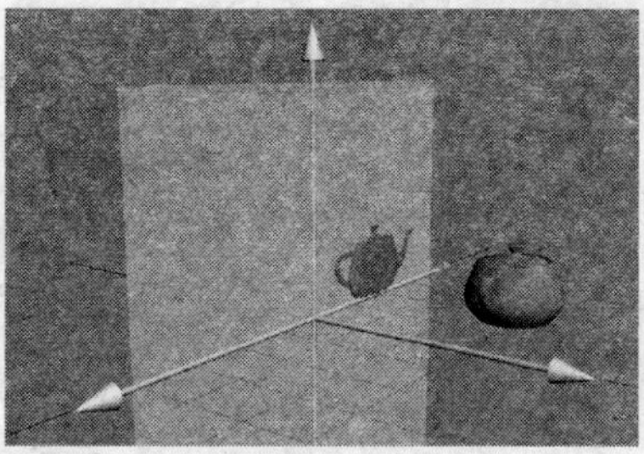

图3-19　3D空间中将物体投影到其中两轴所形成的平面上

通过使垂直方向上的缩放因子为零，就可以实现坐标轴或平面投影，变换矩阵如下：

1）2D空间中向x轴投影的矩阵：

$$\boldsymbol{P}_x = \boldsymbol{S}([0 \quad 1], 0) = \begin{bmatrix} 1 & 0 \\ 0 & 0 \end{bmatrix}$$

2）2D空间中向y轴投影的矩阵：

$$\boldsymbol{P}_y = \boldsymbol{S}([1 \quad 0], 0) = \begin{bmatrix} 0 & 0 \\ 0 & 1 \end{bmatrix}$$

3）3D空间中向xy平面形成平面投影的矩阵：

$$\boldsymbol{P}_{xy} = \boldsymbol{S}([0 \quad 0 \quad 1], 0) = \begin{bmatrix} 1 & 0 & 0 \\ 0 & 1 & 0 \\ 0 & 0 & 0 \end{bmatrix}$$

4）3D空间中向xz平面形成平面投影的矩阵：

$$P_{xy} = S([0\ \ 1\ \ 0],0) = \begin{bmatrix} 1 & 0 & 0 \\ 0 & 0 & 0 \\ 0 & 0 & 1 \end{bmatrix}$$

5）3D空间中向yz平面形成平面投影的矩阵：

$$P_{xy} = S([1\ \ 0\ \ 0],0) = \begin{bmatrix} 0 & 0 & 0 \\ 0 & 1 & 0 \\ 0 & 0 & 1 \end{bmatrix}$$

2. 向任意轴上或任意平面上投影

对于任意轴（2D空间）或平面（3D空间）都能进行投影。设这些直线或平面都经过坐标轴原点，即不发生平移，投影由垂直于直线或平面的单位向量$\boldsymbol{n}$定义。

对于正交投影，便是将该方向上的缩放因子变为零，利用3.5.3节中沿任意方向缩放中所得到的变换矩阵的结果，得出在2D空间变换矩阵的结果，此时向量$\boldsymbol{n}$是垂直于投影直线的：

$$\begin{aligned} P(\boldsymbol{n}) &= S(\boldsymbol{n},0) \\ &= \begin{bmatrix} 1+(0-1)\boldsymbol{n}_x^2 & (0-1)\boldsymbol{n}_x\boldsymbol{n}_y \\ (0-1)\boldsymbol{n}_x\boldsymbol{n}_y & 1+(0-1)\boldsymbol{n}_y^2 \end{bmatrix} \\ &= \begin{bmatrix} 1-\boldsymbol{n}_x^2 & -\boldsymbol{n}_x\boldsymbol{n}_y \\ -\boldsymbol{n}_x\boldsymbol{n}_y & 1-\boldsymbol{n}_y^2 \end{bmatrix} \end{aligned}$$

在3D空间中，向量$\boldsymbol{n}$是垂直于投影平面的，得到变换矩阵为：

$$\begin{aligned} P(\boldsymbol{n}) &= S(\boldsymbol{n},0) \\ &= \begin{bmatrix} 1+(0-1)\boldsymbol{n}_x^2 & (0-1)\boldsymbol{n}_x\boldsymbol{n}_y & (0-1)\boldsymbol{n}_x\boldsymbol{n}_z \\ (0-1)\boldsymbol{n}_x\boldsymbol{n}_y & 1+(0-1)\boldsymbol{n}_y^2 & (0-1)\boldsymbol{n}_y\boldsymbol{n}_z \\ (0-1)\boldsymbol{n}_x\boldsymbol{n}_z & (0-1)\boldsymbol{n}_z\boldsymbol{n}_y & 1+(0-1)\boldsymbol{n}_z^2 \end{bmatrix} \\ &= \begin{bmatrix} 1-\boldsymbol{n}_x^2 & -\boldsymbol{n}_x\boldsymbol{n}_y & -\boldsymbol{n}_x\boldsymbol{n}_z \\ -\boldsymbol{n}_x\boldsymbol{n}_y & 1-\boldsymbol{n}_y^2 & -\boldsymbol{n}_y\boldsymbol{n}_z \\ -\boldsymbol{n}_x\boldsymbol{n}_z & -\boldsymbol{n}_z\boldsymbol{n}_y & 1-\boldsymbol{n}_z^2 \end{bmatrix} \end{aligned}$$

3.5.5 镜像

当缩放因子$k<0$时，就是镜像。相似镜像的现象其实在生活中就能找到，例如平静的湖面反射山的倒影。在本节中，将介绍镜像的变换。

在2D空间中，是将物体沿直线“翻折”，如图3-20所示。

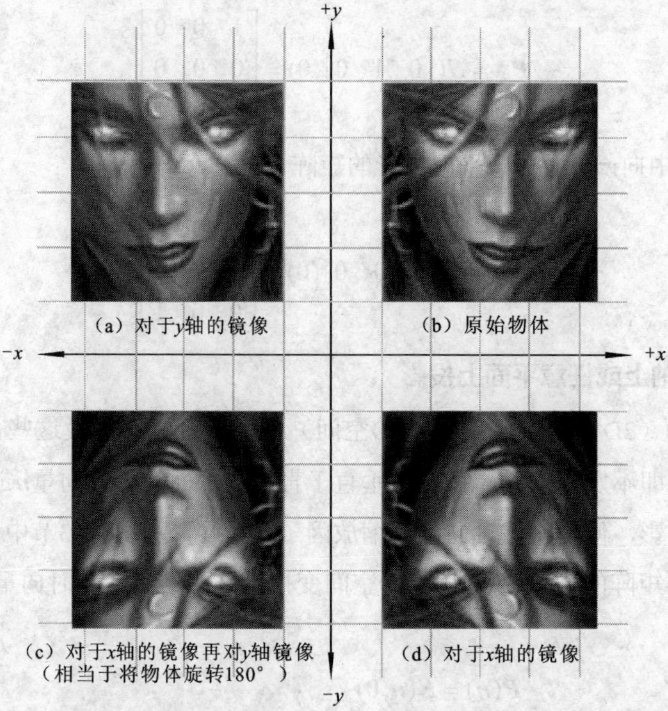

图3-20 在2D空间中的轴镜像物体

图3-20中，图3-20（b）为原始物体，图3-20（a）、图3-20（d）和图3-20（c）分别为原始物体对于x、y轴的镜像和复合镜像，即图3-20（c）为先对于x轴镜像，再对于y轴镜像，得到右下角变换后的物体，相当于原物体被旋转变换角度180°。可以发现，在2D空间中，将缩放因子设置为-1，能够很容易地实现镜像变换。

对于任意轴的镜像，设向量$\boldsymbol{n}$为2D空间中的单位向量，以下矩阵将沿通过原点且垂直于向量$\boldsymbol{n}$的反射轴来进行镜像变换：

$$\begin{aligned}\boldsymbol{P}(\boldsymbol{n}) &= \boldsymbol{S}(\boldsymbol{n},-1)\\ &= \begin{bmatrix} 1+(-1-1)\boldsymbol{n}_x^2 & (-1-1)\boldsymbol{n}_x\boldsymbol{n}_y \\ (-1-1)\boldsymbol{n}_x\boldsymbol{n}_y & 1+(-1-1)\boldsymbol{n}_y^2 \end{bmatrix}\\ &= \begin{bmatrix} 1-2\boldsymbol{n}_x^2 & -2\boldsymbol{n}_x\boldsymbol{n}_y \\ -2\boldsymbol{n}_x\boldsymbol{n}_y & 1-2\boldsymbol{n}_y^2 \end{bmatrix}\end{aligned}$$

对于3D空间中的镜像，使用反射平面代替直线，以下矩阵将沿通过原点且垂直于$\boldsymbol{n}$的平面来进行镜像变换：

$$\begin{aligned}\boldsymbol{P}(\boldsymbol{n}) &= \boldsymbol{S}(\boldsymbol{n},-1)\\ &= \begin{bmatrix} 1+(-1-1)\boldsymbol{n}_x^2 & (-1-1)\boldsymbol{n}_x\boldsymbol{n}_y & (-1-1)\boldsymbol{n}_x\boldsymbol{n}_z \\ (-1-1)\boldsymbol{n}_x\boldsymbol{n}_y & 1+(-1-1)\boldsymbol{n}_y^2 & (-1-1)\boldsymbol{n}_y\boldsymbol{n}_z \\ (-1-1)\boldsymbol{n}_x\boldsymbol{n}_z & (-1-1)\boldsymbol{n}_z\boldsymbol{n}_y & 1+(-1-1)\boldsymbol{n}_z^2 \end{bmatrix}\end{aligned}$$

$$=\begin{bmatrix}1-2\boldsymbol{n}_x^2 & -2\boldsymbol{n}_x\boldsymbol{n}_y & -2\boldsymbol{n}_x\boldsymbol{n}_z\\ -2\boldsymbol{n}_x\boldsymbol{n}_y & 1-2\boldsymbol{n}_y^2 & -2\boldsymbol{n}_y\boldsymbol{n}_z\\ -2\boldsymbol{n}_x\boldsymbol{n}_z & -2\boldsymbol{n}_z\boldsymbol{n}_y & 1-2\boldsymbol{n}_z^2\end{bmatrix}$$

3.5.6 变换的组合

在实际应用中，多种不同变换的组合是应用很普遍的。例如，在世界中有一个方向、位置任意的物体，要将它渲染到一个方向、位置任意的摄像机中。为了得到这样的结果，根据前面已经讲到的坐标系的知识可以知道，要将物体上的所有的点从物体坐标系变换到世界坐标系，然后再从世界坐标系变换到摄像机坐标系，列出下列公式：

$$\boldsymbol{P}_{世界}=\boldsymbol{P}_{物体}\boldsymbol{M}_{物体\to世界}$$

$$\boldsymbol{P}_{摄像机}=\boldsymbol{P}_{世界}\boldsymbol{M}_{世界\to摄像机}$$

$$=(\boldsymbol{P}_{物体}\boldsymbol{M}_{物体\to世界})\,\boldsymbol{M}_{世界\to摄像机}$$

由矩阵乘法结合律，将上式推导出从物体坐标系直接变换到摄像机坐标系：

$$\boldsymbol{P}_{摄像机}=(\boldsymbol{P}_{物体}\boldsymbol{M}_{物体\to世界})\,\boldsymbol{M}_{世界\to摄像机}$$

$$=\boldsymbol{P}_{物体}(\boldsymbol{M}_{物体\to世界}\,\boldsymbol{M}_{世界\to摄像机})$$

由于物体上有很多点，而进行一次乘法运算会降低效率，所以为了提高效率，可以先将在渲染之外的矩阵组合起来，再与渲染中的矩阵做一次乘法运算，得出数学公式：

$$\boldsymbol{M}_{世界\to摄像机}=\boldsymbol{M}_{物体\to世界}\,\boldsymbol{M}_{世界\to摄像机}$$

$$\boldsymbol{P}_{摄像机}=\boldsymbol{P}_{物体}\,\boldsymbol{M}_{物体\to摄像机}$$

以上是代数的方法得到矩阵的组合，从几何意义上，知道矩阵的行向量就是变换后的基向量，这时考虑矩阵的乘法，设矩阵$\boldsymbol{A}$，其行向量是$\boldsymbol{a}_1$、$\boldsymbol{a}_2$、$\boldsymbol{a}_3$，求矩阵乘法$\boldsymbol{AB}$，得到：

$$\boldsymbol{A}=\begin{bmatrix}\boldsymbol{a}_1\\ \boldsymbol{a}_2\\ \boldsymbol{a}_3\end{bmatrix}$$

$$\boldsymbol{AB}=\begin{bmatrix}\boldsymbol{a}_1\\ \boldsymbol{a}_2\\ \boldsymbol{a}_3\end{bmatrix}\boldsymbol{B}$$

$$=\begin{bmatrix}\boldsymbol{a}_1\boldsymbol{B}\\ \boldsymbol{a}_2\boldsymbol{B}\\ \boldsymbol{a}_3\boldsymbol{B}\end{bmatrix}$$

从上式的结果得出结论：$\boldsymbol{AB}$结果中的行向量确实是对$\boldsymbol{A}$的基向量进行$\boldsymbol{B}$变换的结果。

3.6 变换分类

在上面的内容中已经讲了很多种变换，本节将对变换进行分类，并介绍每一种变换类型的性质。

变换的类别不是互斥的，也不是规定次序或具有层次的。

在定义变换的时候，采用映射和函数来描述：从$\boldsymbol{a}$到$\boldsymbol{b}$的$\boldsymbol{F}$映射记作$\boldsymbol{F}(\boldsymbol{a})=\boldsymbol{b}$。

1. 线性变换

在上面的小节中曾经说到过线性变换，在这里，将正式介绍线性变换。

在数学上，如果满足：

$$\boldsymbol{F}(\boldsymbol{a}+\boldsymbol{b})=\boldsymbol{F}(\boldsymbol{a})+\boldsymbol{F}(\boldsymbol{b})\text{和}\boldsymbol{F}(k\boldsymbol{a})=k\boldsymbol{F}(\boldsymbol{a})$$

则$\boldsymbol{F}(\boldsymbol{a})$是线性的。

解释上面两式，即映射$\boldsymbol{F}(\boldsymbol{a})$所具有的基本运算：

1）加法：将两个向量相加然后进行变换得到的结果等于先分别进行变换再将变换后的向量相加得到的结果。

2）乘法：将一个向量与一个数相乘再进行变换等于先进行变换再与数相乘的结果。

根据上面的线性变换的特性，总结出两个新的推论：

1）映射$\boldsymbol{F}(\boldsymbol{a})=\boldsymbol{aM}$，当$\boldsymbol{M}$为任意方阵时，也是一个线性变换，推导过程如下：

$$\begin{aligned}\boldsymbol{F}(\boldsymbol{a}+\boldsymbol{b})&=(\boldsymbol{a}+\boldsymbol{b})\boldsymbol{M}\\&=\boldsymbol{aM}+\boldsymbol{bM}\\&=\boldsymbol{F}(\boldsymbol{a})+\boldsymbol{F}(\boldsymbol{b})\end{aligned}$$

和

$$\begin{aligned}\boldsymbol{F}(k\boldsymbol{a})&=(k\boldsymbol{a})\boldsymbol{M}\\&=k(\boldsymbol{aM})\\&=k\boldsymbol{F}(\boldsymbol{a})\end{aligned}$$

2）对于零向量的任意线性变换的结果仍然是零向量：如果$\boldsymbol{F}(\boldsymbol{0})=\boldsymbol{a}$，$\boldsymbol{a}\neq\boldsymbol{0}$，由于$\boldsymbol{F}(k\boldsymbol{0})=\boldsymbol{a}$，但$\boldsymbol{F}(k\boldsymbol{0})\neq k\boldsymbol{F}(\boldsymbol{0})$，所以$\boldsymbol{F}$不是线性变换，这样，线性变换也不会导致平移，因为原点位置不会变化。

前面所讲的所有变换都是线性变换。还可以这样定义线性变换：平行线变换后仍然是平行线。有一个比较特殊的就是投影，因为直线经过投影后将变成一个点，当然可以认为这个点平行。

线性变换可能造成“拉伸”，但直线不能“弯折”，还是保持平行的。

2. 仿射变换

仿射变换就是线性变换后平移。因此，仿射变换的集合是线性变换的超集。任何线性变换都是仿射变换，但是反过来任何仿射变换不一定是线性变换。

本章的变换都是线性变换，所以也就都是仿射变换。

以后讨论的大多数变换就是仿射变换。

3. 可逆变换

如果存在逆变换$\boldsymbol{F}^{-1}$，使得$\boldsymbol{F}^{-1}(\boldsymbol{F}(\boldsymbol{a}))=\boldsymbol{a}$，对于任意$\boldsymbol{a}$，映射$\boldsymbol{F}(\boldsymbol{a})$是可逆的，或者可以形象地说存在一个逆变换可以“撤销”原变换。

下面讨论一个仿射变换是否可逆：一个仿射变换是一个线性变换加上平移，可以用相反的量“撤销”平移，所以现在就变成了讨论一个线性变换是否可逆。

得出结论：所有基本变换除了投影都是可逆的。对于投影来说，当物体被投影后，某一维的数据将丢失，而且不可能恢复，所以不是可逆的。

因为任意的线性变化都能表达成矩阵，所以求逆变换也就是求矩阵的逆运算。在后面的章节也将介绍关于矩阵的可逆。当矩阵是奇异时，则变换不可逆。

4. 等角变换

如果变换前后的两向量夹角的大小和方向都不改变，则该变换是等角的。其中，只有平移、旋转和均匀缩放是等角变换。等角变换将会保持比例不变。镜像不是等角变换，虽然它的两向量夹角的大小不变，但夹角的方向变化了。

所有的等角变换都是仿射和可逆的。

5. 正交变换

“正交”是用来描述具有某种性质的矩阵。正交变换的基本思想是轴保持相互垂直，而且不进行缩放变换。

平移、旋转和镜像是仅有的正交变换，长度、角度、面积和体积都保持不变。所有的正交矩阵都是仿射和可逆的。

6. 刚体变换

刚体变换只改变物体的位置和方向，物体的形状、长度、角度和体积都不变。平移和旋转是刚体变换，镜像不是刚体变换。

刚体变换又称正规变换，所有刚体变换都是正交、等角、可逆和仿射的。

3.7 矩阵的行列式

在任意的方阵中都存在一个标量，这个标量叫做矩阵的行列式。本节中，将介绍矩阵行列式的运算法则，以及行列式的几何意义。

1. 行列式的运算法则

方阵$\boldsymbol{M}$的行列式记作$|\boldsymbol{M}|$或$\det \boldsymbol{M}$。需要注意的是，只有方阵才有行列式，非方阵是没有定义行列式的。

以2×2、3×3的矩阵来介绍矩阵行列式的定义。

对于2×2的矩阵行列式：

$$|\boldsymbol{M}| = \begin{vmatrix} m_{11} & m_{12} \\ m_{21} & m_{22} \end{vmatrix} = m_{11}m_{22} - m_{12}m_{21}$$

整理出能更好记忆行列式书写的方法。将主对角线和反对角线的元素各自相乘，然后使用主对角线的乘积减去反对角线的乘积：

$$\begin{array}{cccc} + & & & - \\ & m_{11} & m_{12} & \\ & m_{21} & m_{22} & \end{array}$$

比如：

$$\begin{vmatrix} 2 & 1 \\ -1 & 2 \end{vmatrix} = (2)(2) - (1)(-1) = 4 + 1 = 5$$

$$\begin{vmatrix} -3 & 4 \\ 2 & 5 \end{vmatrix} = (-3)(5) - (4)(2) = -15 - 8 = -23$$

$$\begin{vmatrix} a & b \\ c & d \end{vmatrix} = ad - bc$$

对于3×3矩阵的行列式定义：

$$\begin{vmatrix} m_{11} & m_{12} & m_{13} \\ m_{21} & m_{22} & m_{23} \\ m_{31} & m_{32} & m_{33} \end{vmatrix}$$

$$= m_{11}m_{22}m_{33} + m_{12}m_{23}m_{31} + m_{13}m_{21}m_{32} - m_{13}m_{22}m_{31} - m_{12}m_{21}m_{33} - m_{11}m_{23}m_{32}$$

$$= m_{11}(m_{22}m_{33} - m_{23}m_{32}) + m_{12}(m_{23}m_{31} - m_{21}m_{33}) + m_{13}(m_{21}m_{32} - m_{22}m_{31})$$

可以使用同一种方法来帮助记忆：

$$\begin{array}{cccccc} + & + & + & - & - & - \\ m_{11} & m_{12} & m_{13} & m_{11} & m_{12} & m_{13} \\ m_{21} & m_{22} & m_{23} & m_{21} & m_{22} & m_{23} \\ m_{31} & m_{32} & m_{33} & m_{31} & m_{32} & m_{33} \end{array}$$

还可以按行（列）展开进行求值。比如：

$$\begin{vmatrix}3 & -2 & 0\\1 & 4 & -3\\-1 & 0 & 2\end{vmatrix}$$

$$\begin{aligned}&=(3)((4)(2)-(-3)(0))+(-2)((-3)(-1)\\&\quad-(1)(2))+(0)((1)(0)-(4)(-1))\\&=24+(-2)+0\\&=22\end{aligned}$$

2. 几何意义

矩阵行列式的几何意义很特别。在2D空间中，行列式就是以基向量为两个边所组成的平行四边形的有符号的面积，其中，有符号是指当平行四边形相对于原来的位置有“翻转”变换时，符号将变为负值。图3-21所示为基向量所构成的平行四边形的有符号面积。

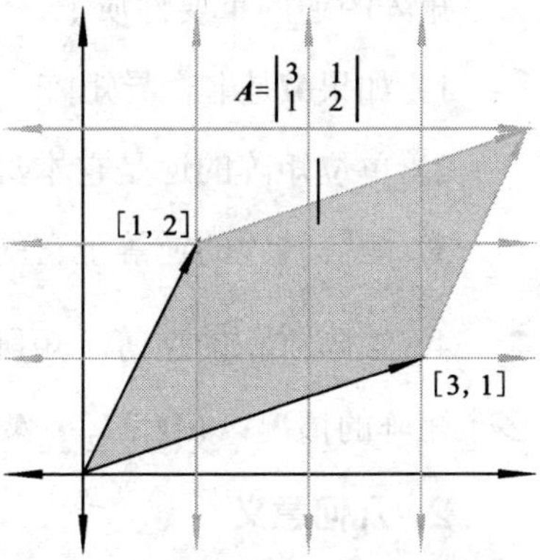

图3-21　2D空间中的行列式等于基向量所构成平行四边形的有符号面积

在3D空间中矩阵的行列式等于以变换后的基向量为三边的平行六面体的有符号体积，当平行六面体经过“由里向外”的变换后，行列式的符号将变负。

总结相关行列式的内容，行列式与由于矩阵变换而导致的尺寸改变相关，行列式大小的变化由面积（在2D空间中）或体积（在3D空间中）的改变体现；行列式符号的变化则说明变换矩阵有可能包含镜像或投影。

当行列式为零时，矩阵所代表的变换包含投影；当行列式为负时，矩阵所代表的变换包含镜像。

3.8 逆矩阵

在前面内容中讲到了矩阵的运算，在本节中将介绍另一个非常重要的矩阵运算：求矩阵的逆。需要注意的是，该矩阵必须是方阵，即矩阵的逆只用于方阵。

1. 运算法则

设方阵$\boldsymbol{M}$，它的逆记作$\boldsymbol{M}^{-1}$，也是一个矩阵，则满足，当$\boldsymbol{M}$和$\boldsymbol{M}^{-1}$相乘时，运算结果是一个单位矩阵。

公式表示为：

$$M(M^{-1})=M^{-1}M=I$$

当然，不是所有的矩阵都有逆矩阵。比如，当矩阵的一行或列上的元素都为零时，用任何矩阵与之相乘，结果都是零矩阵。

若矩阵有逆矩阵，则称该矩阵是可逆的，或非奇异的；若没有逆矩阵，则称该矩阵为不可逆或奇异矩阵。

可以通过矩阵的行列式检测矩阵是否可逆：可逆的矩阵的行列式不为零，而不可逆矩阵的行列式为零。

矩阵的逆的重要性质：

1）如果$\boldsymbol{M}$是非奇异矩阵，矩阵的逆的逆等于原矩阵：$(\boldsymbol{M}^{-1})^{-1}=\boldsymbol{M}$。

2）单位矩阵的逆是它本身：$\boldsymbol{I}^{-1}=\boldsymbol{I}$。

3）矩阵转置的逆等于它的逆的转置：$(\boldsymbol{M}^{\mathrm{T}})^{-1}=(\boldsymbol{M}^{-1})^{\mathrm{T}}$。

4）矩阵乘积的逆等于矩阵的逆的相反顺序的乘积：$(\boldsymbol{AB})^{-1}=\boldsymbol{B}^{-1}\boldsymbol{A}^{-1}$。可以扩展到多个矩阵的情况：$(\boldsymbol{M}_1\boldsymbol{M}_2\cdots\boldsymbol{M}_{n-1}\boldsymbol{M}_n)^{-1}=\boldsymbol{M}_n^{-1}\boldsymbol{M}_{n-1}^{-1}\cdots\boldsymbol{M}_2^{-1}\boldsymbol{M}_1^{-1}$

2. 几何意义

矩阵的逆在几何上有很重要的意义，因为它，使得可以计算变换的“反向”或“相反”变换——能“撤销”原变换的变换。所以，如果向量$\boldsymbol{v}$用矩阵$\boldsymbol{M}$来进行变换，接着用$\boldsymbol{M}$的逆$\boldsymbol{M}^{-1}$进行变换，将会得到原向量。代数公式如下：

$$\begin{aligned}(\boldsymbol{vM})\boldsymbol{M}^{-1}&=\boldsymbol{v}(\boldsymbol{MM}^{-1})\\&=\boldsymbol{vI}\\&=\boldsymbol{v}\end{aligned}$$

3.9 正交矩阵

上一节讲到了方阵的逆矩阵，本节中将引入另一个特殊的方阵：正交矩阵。

1. 运算法则

设矩阵$\boldsymbol{M}$，当且仅当$\boldsymbol{M}$与它的转置矩阵$\boldsymbol{M}^{\mathrm{T}}$的乘积等于单位矩阵时，称矩阵$\boldsymbol{M}$为正交矩阵。下式用于检测矩阵的正交性：

$$\boldsymbol{M}\text{正交}\Leftrightarrow \boldsymbol{MM}^{\mathrm{T}}=\boldsymbol{I}$$

上一节中，$\boldsymbol{MM}^{-1}=\boldsymbol{I}$，则得到，如果矩阵是正交的，则矩阵的转置等于矩阵的逆：

$$M\text{正交} \Leftrightarrow M^{\mathrm{T}} = M^{-1}$$

这条性质非常重要，因为在应用时，经常需要计算矩阵的逆，而在3D空间中又会经常出现正交矩阵，如之前所讲的旋转和镜像矩阵都是正交矩阵，这时如果是正交矩阵就可以不用再求得正交矩阵的逆矩阵，可以大大减少计算量。

2. 几何意义

正交矩阵是非常有用的，它的逆矩阵非常容易求得，那么首先就应该知道如何判定矩阵是正交矩阵。在有些情况下，可以提前知道矩阵是正交矩阵；但有时候，不清楚矩阵是否是正交矩阵，这时需要检测它是否正交。可以从正交矩阵的定义出发进行检测。以3×3的矩阵为例，设$\boldsymbol{M}$是3×3的矩阵，如果它正交，则$\boldsymbol{M}\boldsymbol{M}^{\mathrm{T}}=\boldsymbol{I}$，把它展开，得：

$$\boldsymbol{M}\boldsymbol{M}^{\mathrm{T}}=\boldsymbol{I}$$

$$\begin{bmatrix} m_{11} & m_{12} & m_{13} \\ m_{21} & m_{22} & m_{23} \\ m_{31} & m_{32} & m_{33} \end{bmatrix}\begin{bmatrix} m_{11} & m_{21} & m_{31} \\ m_{12} & m_{22} & m_{32} \\ m_{13} & m_{23} & m_{33} \end{bmatrix} = \begin{bmatrix} 1 & 0 & 0 \\ 0 & 1 & 0 \\ 0 & 0 & 1 \end{bmatrix}$$

把上式分解成9个等式，如果$\boldsymbol{M}$是正交矩阵，那么这9个等式都成立：

$$m_{11}m_{11} + m_{12}m_{12} + m_{13}m_{13} = 1 \quad (1)$$

$$m_{11}m_{21} + m_{12}m_{22} + m_{13}m_{23} = 0 \quad (2)$$

$$m_{11}m_{31} + m_{12}m_{32} + m_{13}m_{33} = 0 \quad (3)$$

$$m_{21}m_{11} + m_{22}m_{12} + m_{23}m_{13} = 0 \quad (4)$$

$$m_{21}m_{21} + m_{22}m_{22} + m_{23}m_{23} = 1 \quad (5)$$

$$m_{21}m_{31} + m_{22}m_{32} + m_{23}m_{33} = 0 \quad (6)$$

$$m_{31}m_{11} + m_{32}m_{12} + m_{33}m_{13} = 0 \quad (7)$$

$$m_{31}m_{21} + m_{32}m_{22} + m_{33}m_{23} = 0 \quad (8)$$

$$m_{31}m_{31} + m_{32}m_{32} + m_{33}m_{33} = 1 \quad (9)$$

为了使这9个式子写得更加紧凑，设$\boldsymbol{r}_1$、$\boldsymbol{r}_2$、$\boldsymbol{r}_3$为$\boldsymbol{M}$的行，则可以写成：

$$\boldsymbol{r}_1 = [m_{11} \quad m_{12} \quad m_{13}]$$

$$\boldsymbol{r}_2 = [m_{21} \quad m_{22} \quad m_{23}]$$

$$\boldsymbol{r}_3 = [m_{31} \quad m_{32} \quad m_{33}]$$

$$\boldsymbol{M} = \begin{bmatrix} \boldsymbol{r}_1 \\ \boldsymbol{r}_2 \\ \boldsymbol{r}_3 \end{bmatrix}$$

所以就可以写成：

$$\boldsymbol{r}_1 \cdot \boldsymbol{r}_1=1 \qquad \boldsymbol{r}_1 \cdot \boldsymbol{r}_2=0 \qquad \boldsymbol{r}_1 \cdot \boldsymbol{r}_3=0$$

$$r_2 \cdot r_1=0 \qquad r_2 \cdot r_2=1 \qquad r_2 \cdot r_3=0$$

$$r_3 \cdot r_1=0 \qquad r_3 \cdot r_2=0 \qquad r_3 \cdot r_3=1$$

对于以上的式子，做如下的推论：

1）当且仅当一个向量是单位向量时，它和它自身的点积结果是1，所以，仅当$\boldsymbol{r}_1$、$\boldsymbol{r}_2$、$\boldsymbol{r}_3$都是单位向量时，上式中第（1）、第（5）和第（9）式才能成立。

2）在第2章中，向量的点乘的几何意义是这样的结果：当且仅当两个向量互相垂直，它们的点积为零，所以，仅当$\boldsymbol{r}_1$、$\boldsymbol{r}_2$、$\boldsymbol{r}_3$相互垂直时，上面除第（1）、第（5）和第（9）式以外的等式才能成立。

从以上的推论得出：如果一个矩阵是正交的，那么：

1）它的每一行都是单位向量。

2）它的所有行互相垂直。

对于矩阵的列也有相似的结论，如果$\boldsymbol{M}$是正交的，则$\boldsymbol{M}^T$也是正交的。正交矩阵的行或列向量都是标准正交基向量。这里解释一下标准正交基的定义：在线性代数中，如果一组向量相互垂直，那么这组向量就叫做正交基，当这组向量都是单位向量时，则称为标准正交基。

3. 矩阵的正交

前面介绍了正交矩阵的定义和几何意义，但有时正交矩阵可能会变得违反正交性，比如，可能从外部得到了坏数据，或者是浮点数运算的累积错误等，这时需要将它纠正，做矩阵正交化，使这个矩阵尽可能和原矩阵相同。

一个标准算法叫做施密特正交化，其基本思想是：对每一行从中减去它平行于已处理过的行的部分，最后得到垂直向量。

还是以3×3矩阵为例。和以前一样，用$\boldsymbol{r}_1$、$\boldsymbol{r}_2$、$\boldsymbol{r}_3$代表3×3矩阵$\boldsymbol{M}$的行，正交向量组$\boldsymbol{r}_1'$、$\boldsymbol{r}_2'$、$\boldsymbol{r}_3'$计算如下：

$$r_1' \Leftarrow r_1$$

$$r_2' \Leftarrow r_2 - \frac{r_2 \cdot r_2'}{r_1' \cdot r_1'} r_1'$$

$$r_3' \Leftarrow r_3 - \frac{r_3 \cdot r_1'}{r_1' \cdot r_1'} r_1' - \frac{r_3 \cdot r_2'}{r_2' \cdot r_2'} r_2'$$

得到了正交向量组，它们是相互垂直的。当然，它们不一定是单位向量，而构造正交矩阵需要标准正交基，所以还需要标准化这些向量。

3.10 齐次矩阵

在以上的内容中，一直在介绍2D、3D向量，在本节中，将介绍4D向量和“齐次”坐标。这里的4D向量和4×4矩阵只是对3D运算的一种方便的记法，不是第四维坐标也不是表示时间的。

3.10.1 基本概念

1. 4D齐次空间

在之前的内容中已经讲到过4D分量有4个，前3个是标准的x、y和z分量，第四个是w，有时候也叫做齐次坐标。

为了更好地理解3D坐标到4D坐标的扩展，先来看一下2D的齐次坐标，可以将它的形式写成(x,y,w)，这时，可以想象在3D空间中存在一个w=1的2D平面，实际的2D点(x,y)用齐次坐标表示为$(x,y,1)$，对于那些不在w=1的平面上的点，可以将它们投影在w=1的平面上，所以齐次坐标(x,y,w)映射的实际2D点为$(x/w,y/w)$，如图3-22所示。

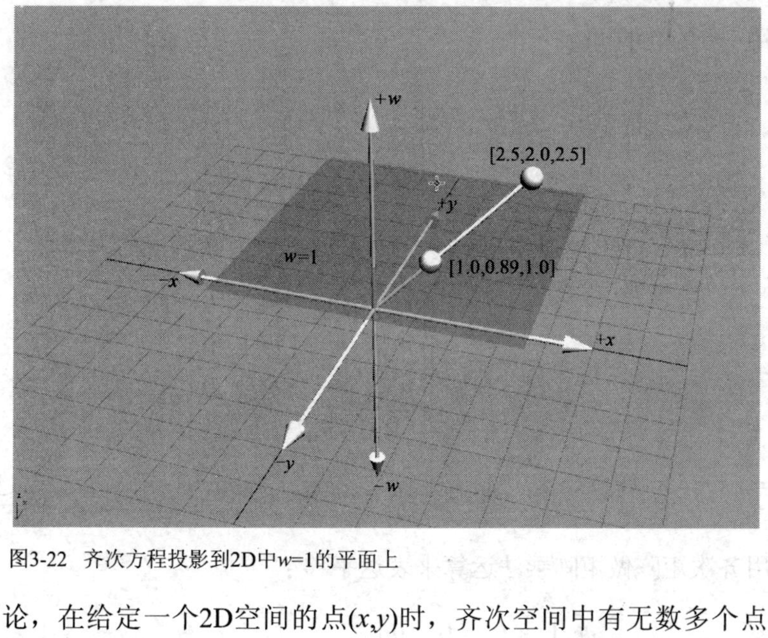

图3-22　齐次方程投影到2D中w=1的平面上

得出结论，在给定一个2D空间的点(x,y)时，齐次空间中有无数多个点都可以与之对应，这些点的形式为(kx,ky,k)，$k\neq0$，这些点构成了一条穿过齐次原点的直线。

当w=0时，除法未定义，因此不存在实际的2D点，对于这样的情况，可以将2D齐次点$(x,y,0)$解释为“位于无穷远的点”，描述的是一个方向而不是一个位置。

由此，推出4D坐标的基本思想：3D点能被认为是在4D中w=1“平面”上，4D点的形式为(x,y,z,w)，将4D点投影到这个平面上得到相应的实际3D点$(x/w,y/w,z/w)$。w=0时，4D点表示“无穷远点”，它描述了一个方向而不是一个位置，这与之前的思想一致。

2. 平移矩阵

在之前的内容中，讲到变换矩阵时，3×3的变换矩阵表示的是线性变换，不包含平移。因为对于矩阵乘法的性质，零向量总是变换成零向量，因此，任何能用矩阵乘法表达的变换都不包含平移。

矩阵乘法和矩阵的逆是一个非常有用的工具，不仅可以用来将复杂的变换组合成简单的单一变换，还可以操纵嵌入式坐标系间的关系，本节学习的4×4矩阵恰好提供了一种数学上的技巧，可以将3×3变换矩阵进行扩展，使它能处理平移。

假设w总是等于1，那么，标准3D向量$[x,y,z]$对应的4D向量就是$[x,y,z,1]$，任意3×3变换矩阵在4D中表示为：

$$\begin{bmatrix} m_{11} & m_{12} & m_{13} \\ m_{21} & m_{22} & m_{23} \\ m_{31} & m_{32} & m_{33} \end{bmatrix} \Rightarrow \begin{bmatrix} m_{11} & m_{12} & m_{13} & 0 \\ m_{21} & m_{22} & m_{23} & 0 \\ m_{31} & m_{32} & m_{33} & 0 \\ 0 & 0 & 0 & 1 \end{bmatrix}$$

任意一个形如$[x,y,z,1]$的向量乘以上面形式的矩阵，结果和标准的3×3情况相同，只是结果是用w=1的4D向量表示的：

$$\begin{bmatrix} x & y & z \end{bmatrix} \begin{bmatrix} m_{11} & m_{12} & m_{13} \\ m_{21} & m_{22} & m_{23} \\ m_{31} & m_{32} & m_{33} \end{bmatrix}$$

$$= \begin{bmatrix} xm_{11} + ym_{21} + zm_{31} & xm_{12} + ym_{22} + zm_{32} & xm_{13} + ym_{23} + zm_{33} \end{bmatrix}$$

$$\begin{bmatrix} x & y & z & 1 \end{bmatrix} \begin{bmatrix} m_{11} & m_{12} & m_{13} & 0 \\ m_{21} & m_{22} & m_{23} & 0 \\ m_{31} & m_{32} & m_{33} & 0 \\ 0 & 0 & 0 & 1 \end{bmatrix}$$

$$= \begin{bmatrix} xm_{11} + ym_{21} + zm_{31} & xm_{12} + ym_{22} + zm_{32} & xm_{13} + ym_{23} + zm_{33} & 1 \end{bmatrix}$$

现在使用齐次矩阵做矩阵乘法运算来表达平移：

$$\begin{bmatrix} x & y & z & 1 \end{bmatrix} \begin{bmatrix} 1 & 0 & 0 & 0 \\ 0 & 1 & 0 & 0 \\ 0 & 0 & 1 & 0 \\ \Delta x & \Delta y & \Delta z & 1 \end{bmatrix} = \begin{bmatrix} x + \Delta x & y + \Delta y & z + \Delta z & 1 \end{bmatrix}$$

需要对上面的情况做如下说明：

1）在4D中，矩阵乘法是线性变换，但是这个变换不能表达4D中的平移，4D零向量也会被变成零向量。

2）4D的切变实际上是为了实现在3D中平移点。

现在将一个没有平移的变换接一个有平移的变换。设$\boldsymbol{R}$为旋转矩阵，$\boldsymbol{T}$为以下形式的变换矩阵：

$$\boldsymbol{R}=\begin{bmatrix} r_{11} & r_{12} & r_{13} & 0 \\ r_{21} & r_{22} & r_{23} & 0 \\ r_{31} & r_{32} & r_{33} & 0 \\ 0 & 0 & 0 & 1 \end{bmatrix}, \quad \boldsymbol{T}=\begin{bmatrix} 1 & 0 & 0 & 0 \\ 0 & 1 & 0 & 0 \\ 0 & 0 & 1 & 0 \\ \Delta x & \Delta y & \Delta z & 1 \end{bmatrix}$$

将向量$\boldsymbol{v}$先旋转再平移，表示新的变换后的向量$\boldsymbol{v}'$：

$$\boldsymbol{v}'=\boldsymbol{vRT}$$

由于使用的是行向量，所以变换顺序一定不能改变，要与矩阵乘法顺序相一致。

可以将这两个变换矩阵连成一个单个矩阵，设为$\boldsymbol{M}$：

$$\boldsymbol{M}=\boldsymbol{RT}$$

$$\begin{aligned} \boldsymbol{v}' &= \boldsymbol{vRT} \\ &= \boldsymbol{v}(\boldsymbol{RT}) \\ &= \boldsymbol{vM} \end{aligned}$$

解出$\boldsymbol{M}$：

$$\boldsymbol{M}=\boldsymbol{RT}=\begin{bmatrix} r_{11} & r_{12} & r_{13} & 0 \\ r_{21} & r_{22} & r_{23} & 0 \\ r_{31} & r_{32} & r_{33} & 0 \\ 0 & 0 & 0 & 1 \end{bmatrix}\begin{bmatrix} 1 & 0 & 0 & 0 \\ 0 & 1 & 0 & 0 \\ 0 & 0 & 1 & 0 \\ \Delta x & \Delta y & \Delta z & 1 \end{bmatrix}=\begin{bmatrix} r_{11} & r_{12} & r_{13} & 0 \\ r_{21} & r_{22} & r_{23} & 0 \\ r_{31} & r_{32} & r_{33} & 0 \\ \Delta x & \Delta y & \Delta z & 1 \end{bmatrix}$$

将上面的表示方法简化，发现$\boldsymbol{M}$的上边是3×3的旋转部分，最下面一行是平移部分，最右面一列为$[0,0,0,1]^{\mathrm{T}}$，将平移向量$[\Delta x, \Delta y, \Delta z]$记作$\boldsymbol{t}$，则得到表示方法为：

$$\boldsymbol{M}=\begin{bmatrix} \boldsymbol{R} & \boldsymbol{0} \\ \boldsymbol{t} & 1 \end{bmatrix}$$

当w=0时表示为无穷远点，它乘以一个由“标准”3×3变换矩阵扩展成的4×4矩阵（这里不包含平移），得到：

$$\begin{bmatrix} x & y & z & 0 \end{bmatrix}\begin{bmatrix} r_{11} & r_{12} & r_{13} & 0 \\ r_{21} & r_{22} & r_{23} & 0 \\ r_{31} & r_{32} & r_{33} & 0 \\ 0 & 0 & 0 & 1 \end{bmatrix}$$

$$= [xr_{11}+yr_{21}+zr_{31} \quad xr_{12}+yr_{22}+zr_{32} \quad xr_{13}+yr_{23}+zr_{33} \quad 0]$$

当一个无穷远点经过包含平移的变换时，将得到：

$$[x \quad y \quad z \quad 0]\begin{bmatrix} r_{11} & r_{12} & r_{13} & 0 \\ r_{21} & r_{22} & r_{23} & 0 \\ r_{31} & r_{32} & r_{33} & 0 \\ \Delta x & \Delta y & \Delta z & 1 \end{bmatrix}$$

$$= [xr_{11}+yr_{21}+zr_{31} \quad xr_{12}+yr_{22}+zr_{32} \quad xr_{13}+yr_{23}+zr_{33} \quad 0]$$

和没有经过平移的情况相比，其结果是一样的。这一性质可以使代表“位置”的向量发生平移，代表“方向”的向量不平移。

发现在变换矩阵中的最后一列总是$[0,0,0,1]^T$，而且在变换时并没有用到它，是否可以去掉这一列呢？答案是否定的，原因如下：

1）不能用一个4×3的矩阵去乘以另一个4×3矩阵。

2）4×3矩阵没有逆矩阵，因为它不是一个方阵。

3）一个4D向量乘以4×3矩阵时，结果是一个3D向量。

因此，应严格遵守线性代数的法则，加上第4列。在代码中，可以不受线性代数法则的约束，使用一个4×3矩阵类来表达有平移的变换，这个矩阵不存储第4列。

3. 一般仿射变换

在上面内容中讲到了3×3矩阵可以表达很多种基本的变换，因为3×3矩阵只能表达3D空间中的线性变换，并没有考虑平移，经过上面4×4矩阵的介绍后，即可以构造包含平移在内的一般仿射变换矩阵。例如：

1）可以绕不通过原点的轴旋转。

2）可以沿不穿过原点的平面缩放。

3）可以沿不穿过原点的平面镜像。

4）可以向不穿过原点的平面正交投影。

对于这种变换，采用的基本思想是将变换的“中心点”平移到原点，然后进行之前的基本线性变换，最后再将“中心点”平移回原来的位置：

1）使用平移矩阵（设为$\boldsymbol{T}$）将点$\boldsymbol{P}$移到原点。

2）用线性变换矩阵（设为$\boldsymbol{R}$）进行线性变换。

3）执行$\boldsymbol{T}$的相反变换，即$\boldsymbol{T}^{-1}$将点$\boldsymbol{P}$平移回原来的位置。

写出这3个矩阵的具体形式：

$$
\boldsymbol{T}=\begin{bmatrix}1&0&0&0\\0&1&0&0\\0&0&1&0\\-\boldsymbol{p}_x&-\boldsymbol{p}_x&-\boldsymbol{p}_x&1\end{bmatrix}
=\begin{bmatrix}\boldsymbol{I}&\boldsymbol{0}\\-\boldsymbol{p}&1\end{bmatrix}
$$

$$
\boldsymbol{R}_{4\times4}=\begin{bmatrix}r_{11}&r_{12}&r_{13}&0\\r_{21}&r_{22}&r_{23}&0\\r_{31}&r_{32}&r_{33}&0\\0&0&0&1\end{bmatrix}
=\begin{bmatrix}\boldsymbol{R}_{3\times3}&\boldsymbol{0}\\\boldsymbol{0}&1\end{bmatrix}
$$

$$
\boldsymbol{T}^{-1}=\begin{bmatrix}1&0&0&0\\0&1&0&0\\0&0&1&0\\\boldsymbol{p}_x&\boldsymbol{p}_x&\boldsymbol{p}_x&1\end{bmatrix}
=\begin{bmatrix}\boldsymbol{I}&\boldsymbol{0}\\\boldsymbol{p}&1\end{bmatrix}
$$

现在来进行矩阵的乘法运算：

$$
\boldsymbol{T}\boldsymbol{R}_{4\times4}\boldsymbol{T}^{-1}=\begin{bmatrix}\boldsymbol{I}&\boldsymbol{0}\\-\boldsymbol{p}&1\end{bmatrix}\begin{bmatrix}\boldsymbol{R}_{3\times3}&\boldsymbol{0}\\\boldsymbol{0}&1\end{bmatrix}\begin{bmatrix}\boldsymbol{I}&\boldsymbol{0}\\\boldsymbol{p}&1\end{bmatrix}=\begin{bmatrix}\boldsymbol{R}_{3\times3}&\boldsymbol{0}\\-\boldsymbol{p}\boldsymbol{R}_{3\times3}+\boldsymbol{p}&1\end{bmatrix}
$$

可以发现，仿射变换中增加的平移部分仅仅改变了4×4矩阵的最后一行，并没有影响到上面所包含的线性变换3×3部分。

3.10.2 透视投影

上一节中，实现了在变换中包含平移，而设w为1和0（无穷远点时），本节将讨论使用其他w值的有意义的4D坐标。

之前讲到过将4D齐次向量变换到3D中时，要先把4D向量除以w，之前没有对其进行深入介绍，其实它包含了重要的几何运算，即可以进行透视投影。

这里，先回忆之前讲到过的一种投影——正交投影（平行投影），其投影线都是平行的（投影线是指从原空间中的点到投影点的连线），如图3-23所示。

3D的透视投影也是投影到2D的，但是，投影线不再平行了，它们相交于一点，该点称为投影中心，如图3-24所示。

从图中看到，投影平面上的图像是翻转的。还有一个性质就是当物体远离投影平面时，投影的物体会变小，而对于正交投影则不会变化，如图3-25所示。

右边的物体离投影平面相对于左边的物体要远，所以它的投影相对较小。这也是一个视觉现象，在生活中经常看到，比如看到更远的物体会更小，这样的现象称为透视缩略。

下一节中，将介绍透视投影的应用例子：小孔成像。

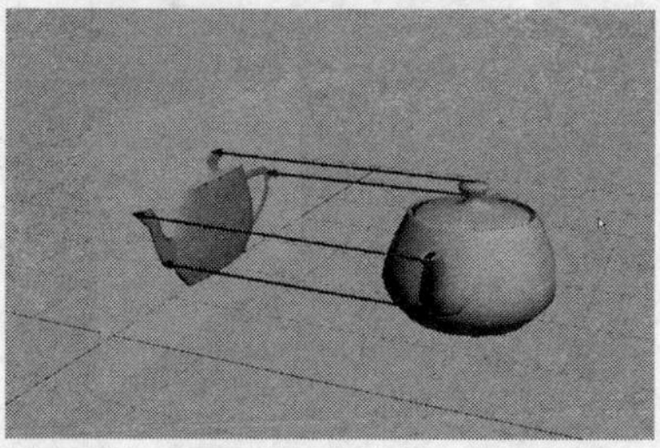

图3-23 正交投影

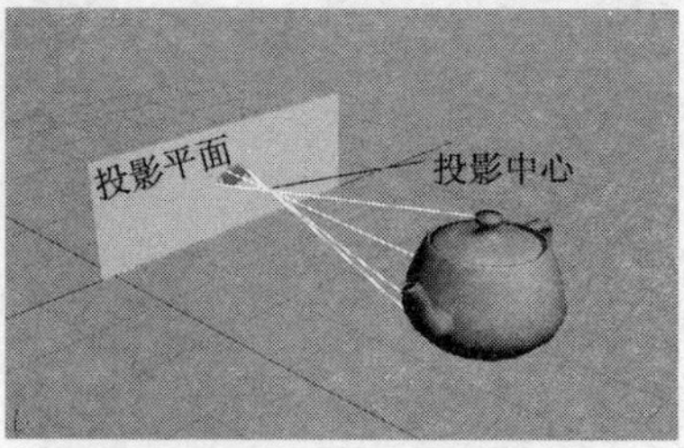

图3-24 透视投影

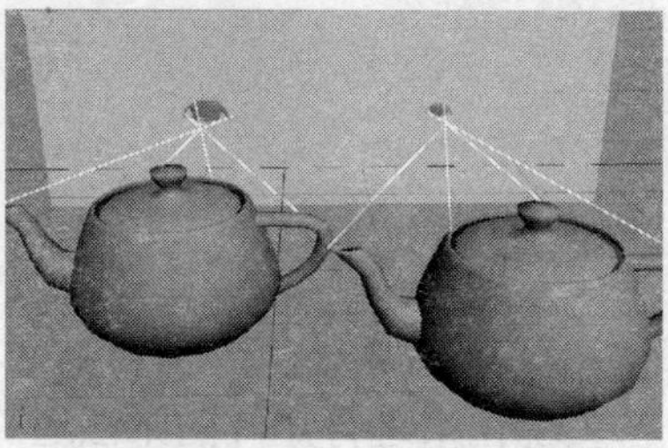

图3-25 透视投影的近大远小

3.10.3 小孔成像

透视投影在图形学中非常重要，因为它是人类视觉系统的模型。人类的视觉系统很复杂，因为人有两只眼睛，而且每一只眼睛的投影表面都不是一个平面。将原理简化成为一个简单的例子：小孔成像。

在中学物理课中介绍过关于小孔成像的概念，在本节中，将介绍相关的知识，为后面的内容做准备。

小孔成像系统就是一个盒子，一侧上有小孔，光线穿过小孔照射到另一侧的背面，那里就是投影平面，如图3-26所示。

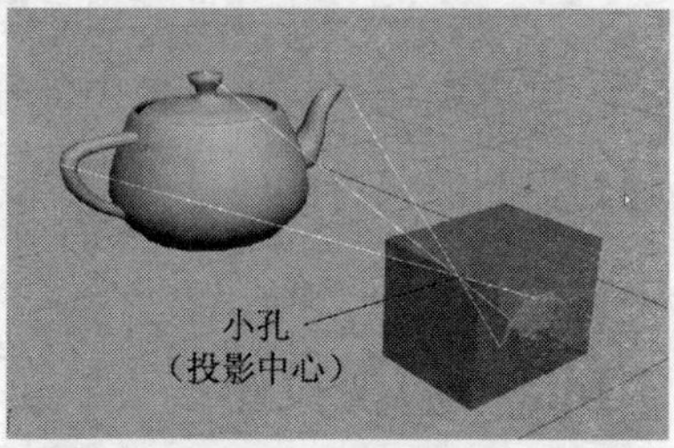

图3-26 小孔成像

图中，盒子的左面和右面变为透明，以便观察盒子的内部，盒子内部的投影是倒着的，因为光线（投影线）在小孔（投影中心）相交了。

根据小孔成像的例子，深入研究它背后的几何原理。设想一个3D坐标系，它的原点在投影中心，z轴垂直于投影平面，x和y轴平行于投影平面，如图3-27所示。

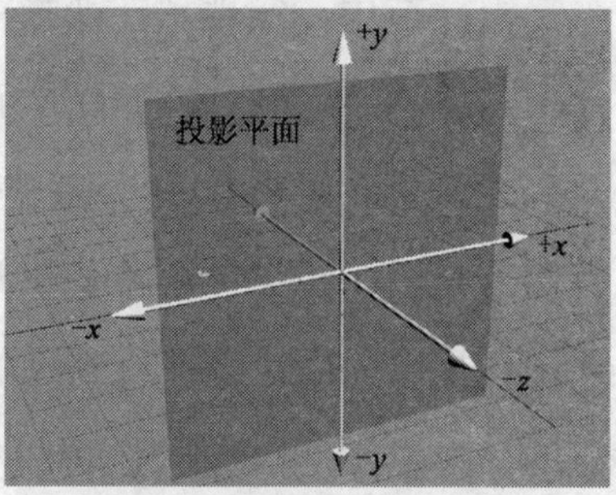

图3-27 投影平面与 x 和 y 轴平行

现在想得到对于任意点 $\boldsymbol{p}$ 通过小孔投影到投影

平面上的坐标 $\boldsymbol{p}'$。将图3-27的3D空间的投影平面的侧面使用2D坐标系表示出来，如图3-28所示。

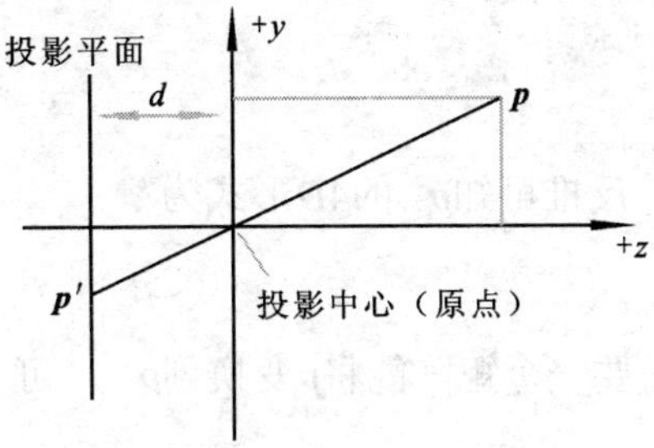

图3-28 侧面看投影平面

将小孔到投影平面的距离设为d，则投影平面为z=$-d$，根据相似三角形得：

$$\frac{-\boldsymbol{p}_y'}{d}=\frac{\boldsymbol{p}_y}{z}\Rightarrow \boldsymbol{p}_y'=\frac{-d\boldsymbol{p}_y}{z}$$

由于小孔成像颠倒了图像，因此$\boldsymbol{p}_y$和$\boldsymbol{p}_y'$的符号相反。同理：

$$\boldsymbol{p}_x'=\frac{-d\boldsymbol{p}_x}{z}$$

由于所有的投影点的z值都是相同的，z=$-d$，因此，点$\boldsymbol{p}$通过原点向平面z=$-d$的投影结果为：

$$\boldsymbol{p}=\begin{bmatrix}x\\y\\z\end{bmatrix}\Rightarrow \boldsymbol{p}'=\begin{bmatrix}x'\\y'\\z'\end{bmatrix}=\begin{bmatrix}-dx/z\\-dy/z\\-d\end{bmatrix}$$

由于负号会带来许多不便，所以将投影平面移到投影的前面（平面z=d），如图3-29所示。

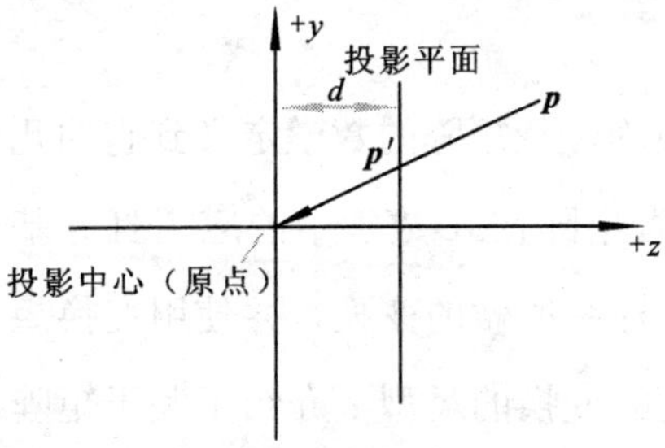

图3-29 投影平面在投影中心前面

当然这不是实际的小孔成像，因为小孔就是为了将光线通过小孔成像在平面上，而为了简化表达式，可以不用理会数学的规定，最后的结果可以将负号去掉：

$$\boldsymbol{p}'=\begin{bmatrix}x'\\y'\\z'\end{bmatrix}=\begin{bmatrix}dx/z\\dy/z\\d\end{bmatrix}$$

可以使用上面的方法求出投影后的点坐标，下面将使用4×4矩阵将任意一点变换到小孔成像后的投影点。

实际应用中，习惯于用矩阵乘法来完成向量（或“点”）的变换，这里将介绍用于透视投影的变换矩阵。

首先对投影后的点$\boldsymbol{p}'$的3D形式进行变换：

$$
\begin{aligned}
\boldsymbol{p}' &= [dx/z \quad dy/z \quad d] \\
&= [dx/z \quad dy/z \quad dz/z] \\
&= \frac{[x \quad y \quad z]}{z/d}
\end{aligned}
$$

将4D齐次向量变换到3D中时，要把4D向量除以w，反推可知$\boldsymbol{p}'$的4D形式为：

$$[x \quad y \quad z \quad z/d]$$

设原来的点w=1，$\boldsymbol{p}$的4D形式为$[x \quad y \quad z \quad 1]$，这时需要一个矩阵能将$\boldsymbol{p}$变换到$\boldsymbol{p}'$，可以写出这个矩阵如下：

$$
[x \quad y \quad z \quad 1]\begin{bmatrix} 1 & 0 & 0 & 0 \\ 0 & 1 & 0 & 0 \\ 0 & 0 & 1 & 1/d \\ 0 & 0 & 0 & 0 \end{bmatrix} = [x \quad y \quad z \quad z/d]
$$

有几点需要说明：

1）当乘以这个矩阵时，其实并没有真正进行实际的投影变换，只是计算出了合适的分母，实际上投影变换发生在从4D到3D的变换时。

2）可以发现其实这种变化并没有那么复杂，直接除以z就可以，此处使用矩阵的原因为：首先，4×4矩阵提供了一种方法，投影表达为变换，这样可以和其他变换相连接；另外，可以投影到不平行于坐标轴的平面。

3）在这里仅是初步介绍简单的原理，真实图形的几何管道中的投影矩阵比较复杂，要考虑很多的细节等。

小结

本章介绍了在3D数学中很重要的基础部分——矩阵，从矩阵的数学定义到它的几何意义都做了详细的介绍，并给出了矩阵的运算，为矩阵在3D数学中的应用打好基础；接下来介绍了物体从一个坐标系变换到另一个坐标系所做的变换，并使用变换矩阵来表达；介绍了关于变换的分类，描述了几种常见的变换的类型；介绍了关于矩阵行列式的概念及几何意义，逆矩阵的运算法则和几何解释，正交矩阵运算及意义；对于齐次矩阵的概念和意义进行讲解，介绍了齐次矩阵在变换中的应用，并进行仿射变换；介绍了透视投影的原理，并举例小孔成像；介绍了使用4×4矩阵进行透视投影的方法。

习题

请判断下面的句子是否正确。

1. 矩阵就是存放多个向量的2D数组。向量是标量所组成的数组，矩阵是向量所组成的数组。（　　）

2. 如果一个矩阵乘以单位矩阵，将得到单位矩阵。（　　）

3. 矩阵的乘法满足结合律：$(\mathbf{AB})\mathbf{C}=\mathbf{A}(\mathbf{BC})$。（　　）

4. 行向量和列向量都可以表示同一个矩阵，并且它们分别乘以同一个矩阵，所得结果一样。（　　）

5. 物体的变换和坐标系的变换是变换的两种方式，其变换的结果是等价的，将物体变换一个量等价于将坐标系变换一个相反的量。（　　）

6. 所有的等角的变换都是仿射和可逆的。（　　）

7. 当缩放变换的缩放因子$k=1$时，就是正交投影。（　　）

8. 仿射变换就是线性变换后再平移变换的结果。（　　）

9. 行列式就是以基向量为两个边所组成的平行四边形的有符号面积。（　　）

10. 当矩阵的一行或列上的元素都为零时，逆矩阵存在。（　　）

11. 如果矩阵是正交的，则矩阵的转置等于矩阵的逆。（　　）

12. 对于一般的仿射变换，采用的基本思想是将变换的“中心点”平移到原点，然后进行之前的基本线性变换，最后再将“中心点”平移回原来的位置。（　　）

扩展练习

1. 计算下列矩阵的乘积：

1）$\begin{bmatrix}1 & -2\\ 5 & 0\end{bmatrix}\begin{bmatrix}-3 & 7\\ 4 & 1/3\end{bmatrix}$

2）$\begin{bmatrix}3 & -1 & 4\end{bmatrix}\begin{bmatrix}-2 & 0 & 3\\ 0 & 7 & -6\\ 3 & -4 & 2\end{bmatrix}$

2. 描述以下矩阵代表的2D变换：

$$\begin{bmatrix}0 & -1\\ 1 & 0\end{bmatrix}$$

3. 在2D空间中，构造绕y轴旋转30°的矩阵。

4. 构造绕轴[99,−99,99]旋转−5°的矩阵。

5. 计算下列矩阵的行列式：

$$\begin{bmatrix} 3 & -2 \\ 1 & 4 \end{bmatrix}$$

6. 计算下列矩阵的行列式，并计算逆矩阵：

$$\begin{bmatrix} 3 & -2 & 0 \\ 1 & 4 & 0 \\ 0 & 0 & 2 \end{bmatrix}$$

第 4 章

3D 空间的方位与角位移

本章主要内容：

方位的概念
矩阵的表示方法
欧拉角
四元数
表达方式的转换
部分代码实现

本章重点：

方位的概念
矩阵的表示方法及优缺点
欧拉角的定义与优缺点
四元数的定义与运算

本章难点：

欧拉角的万向锁
四元数的几种运算
表达方式的转换
插值
代码实现的理解

学完本章您将能够：

- 了解方位的定义
- 掌握 3 种描述方位、角位移方法的定义及优缺点
- 了解不同表达方式的转换
- 了解部分代码实现

引 言

本章将解决怎样在3D中描述物体方位的难题，还将讨论一个相近的概念——角位移。3D中有多种方法可以描述方位和角位移，本章讨论其中3种最常用的方法——矩阵、欧拉角和四元数。对于每一种方法，都将给出精确定义、工作原理，以及它们的特性、优点和缺点。在不同的情况下需要不同的技术，每种技术都有其优点和缺点。重要的是不仅要知道每种方法的原理，还要了解在特定的情况下使用哪种方法最合适。

4.1 方位的概念

图4-1 向量自转不会改变向量

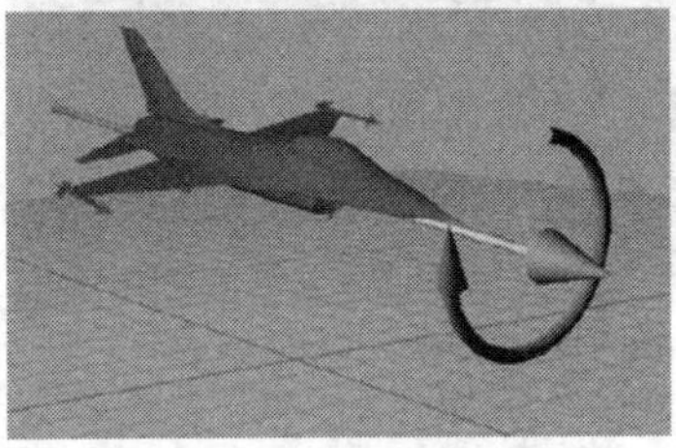

图4-2 物体自转会改变物体方位

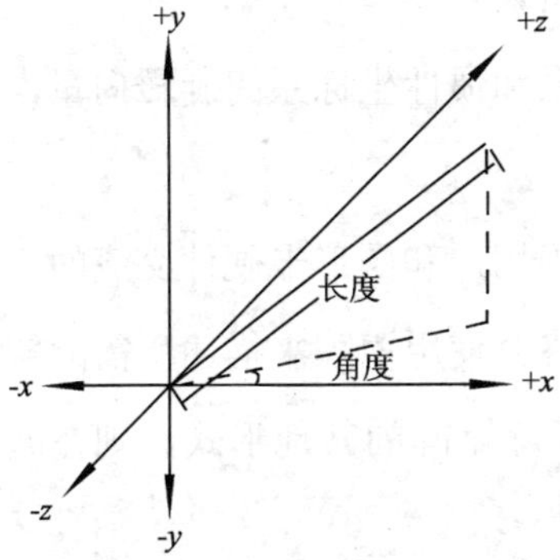

图4-3 使用极坐标描述方向

物体的“方位”主要用来描述物体的朝向，它与之前在介绍向量时所说的“方向”并不完全一样。向量具有“方向”，但并没有“方位”。当一个向量指向特定方向时，可以使向量自转。图4-1所示为一个向量自转的效果。

可以看出向量并没有发生变化，但是，当一个物体朝向特定的方向时，使它与向量同时自转，情况会有所不同，如图4-2所示。

可以看到，当物体和向量同时自转时，向量没有变化，但是物体的方位将变化。

以上的例子说明，在3D空间中，如果要确定一个方向，主要有两个参数：长度与角度，比如使用极坐标来描述，如图4-3所示。

如果要描述一个方位，则至少需要3个参数。

在以前的章节中讲到，若要描述物体的位置，要将物体放到特定的参考系中，而不能使用绝对坐标来描述。描述物体的位置实际上就是描述相对于给定的参考点的位移。

同样，描述物体方位时，也不能使用绝对量。与“位置是相对于参考点的位移”一样，方位是相对于已知方位的旋转来描述的，旋转量称为角位移。这样，在数学上方位就和角位移等价了。

而在这里，会将“角位移”和“方位”进行如下明确的区分：

1)“角位移”被看做方向上的变换量，比如从原方位到新方位的变换的角位移，是两个状态的差别。

2)“方位”被看做用来描述单一的状态量。

接下来将介绍用来描述“方位”和“角位移”的形式。

4.2 方位的矩阵描述

1. 矩阵描述方法

在3D空间中，描述坐标系中方位的一种方法就是将这个坐标系的基向量列出来，而基向量使用其他坐标系来描述。使用基向量构成一个3×3矩阵，这个矩阵可以描述这两个坐标系之间的相对方位。如图4-4所示，原坐标系的基向量在另一个坐标系来描述，基向量使用矩阵来描述，此时矩阵就是从原坐标系变换到另一个坐标系的旋转矩阵，可以描述这两个坐标系之间的相对方位。

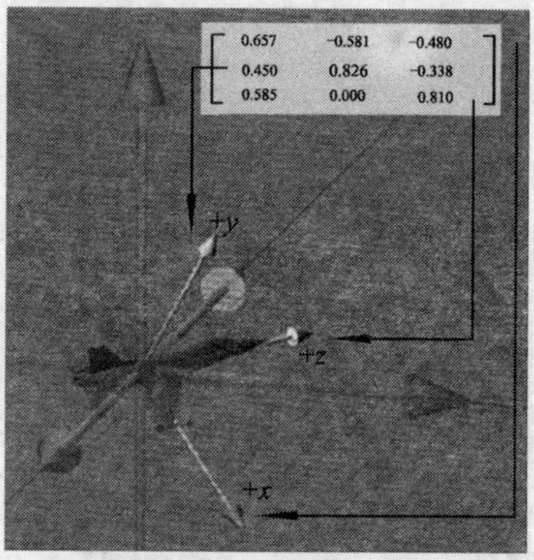

图4-4 使用矩阵表示方位

2. 使用矩阵的优缺点

矩阵是一种非常直接的描述方位的形式，其优点如下：

1）可以立即获得向量的旋转。矩阵可以在物体坐标系和惯性坐标系间旋转向量，其他描述方法都做不到。

2）图形API（API是应用程序接口，也可以说就是实现用户和图形卡硬件交流的代码）使用矩阵形式来描述。当和图形API进行交流时，最终会使用矩阵来描述所需的转换，当然也可以选择不同的方式保存方位，但是若选择了除矩阵的其他形式，则在渲染管道时将它们转换成矩阵。

3）进行多个角位移的连接。举个例子：如果知道A关于B的方位，B关于C的方位，那么，就可以使用矩阵求得A关于C的方位。

4）当矩阵表示角位移时，逆矩阵就是“反”角位移，因为矩阵是正交的，所以求逆矩阵只要进行矩阵的转置运算。

矩阵是使用9个数来保存方位的，而对于方位其实3个数就足以描述了，由此带来了很多问题：

1）矩阵使用了更多的内存。比如动画序列中的关键帧，就需要保存大量的位移，造成大量的空间占用损失。假设现在做的是一个人的模型动画，该模型被分解为15个块。动画的完成实际是严格地控制子块和父块之间的相对方位。假设每一帧为每一块保存一个方位，动画频率是15 Hz，这意味着每秒需要保存225个方位。使用矩阵和32位浮点数，每一帧有8 100 B，而使用欧拉角，同样的数据只需2 700 B。对于30 s的动画数据，矩阵就比欧拉角多用掉162 KB。

2）矩阵虽然对于描述方位是最直接的，但是不是人们思考方位时所能描述的最直观方法。人们不可能直接从使用矩阵表示的方位中观察所变换的方位，没有角度，只有9个数字，这比将要介绍的欧拉角要困难得多。

3）矩阵使用9个数，其实只有3个数是必需的。从另一方面说，矩阵带有六阶的冗余。描述方位的矩阵必须满足6个限制条件。矩阵的行必须是单位向量，并且它们相互垂直。

详细介绍最后一条缺点，若随机取9个数并组成一个3×3矩阵，这个矩阵必须满足6个限制条件，因此，这9个数不能组成一个合法的旋转矩阵；对于表达旋转来说，这个矩阵是有问题的，因为它可能导致数值异常或其他非预期的问题。

其实，任何非正交的矩阵都不是一个好的旋转矩阵，另外，还可能从外部数据源获得“坏”的数据，比如，使用动态捕捉器（物理获取设备）时，捕获过程中可能产生错误；还可能因为浮点数的舍入错误产生“坏”的数据，比如做大量的矩阵乘法时，因为浮点数精度的限制，导致病态矩阵，这种现象称为“矩阵蠕变”。

3. 总结

以下是对刚刚学过的用矩阵描述角位移的总结：

1）矩阵是一种表达方位的“强有力”的方法，可以在当前坐标系中明确地列出另一个坐标系的基向量。

2）使用矩阵形式表达方位是很有用的，主要是因为它可以在不同坐标系间旋转向量。

3）当前图形API使用矩阵描述方位。

4）能使用矩阵乘法把嵌套矩阵连接而得到单一的矩阵。

5）矩阵的逆提供了一种得到“相反”角位移的方法。

6）矩阵比其他方法多使用了2 ～ 3倍的内存。当有大量方位需要存储时，如动画数据，这就是一个大问题。

7）并非所有矩阵都能描述方位。一些矩阵还包含镜像或切变等情况。外部数据源或矩阵蠕变都可能导致病态矩阵。

4.3 欧拉角

本节中将介绍另一个用来描述方位的方法：欧拉角，这是以著名数学家Leonhard Euler（1707—1783）命名的，因为他证明了角位移序列等价于单个角位移。

4.3.1 欧拉角定义

欧拉角就是将角位移分解为绕3个相互垂直的轴的3个旋转组成的序列。听起来比较复杂，但是欧拉角对于人们本身的思考是非常直观的。

欧拉角可以将方位分解为绕3个相互垂直的轴的旋转，当然3个相互垂直的轴可以是任意的，按什么顺序旋转也可以是任意的。其中，最有意义的就是使用笛卡儿坐标系并且按一定顺序旋转的序列。

使用heading － pitch － bank的约定，即：一个方位被定义为heading角，一个方位被定义为pitch角，另一个方位被定义为bank角，首先将物体开始于“标准”方位（标准方位就是物体坐标系和惯性坐标系对齐），然后使物体做heading、pitch、bank旋转，就可以得到想要描述的方位。

使用左手坐标系建立一个3D坐标系，如图4-5所示，将物体坐标系和惯性坐标系重合，图中显示的是heading角旋转，即绕y轴旋转，向右旋转为正，如果从上往下看，旋转正方向是顺时针。

已经进行了第一次旋转，接下来pitch是绕x轴旋转的角度，应注意这里的x轴是物体坐标系的x轴，不是原惯性坐标系的x轴，遵守左手法则，向下旋转为正，如图4-6所示。

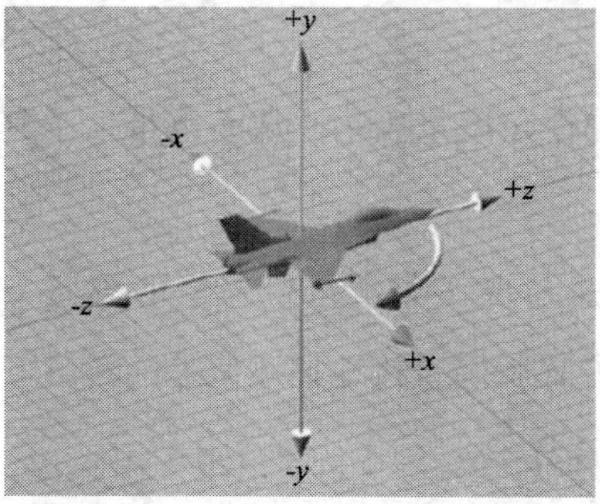

图4-5　绕y轴旋转的heading角

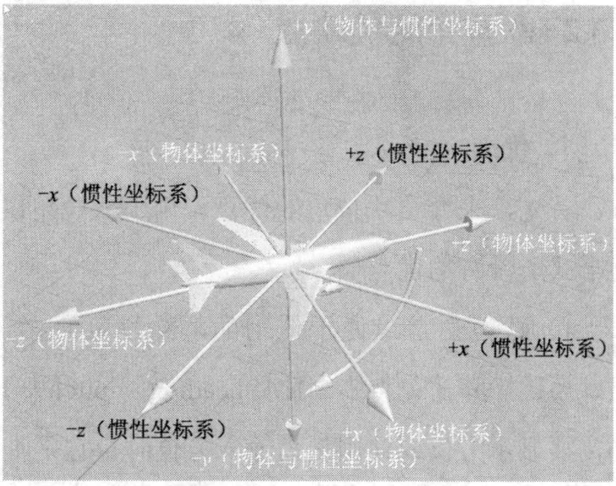

图4-6　绕x轴旋转的pitch角

经过了两次旋转后，bank是绕z轴旋转的角度，依然要注意这里的z轴不是原惯性坐标系的x轴，而是物体坐标系中的z轴，依照左手法则，从原点向z轴正方向看去，逆时针旋转为正方向，如图4-7所示。

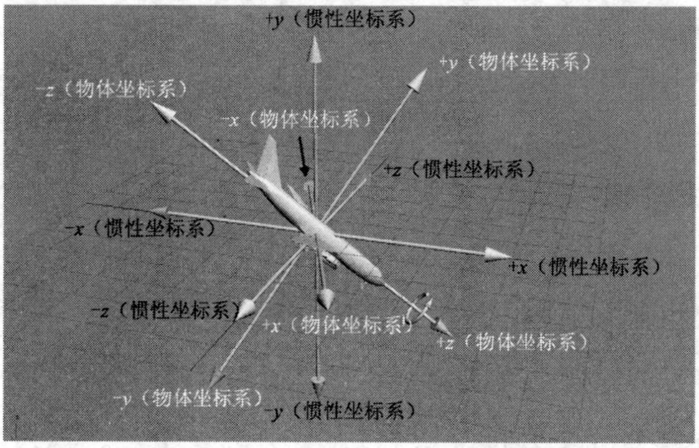

图4-7　绕z轴旋转的bank角

这里所说的heading、pitch和bank的顺序，指的是惯性坐标系到物体坐标系的方位描述，若从物体坐标系到惯性坐标系，则是相反方向的。

对于欧拉角还需要注意以下几点：

1）任意3个轴都能作为旋转轴，不一定是笛卡儿轴，但使用笛卡儿坐标轴最有意义。

2）决定每个旋转正方向时，不一定必须遵守左手或右手法则，只是这种方法非常普遍。

3）旋转可以以不同的顺序进行，其中heading－pitch－bank是最常用的，也是最可行的：heading是绕竖直轴旋转，它的意义是所在环境中经常有某种形式的“地面”；pitch则定义水平方向的倾角；bank则是绕z轴的旋转量。

4.3.2 欧拉角的优缺点

1. 优点

首先，来介绍欧拉角的优点。由于欧拉角仅使用3个角度量表示，从而也带来了其他形式所没有的优点：

1）欧拉角是最便于使用的，欧拉角的3个数都是角度，非常符合人们的思考方式，要比矩阵简单得多，比如heading－pitch－bank方式就能直接地描述偏差的角度。当需要显示方位或使用键盘输入方位时，它是唯一的选择。

2）考虑内存的因素，欧拉角是占用内存最少的，在3D空间中表达方位最少需要3个量，而欧拉角使用3个量就能完成。

3）欧拉角中的3个数是可以任意取的，不会出现问题，只可能是数值不对，但一定是合法的，矩阵则不一定合法。

2. 缺点

欧拉角描述方位时的缺点主要有以下两点：

1）给定方位的表达式不是唯一的。

2）两个角度之间求插值存在很多问题。

首先，深入介绍第一种缺点。对于一个给定的方位，可以使用多个不同的欧拉角来描述，这就出现了别名问题。举一个最常见的问题，对于一个角度加上360°的倍数时，尽管数值改变了，但是角度的方向并没有改变。如图4-8所示，原向量指向y轴正方向，旋转了720°后，方向并没有改变。

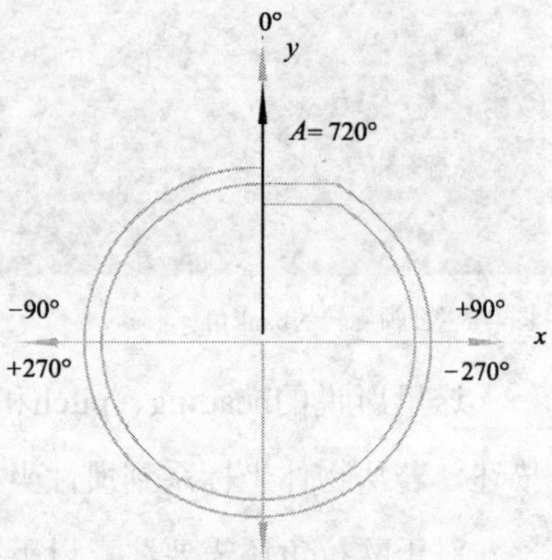

图4-8 旋转360°的倍数数值变化但方向不变

另外一种别名问题是3个角度不是相互独立的。比如，pitch135°等价于heading180°、pitch45°再bank180°。为了保证任何的方位都只有一种表示方法，要限定角度的范围。一般将heading和bank的范围控制在－180°～+180°之间，pitch限定在－90°～+90°之间，使得对于任意方位，仅存在一个能代表这个方位的欧拉角。但是，还是存在一种可能的情况违反了这一点，下面具体介绍。

这是欧拉角一个重要的别名问题，称为万向锁。可以想象一下，如果首先heading45°，然后pitch90°；或者如果先pitch90°，然后bank45°，这两种方式是等价的。由此总结出，如果选择+90° 或-90° 作为pitch角，就会被限制在只能绕竖直轴旋转，使得当角度为+90° 或-90° 的第二旋转时，会造成第一旋转和第三旋转的旋转轴相同。

为了解决这一问题，规定在万向锁的情况下，由heading完成绕竖直轴的全部旋转，即：当pitch为+90° 或-90° 时，bank等于0。

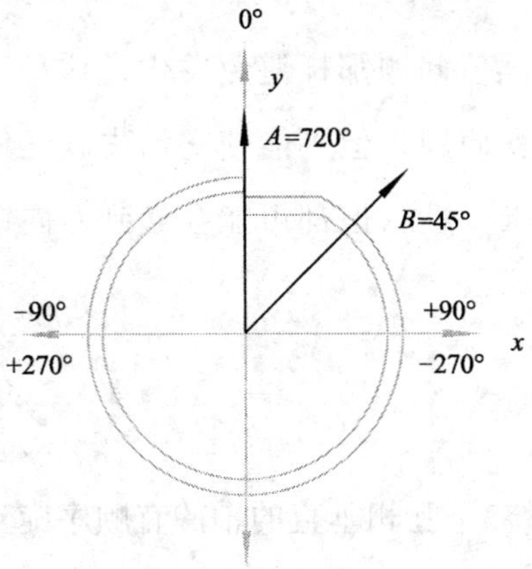

图4-9 简单的插值导致过多的旋转

如果只是为了描述方位，尤其是在使用了限制欧拉角后，别名不会造成太大的问题。对于欧拉角的另一个问题：两个方位*A*和*B*之间求插值，即，设给定参数*t*，0≤*t*≤1，当*t*从0变化到1时，计算临时方位*C*，*C*从*A*变化到*B*。这个技术非常有用，比如动画角色或摄像机自动控制等都用到。

这里会出现很多问题：如果没有限制欧拉角的范围，将有可能得到很大的角度差，如方位*A*的heading为720°，方位*B*的heading为45°，如图4-9所示，之间仅差45°，但是简单的插值会在错误的方向上再绕将近两周。

这时，还是采用限制欧拉角的方法。把heading和bank限制在-180° ～ +180° 之间比较简单，但是把pitch限制在-90° ～ +90° 之间就需要一些技巧。

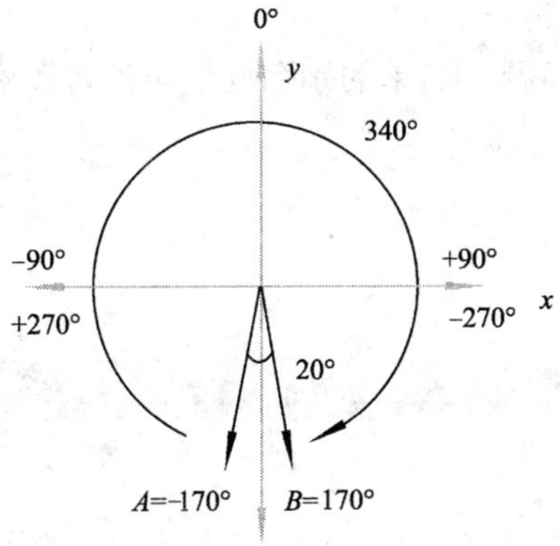

图4-10 简单插值会导致沿“长弧”旋转

然而这种方法也没能完全解决问题，当方位*A*的heading角度为-170°，B的heading为170°时，虽然都在heading的角度范围内，但是插值又一次不正确。如图4-10所示，旋转沿“长弧”旋转了340°，但是它们只相差20°。

可以将插值的“差”角度折到-180° ～ +180° 之间，找到最短圆弧，以便解决此问题。

但是，即使使用了这两个角度的限制，欧拉

角插值还是可能遇到万向锁的问题，它可能导致出现抖动、不对的路径、物体可能突然飘起来等现象，所以当碰到这样的问题不要感到疑惑，其根本原因是插值过程中的角速度不是恒定的。

万向锁是一个底层的问题，不可能像上面解决插值问题那样避免发生，这是一个用3个数表达3D方位与生俱来的问题。只可以改变问题，但不能使它消失。任何使用3个数来表达3D方位的系统，都能保证空间的唯一性，但都可能会遇到万向锁的问题。

3. 总结

总结欧拉角的内容如下：

1）欧拉角使用3个数来保存方位。这3个角度是绕3个互相垂直的轴的有顺序旋转的旋转量。

2）最常用的欧拉角系统是heading － pitch － bank。

3）在多数情况下，欧拉角比其他方法更适于人们使用。

4）当内存空间很宝贵时，欧拉角使用最少的空间来存储3D方位。

5）没有“不合法”的欧拉角。任意3个数组成的欧拉角都是有意义的。

6）欧拉角有别名问题，因为角度具有周期性和旋转之间的非独立性。

7）使用限制欧拉角能简化很多基本问题：让一个欧拉角处于限制集是指heading和bank在-180°～＋180°之间，pitch在-90°～＋90°之间。如果pitch为+90°或-90°，则bank为零。

8）当pitch等于+90°或-90°时，就会产生万向锁的问题。在这种情况下，自由度会减少一个，因为heading和bank的旋转轴都是竖直轴。

9）在两个欧拉角表示的方位间插值存在着一些问题。简单的别名问题虽然可以解决，但万向锁是一个底层问题，至今没有简单的解决方法。

4.4 四元数

在上面的内容中已经讲到了描述方位的矩阵、欧拉角的方法，在本节中将介绍另一种表达方位的方法，称做四元数，它使用4个数来表达方位，并避免了万向锁的问题。

4.4.1 基本概念

1. 四元数的表示方法

四元数包含一个3D向量分量和一个标量分量，记3D向量分量为$\boldsymbol{v}$，标量分量为w，表示如下：

$$[w\ \boldsymbol{v}]$$

或者将向量$\boldsymbol{v}$写成3个分量的形式：

$$[w\ (x\ y\ z)]$$

也可以将四元数竖着写，有时这会使等式格式更好看一些。“行”或“列”四元数没有区别。

在3D空间中的任意角位移都可以表示为绕单一轴的单一旋转。这里的单一轴不是一般旋转轴，要和笛卡儿坐标轴相区别，单一轴的方向是任意的。这种对于角位移的描述方法可以算是在矩阵、欧拉角和四元数之后的第4种表示方法，但是一般不常用，通常会使用欧拉角或四元数代替。

用四元数来表示第4种方式，设$\boldsymbol{n}$为旋转轴，角位移表示为绕$\boldsymbol{n}$轴旋转θ角，则表示为：

$$\begin{aligned}\boldsymbol{q} &= [\cos(\theta/2)\quad \sin(\theta/2)\boldsymbol{n}]\\ &= [\cos(\theta/2)\quad (\sin(\theta/2)\boldsymbol{n}_x\quad \sin(\theta/2)\boldsymbol{n}_y\quad \sin(\theta/2)\boldsymbol{n}_z)]\end{aligned}$$

从公式可以看出，$\boldsymbol{q}$的w分量和θ角有关系，但并不相同，$\boldsymbol{v}$和$\boldsymbol{n}$也有关系，也不相同。

2. 负四元数

四元数可以求负，而且比较简单，求负过程就是对于每一个分量求负：

$$\begin{aligned}-\boldsymbol{q} &= -[w\quad (x\quad y\quad z)] = [-w\quad (-x\quad -y\quad -z)]\\ &= -[w\quad \boldsymbol{v}] = [-w\quad -\boldsymbol{v}]\end{aligned}$$

$\boldsymbol{q}$和$-\boldsymbol{q}$所代表的实际角位移是相同的，因为将θ角加上360°的倍数，这样的变化没有改变$\boldsymbol{q}$所代表的角位移，但使$\boldsymbol{q}$的4个分量都变负了。由此可以得出结论：在3D空间中，任意角位移都有两种不同的四元数表示方法，而且它们相互为负。

3. 单位四元数

在几何上，存在两个单位四元数，代表的含义是没有角位移，它们是$[1,\boldsymbol{0}]$和$[-1,\boldsymbol{0}]$（这里的$\boldsymbol{0}$代表零向量）。当θ是360°的偶数倍时，有第一种形式，$\cos(\theta/2)=1$；当θ是

360° 的奇数倍时，有第二种形式，$\cos(\theta/2)=-1$。两种情况下，都有$\sin(\theta/2)=0$，所以$\boldsymbol{n}$的值无关紧要。

旋转角θ是360° 的整数倍时，方位并没有改变，并且旋转轴也是无关紧要的。

4. 四元数的模

和向量一样，四元数也有模，记法和公式都与向量类似，如下所示：

$$\begin{aligned}\|\boldsymbol{q}\| &= \|[w\quad(x\quad y\quad z)]\| = \sqrt{w^2+x^2+y^2+z^2} \\ &= \|[w\quad \boldsymbol{v}]\| = \sqrt{w^2+\|\boldsymbol{v}\|^2}\end{aligned}$$

下面介绍四元数的模的几何意义，公式中包含θ和$\boldsymbol{n}$：

$$\begin{aligned}\|\boldsymbol{q}\| &= \|[w\quad \boldsymbol{v}]\| \\ &= \sqrt{w^2+\|\boldsymbol{v}\|^2} \\ &= \sqrt{\cos^2(\theta/2)+[(\sin(\theta/2)\|\boldsymbol{n}\|)^2]} \\ &= \sqrt{\cos^2(\theta/2)+\sin^2(\theta/2)\|\boldsymbol{n}\|^2}\end{aligned}$$

当向量$\boldsymbol{n}$为单位向量时，得到：

$$\begin{aligned}\|\boldsymbol{q}\| &= \sqrt{\cos^2(\theta/2)+\sin^2(\theta/2)\|\boldsymbol{n}\|^2} \\ &= \sqrt{\cos^2(\theta/2)+\sin^2(\theta/2)(1)} \\ &= \sqrt{\cos^2(\theta/2)+\sin^2(\theta/2)}\end{aligned}$$

应用三角公式$\sin^2 x+\cos^2 x=1$，可得：

$$\|\boldsymbol{q}\| = \sqrt{\cos^2(\theta/2)+\sin^2(\theta/2)} = \sqrt{1} = 1$$

5. 四元数的共轭和逆

1）共轭。四元数的共轭可以记作$\boldsymbol{q}^*$，使四元数的向量部分变为负，得到：

$$\begin{aligned}\boldsymbol{q}^* &= [w\quad \boldsymbol{v}]^* = [w\quad -\boldsymbol{v}] \\ &= [w(x\ y\ z)^*] = [w(-x\ -y\ -z)]\end{aligned}$$

2）逆。四元数的逆可以记作$\boldsymbol{q}^{-1}$，定义为四元数的共轭除以它的模，得到：

$$\boldsymbol{q}^{-1} = \frac{\boldsymbol{q}^*}{\|\boldsymbol{q}\|}$$

一个四元数$\boldsymbol{q}$乘以它的逆$\boldsymbol{q}^{-1}$，得到单位四元数[1,**0**]。

单位四元数的逆和共轭是相等的。

4.4.2 四元数的几种运算

1. 叉乘

以下是四元数乘法的定义：

$$
\begin{aligned}
&[w_1 \quad (x_1 \quad y_1 \quad z_1)]\times[w_2 \quad (x_2 \quad y_2 \quad z_2)] \\
&=\begin{bmatrix} w_1w_2 - x_1x_2 - y_1y_2 - z_1z_2 \\ \begin{pmatrix} w_1x_2 + x_1w_2 + z_1y_2 - y_1z_2 \\ w_1y_2 + y_1w_2 + x_1z_2 - z_1x_2 \\ w_1z_2 + z_1w_2 + y_1x_2 - x_1y_2 \end{pmatrix} \end{bmatrix} \\
&[w_1 \quad \boldsymbol{v}_1]\times[w_2 \quad \boldsymbol{v}_2] \\
&=[w_1w_2 - \boldsymbol{v}_1\cdot\boldsymbol{v}_2 \quad w_1\boldsymbol{v}_2 + w_2\boldsymbol{v}_1 + \boldsymbol{v}_2\times\boldsymbol{v}_1]
\end{aligned}
$$

四元数的叉乘满足结合律，但不满足交换律：

$$(\boldsymbol{ab})\boldsymbol{c} = \boldsymbol{a}(\boldsymbol{bc})$$

$$\boldsymbol{ab} \neq \boldsymbol{ba}$$

2. 差

使用四元数的乘法和逆，就能够计算出两个四元数的“差”。“差”被定义为从一个方位到另一个方位的角位移。设给定方位$\boldsymbol{a}$和$\boldsymbol{b}$，可以计算出从$\boldsymbol{a}$旋转到$\boldsymbol{b}$的角位移$\boldsymbol{d}$。

可以这样表示四元数的差：

$$\boldsymbol{ad}=\boldsymbol{b}$$

现在通过上式求得$\boldsymbol{d}$值。

两边同时左乘$\boldsymbol{a}^{-1}$：

$$\boldsymbol{a}^{-1}(\boldsymbol{ad}) = \boldsymbol{a}^{-1}\boldsymbol{b}$$

应用结合律，化简得到：

$$
\begin{aligned}
\boldsymbol{a}^{-1}(\boldsymbol{ad}) &= \boldsymbol{a}^{-1}\boldsymbol{b} \\
[1 \quad \boldsymbol{0}]\boldsymbol{d} &= \boldsymbol{a}^{-1}\boldsymbol{b} \\
\boldsymbol{d} &= \boldsymbol{a}^{-1}\boldsymbol{b}
\end{aligned}
$$

便求得从一个方位到另一个方位角位移的四元数。

3. 点乘

四元数点乘的记法、定义和向量点乘非常相似：

$$\boldsymbol{q}_1 \cdot \boldsymbol{q}_2 = [w_1 \quad \boldsymbol{v}_1] \cdot [w_2 \quad \boldsymbol{v}_2] = w_1 w_2 + \boldsymbol{v}_1 \times \boldsymbol{v}_2$$
$$= [w_1 \quad (x_1 \quad y_1 \quad z_1)] \cdot [w_2 \quad (x_2 \quad y_2 \quad z_2)] = w_1 w_2 + x_1 x_2 + y_1 y_2 + z_1 z_2$$

四元数的点乘和向量的点乘一样，结果是标量，对于单位四元数$\boldsymbol{a}$和$\boldsymbol{b}$，并且满足$-1 \leqslant \boldsymbol{a} \cdot \boldsymbol{b} \leqslant 1$。

通常只关心$\boldsymbol{a} \cdot \boldsymbol{b}$的绝对值，因为$\boldsymbol{a} \cdot \boldsymbol{b} = -(\boldsymbol{a} \cdot -\boldsymbol{b})$，$\boldsymbol{b}$和$-\boldsymbol{b}$代表相同的角位移。

四元数点乘的几何解释类似于向量点乘的几何解释。四元数点乘$\boldsymbol{a} \cdot \boldsymbol{b}$的绝对值越大，$\boldsymbol{a}$和$\boldsymbol{b}$代表的角位移越“相近”。

4. 幂

可以将四元数作为底数，求四元数的幂，记作$\boldsymbol{q}^t$。求幂时包括两个参数：四元数和指数。四元数求幂和实数求幂相类似：当t从0变到1时，$\boldsymbol{q}^t$从[1,0]变到$\boldsymbol{q}$。

对于四元数求幂说明以下几点：

1）如果四元数$\boldsymbol{q}$代表一个角位移，现在想要得到代表1/2这个角位移的四元数，可以这样计算：$\boldsymbol{q}^{1/2}$。

2）指数超出[0,1]范围外的几何行为，比如$\boldsymbol{q}^2$代表的角位移是$\boldsymbol{q}$的两倍，假设$\boldsymbol{q}$代表绕x轴顺时针旋转30°，那么$\boldsymbol{q}^2$代表绕x轴顺时针旋转60°，$\boldsymbol{q}^{-1/3}$代表绕x轴逆时针旋转10°。这里需要说明的是，四元数所表达的角位移是最短的圆弧，不能进行绕圈。比如上面的例子，如果是$\boldsymbol{q}^8$，则就不是想象的绕240°，应该逆时针旋转120°，不过在这样的情况下得到的最终结果都是正确的。但是当计算$(\boldsymbol{q}^8)^{1/2}$时，结果并不等于$\boldsymbol{q}^4$，这里和实数计算不一样。

下面的代码展示了四元数求幂的计算：

```
//四元数(输入、输出)
float w,x,y,z;
//指数
float exponent;
//检查单位四元数的情况，避免除零
if(fabs(w)<.9999f){
    //提取半角alpha(alpha=theta/2)
    float alpha=acos(w);
    //计算新的alpha值
    float newAlpha=alpha*exponent;
    //计算新w值
    w=cos(newAlpha);
    //计算新的xyz值
    float mult=sin(newAlpha)/sin(alpha);
    x*=mult;
```

```
    y*=mult;
    z*=mult;
}
```

5. 插值

四元数一个非常重要的运算称做插值运算，这也是当今3D数学中四元数存在的理由，它的意思是球面线性插值（Spherical Linear Interpolation）。这个运算非常有用，因为它可以在两个四元数间平滑插值，并且这个运算避免了欧拉角插值的所有问题。

slerp运算是一种三元运算，即它有3个操作数。前两个操作数是两个四元数，将在它们中间插值。设这两个“开始”和“结束”四元数分别为$\boldsymbol{q}_0$和$\boldsymbol{q}_1$。插值参数设为变量t，t在0 ～ 1之间变化。slerp函数：

$$\text{slerp}(\boldsymbol{q}_0,\boldsymbol{q}_1,t)$$

公式返回$\boldsymbol{q}_0$和$\boldsymbol{q}_1$之间的插值方位。

将使用数学工具推导出slerp公式。设在两个标量a_0和a_1间插值，会使用下面的标准性插值公式：

$$\Delta a = a_1 - a_0$$
$$\text{slerp}\left(a_0, a_1, t\right) = a_0 + t\Delta a$$

标准线性插值公式从a_0开始，不断地加上a_0和a_1差的i倍，有3个基本步骤：

1）计算两个值的差。

2）取得差的一部分。

3）在初值上加上差的一部分。

可以使用同样的步骤在四元数间插值：

1）计算两个值的差，$\boldsymbol{q}_0$到$\boldsymbol{q}_1$的角位移由$\Delta\boldsymbol{q} = \boldsymbol{q}_0^{-1}\boldsymbol{q}_1$给出。

2）计算差的一部分，使用四元数求幂的方法可以得出，由$\Delta\boldsymbol{q}^t$求得。

3）在开始值上加上差的一部分，方法是用四元数乘法来组合角位移，得到$\boldsymbol{q}_0\Delta\boldsymbol{q}^t$。

这样便得到了slerp的公式：

$$\text{slerp}(\boldsymbol{q}_0,\boldsymbol{q}_1,t)=\boldsymbol{q}_0(\boldsymbol{q}_0^{-1},\boldsymbol{q}_1)^t$$

通过理论计算出四元数，下面介绍更加有效的方法：

可以在4D空间中解释四元数，因为所有人们感兴趣的四元数都是单位四元数，并且它们存在于一个4D的球面上。

slerp的基本思想就是沿着4D球面上的连接两个四元数的弧插值。

可以把它的基本思想表现在平面上，设两个2D向量$\boldsymbol{v}_0$到$\boldsymbol{v}_1$，都是单位向量，要计算$\boldsymbol{v}_t$，就是沿$\boldsymbol{v}_0$到$\boldsymbol{v}_1$弧的平滑插值。设ω是$\boldsymbol{v}_0$到$\boldsymbol{v}_1$的弧所截的角，那么$\boldsymbol{v}_t$就是绕$\boldsymbol{v}_1$沿弧旋转$t\omega$的结果，如图4-11所示。

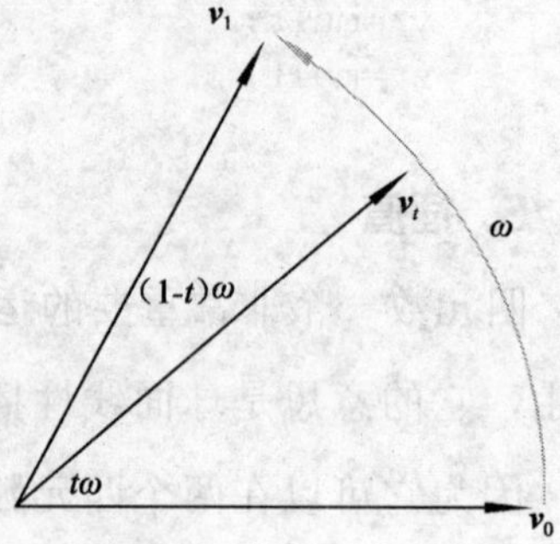

图4-11 旋转插值

将$\boldsymbol{v}_t$表达成$\boldsymbol{v}_0$和$\boldsymbol{v}_1$的线性组合：

$$\boldsymbol{v}_t=k_0\boldsymbol{v}_0+k_1\boldsymbol{v}_1$$

其中的k_0和k_1可以使用基本的几何学求得，如图4-12所示。

对于以$k_1\boldsymbol{v}_1$为斜边的直角三角形，应用三角公式得：

$$\sin\omega=\frac{\sin t\omega}{k_1}$$

$$k_1=\frac{\sin t\omega}{\sin\omega}$$

使用同样的方法，计算k_0：

$$k_0=\frac{\sin\left(1-t\right)\omega}{\sin\omega}$$

$\boldsymbol{v}_t$可以表示为：

$$\boldsymbol{v}_t=k_0\boldsymbol{v}_0+k_1\boldsymbol{v}_1$$

$$\boldsymbol{v}_t=\frac{\sin\left(1-t\right)\omega}{\sin\omega}\boldsymbol{v}_0+\frac{\sin t\omega}{\sin\omega}\boldsymbol{v}_1$$

使用同样的方法扩展到四元数，得到：

$$\mathrm{slerp}\left(\boldsymbol{q}_0,\boldsymbol{q}_1,t\right)=\frac{\sin\left(1-t\right)\omega}{\sin\omega}\boldsymbol{q}_0+\frac{\sin t\omega}{\sin\omega}\boldsymbol{q}_1$$

有两点需要说明：

1）四元数的$\boldsymbol{q}$和$-\boldsymbol{q}$代表相同的方位，但是它们作为slerp的参数时可能导致不一样的结果，

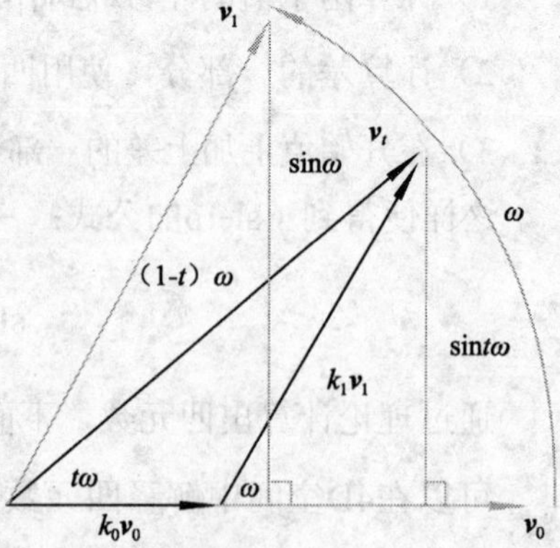

图4-12 沿弧插值向量

这是因为4D球面不是欧式空间的直接扩展。而这种现象在2D和3D空间中不会发生，解决的方法是选择$\boldsymbol{q}_0\,\boldsymbol{q}_1$的符号使得点乘$\boldsymbol{q}_0 \cdot \boldsymbol{q}_1$的结果为非负。

2）如果$\boldsymbol{q}_0$和$\boldsymbol{q}_1$非常接近，$\sin\theta$会非常小，这时除法可能有问题，所以当$\sin\theta$非常小时，使用简单的线性插值。

下面列出关于四元数插值的实现代码：

```
//两个输入四元数
float w0,x0,y0,z0;
float w1,x1,y1,z1;
//插值变量
float t;
//输出四元数
float w,x,y,z;
//用点乘计算两四元数夹角的cosine值
float cosOmega = w0*w1 + x0*x1 + y0*y1 + z0*z1;
//如果点乘为负，则反转一个四元数以取得短的4D"弧"
if(cosOmega < 0.0f) {
    w1=-w1;
    x1=-x1;
    y1=-y1;
    z1=-z1;
    cosOmega=-cosOmega;
}
//检查它们是否过于接近以避免除零
float k0,k1;
if(cosOmeg a>0.9999f){
    //非常接近则使用线性插值
    k0=1.0f-t;
    k1=t;
}else{
    //用三角公式sin^2(omega)+cos^2(omega)=1计算sine值
    float sinOmega=sqrt(1.0f-cosOmega*cosOmega);
    //从sine和cosine计算角度
    float omega=atan2(sinOmega,cosOmega);
    //计算分母的倒数，这样就只需要一次除法
    float oneOverSinOmega=1.0f/sinOmega;
    //计算插值变量
    k0=sin((1.0f-t)*omega)*oneOverSinOmega;
    k1=sin(t*omega)*oneOverSinOmega;
}
//插值
w=w0*k0+w1*k1;
x=x0*k0+x1*k1;
y=y0*k0+y1*k1;
z=z0*k0+z1*k1;
```

6. 四元数的优缺点

四元数有一些优点，这是角位移表示方法所没有的，如下：

1）平滑插值：slerp提供了方位间的平滑插值，没有其他方法能提供平滑插值。

2）快速连接和角位移求逆：四元数的叉乘能将角位移序列转换为单个角位移，使用矩阵则会慢一些；四元数共轭提供了一种有效计算反角位移的方法，通过转置旋转矩阵也能达到同样的目的，但不如四元数简单易行。

3）能和矩阵形式快速转换：四元数和矩阵间的转换比欧拉角与矩阵之间的转换稍微快一点。

4）四元数仅包含4个数，而矩阵用了9个数。

要获得这些优点是要付出代价的。四元数也有和矩阵相似的问题，只不过问题程度较轻：

1）比欧拉角稍微大一些。

2）四元数可能不合法：坏的输入数据或浮点数舍入误差积累都可能使四元数不合法，但是能通过四元数标准化解决这个问题，即确保四元数为单位大小。

3）难于使用：在所有3种形式中，四元数是最难以直接使用的。

7. 方法比较

列出3种表示方法对比，如表4-1所示。

表 4-1　3 种表示方法的对比

任务 / 性质	矩　阵	欧拉角	四元数
坐标系间（物体和惯性）旋转点	能	不能（必须转换到矩阵）	不能（必须转换到矩阵）
连接或增量旋转	能，但经常比四元数慢，且须注意矩阵蠕变的情况	不能	能，比矩阵快
插值	基本上不能	能，但可能遭遇万向锁或其他问题	Slerp 提供了平滑插值
易于使用程度	难	易	难
在内存或文件中存储	9 个数	3 个数	4 个数
对给定方位的表达方式是否唯一	是	不是，对同一方位有无数多种方法	不是，有两种方法，它们相互为负
可能导致非法	矩阵蠕变	任意 3 个数都能构成合法的欧拉角	可能会出现误差积累，从而产生非法的四元数

不同的方位表示方法适用于不同的情况，下面是对选择正确方位格式的一些建议：

1）欧拉角最容易使用，当需要为世界中的物体指定方位时，欧拉角能大大简化人机交互，包括直接的键盘输入方位，在代码中指定方位，在调试中测试。

2）如果需要在坐标系间转换向量，那么应选择矩阵形式。当然不是说不能选择其他格式来保存方位，只是要在需要的时候转换到矩阵形式。

3）当需要大量保存方位的数据时，应使用欧拉角或四元数。欧拉角将减少使用25%的内存，但它在转换到矩阵时稍微慢一些；如果动画数据需要嵌套坐标系之间的连接，四元数就是非常好的选择。

4）平滑的插值只能用四元数完成，当用其他形式时，可以先转换到四元数后再插值，插值完毕后再转回原来的形式。

4.5 表达方式的转换

前面介绍了3种表达方位和角位移的方式，在不同情况下使用不同的表达形式。本节中，将简要介绍关于角位移从一种形式转换到另一种形式。

转换方式包含下列几种：

1）从欧拉角转换到矩阵。

2）从矩阵转换到欧拉角。

3）从四元数转换到矩阵。

4）从矩阵转换到四元数。

5）从欧拉角转换到四元数。

6）从四元数转换到欧拉角。

以从四元数转换到矩阵为例进行介绍：

为了将角位移从四元数形式转换到矩阵形式，可以利用3.5.2节中绕任意轴旋转的矩阵，它能计算绕任意轴的旋转：

$$\boldsymbol{R}(\boldsymbol{n},\theta)=\begin{bmatrix}\boldsymbol{p}'\\\boldsymbol{q}'\\\boldsymbol{r}'\end{bmatrix}=\begin{bmatrix}\boldsymbol{n}_x^{\;2}(1-\cos\theta)+\cos\theta & \boldsymbol{n}_x\boldsymbol{n}_y(1-\cos\theta)+\boldsymbol{n}_z\sin\theta & \boldsymbol{n}_x\boldsymbol{n}_z(1-\cos\theta)-\boldsymbol{n}_y\sin\theta\\ \boldsymbol{n}_x\boldsymbol{n}_y(1-\cos\theta)-\boldsymbol{n}_z\sin\theta & \boldsymbol{n}_y^{\;2}(1-\cos\theta)+\cos\theta & \boldsymbol{n}_y\boldsymbol{n}_z(1-\cos\theta)+\boldsymbol{n}_x\sin\theta\\ \boldsymbol{n}_x\boldsymbol{n}_z(1-\cos\theta)+\boldsymbol{n}_y\sin\theta & \boldsymbol{n}_y\boldsymbol{n}_z(1-\cos\theta)-\boldsymbol{n}_x\sin\theta & \boldsymbol{n}_z^{\;2}(1-\cos\theta)+\cos\theta\end{bmatrix}$$

这个矩阵是用$\boldsymbol{n}$和θ表示的，但四元数的分量是：

$$w=\cos(\theta/2)$$
$$x=\boldsymbol{n}_x\sin(\theta/2)$$
$$y=\boldsymbol{n}_y\sin(\theta/2)$$
$$z=\boldsymbol{n}_z\sin(\theta/2)$$

将矩阵变形以代入w、x、y、z，观察这个矩阵的结构，一旦解出对角线上的一个元素，其他元素就能用同样的方法求出。同样，非对角线元素之间也是彼此类似的。

注：这是一个技巧性很强的推导，只是作为参考，如果只是为了使用矩阵，那么就不必理解矩阵是如何推导的。

考虑矩阵对角线上的元素。完整地解出$\boldsymbol{m}_{11}$：

$$m_{11}=n_x^2(1-\cos\theta)+\cos\theta$$

将从上式的变形开始：

$$\begin{aligned}
m_{11} &= \boldsymbol{n}_x^2(1-\cos\theta)+\cos\theta \\
&= \boldsymbol{n}_x^2-\boldsymbol{n}_x^2\cos\theta+\cos\theta \\
&= 1-1+\boldsymbol{n}_x^2-\boldsymbol{n}_x^2\cos\theta+\cos\theta \\
&= 1-(1-\boldsymbol{n}_x^2+\boldsymbol{n}_x^2\cos\theta-\cos\theta) \\
&= 1-(1-\cos\theta-\boldsymbol{n}_x^2+\boldsymbol{n}_x^2\cos\theta) \\
&= 1-(1-\boldsymbol{n}_x^2)(1-\cos\theta)
\end{aligned}$$

现在需要消去$\cos\theta$项，而以包含$\cos(\theta/2)$或$\sin(\theta/2)$的项代之，因为四元数的元素都是用它们表示的。像以前那样，设$\alpha=\theta/2$，先用α写出cos的倍角公式，再代入θ：

$$\cos2\alpha=1-2\sin^2\alpha$$

$$\cos\theta=1-2\sin^2(\theta/2)$$

将$\cos\theta$代入：

$$\begin{aligned}
m_{11} &= 1-(1-\boldsymbol{n}_x^2)(1-\cos\theta) \\
&= 1-(1-\boldsymbol{n}_x^2)(1-(1-2\sin^2(\theta/2))) \\
&= 1-(1-\boldsymbol{n}_x^2)(2\sin^2(\theta/2))
\end{aligned}$$

展开乘法运算并化简（注意这里使用了三角公式$\sin^2x=1-\cos^2x$）：

$$\begin{aligned}
m_{11} &= 1-(1-\boldsymbol{n}_x^2)(2\sin^2(\theta/2)) \\
&= 1-(2\sin^2(\theta/2)-2\boldsymbol{n}_x^2\sin^2(\theta/2)) \\
&= 1-2\sin^2(\theta/2)+2\boldsymbol{n}_x^2\sin^2(\theta/2) \\
&= 1-2(1-\cos^2(\theta/2))+2\boldsymbol{n}_x^2\sin^2(\theta/2) \\
&= 1-2+2\cos^2(\theta/2)+2\boldsymbol{n}_x^2\sin^2(\theta/2) \\
&= -1+2\cos^2(\theta/2)+2(\boldsymbol{n}_x\sin(\theta/2))^2
\end{aligned}$$

最后，代入w和x：

$$
\begin{aligned}
m_{11} &= -1 + 2\cos^2(\theta/2) + 2(\boldsymbol{n}_x \sin(\theta/2))^2 \\
&= -1 + 2w^2 + 2x^2
\end{aligned}
$$

现在直接导出“标准”形式。第一步中，$\boldsymbol{n}$是单位向量，$\boldsymbol{n}_x^2+\boldsymbol{n}_y^2+\boldsymbol{n}_z^2=1$，则$1-\boldsymbol{n}_x^2=\boldsymbol{n}_y^2+\boldsymbol{n}_z^2$：

$$
\begin{aligned}
m_{11} &= 1-(1-\boldsymbol{n}_x^2)(2\sin^2(\theta/2)) \\
&= 1-(\boldsymbol{n}_y^2+\boldsymbol{n}_z^2)(2\sin^2(\theta/2)) \\
&= 1-2\boldsymbol{n}_y^2\sin^2(\theta/2)-2\boldsymbol{n}_z\sin^2(\theta/2) \\
&= 1-2y^2-2z^2
\end{aligned}
$$

元素m_{22}和m_{33}可以用同样的方法求得。

对于非对角线元素，它们比对角线 元素简单一些，以m_{12}为例：

$$m_{12}=\boldsymbol{n}_x\boldsymbol{n}_y(1-\cos\theta)+\boldsymbol{n}_z\sin\theta$$

需要正弦的倍角公式：

$$
\begin{aligned}
&\sin 2\alpha = 2\sin\alpha\cos\alpha \\
&\sin\theta = 2\sin(\theta/2)\cos(\theta/2)
\end{aligned}
$$

代入并化简：

$$
\begin{aligned}
m_{12} &= \boldsymbol{n}_x\boldsymbol{n}_y(1-\cos\theta)+\boldsymbol{n}_z\sin\theta \\
&= \boldsymbol{n}_x\boldsymbol{n}_y(1-(1-2\sin^2(\theta/2)))+\boldsymbol{n}_z(2\sin(\theta/2)\cos(\theta/2)) \\
&= \boldsymbol{n}_x\boldsymbol{n}_y(2\sin^2(\theta/2))+2\boldsymbol{n}_z\sin(\theta/2)\cos(\theta/2) \\
&= 2(\boldsymbol{n}_x\sin(\theta/2)\boldsymbol{n}_y\sin(\theta/2))+2\cos(\theta/2)(\boldsymbol{n}_z\sin(\theta/2)) \\
&= 2xy+2wz
\end{aligned}
$$

其他非对角线元素也可用同样的方法导出。

最后，给出从四元数构造的完整旋转矩阵：

$$
\begin{bmatrix}
1-2y^2-2z^2 & 2xy+2wz & 2xz-2wy \\
2xy-2wz & 1-2x^2-2z^2 & 2yz+2wx \\
2xz+2wy & 2yz-2wx & 1-2x^2-2y^2
\end{bmatrix}
$$

4.6 代码实现

上面已经介绍了关于3种方式描述方位的方法，本节将定义其中2种方式类的接口文件和函数实现文件。

4.6.1 欧拉角类

欧拉角类用来以欧拉角形式保存方位，使用heading － pitch － bank约定。

EulerAngels类的接口文件是EulerAngel.h，具体代码如下：

```
#ifndef__EULERANGLES_H_INCLUDED__
#define__EULERANGLES_H_INCLUDED__
//前向声明
class Quaternion;
class Matrix4x3;
class RotationMatrix;
//-----------------------------------------------------------------------
// class EulerAngles
//该类表达heading-pitch-bank欧拉角系统
class EulerAngles {
public:
    // Public data
    //直接的表达方式
    //用弧度保存3个角度
    float    heading;
    float    pitch;
    float    bank;
    // Public operations
    //缺省构造函数
    EulerAngles(){}
    //用 3 个值构造
    EulerAngles(float h, float p, float b) :
    heading(h),pitch(p),bank(b){}
    //置零
    void    identity(){pitch=bank=heading=0.0f;}
    //变换为"限制集"欧拉角
    void    canonize();
    //从四元数转换到欧拉角
    //输入四元数假设为物体—惯性或惯性—物体四元数，如名字所示
    void    fromObjectToInertialQuaternion(const Quaternion &q);
    void    fromInertialToObjectQuaternion(const Quaternion &q);

    //从矩阵转换到欧拉角
    //输入矩阵假设为物体—世界或世界—物体转换矩阵
    //平移部分被省略，并且假设矩阵是正交的
    void    fromObjectToWorldMatrix(const Matrix4x3 &m);
    void    fromWorldToObjectMatrix(const Matrix4x3 &m);
    //从旋转矩阵转换到欧拉角
    void    fromRotationMatrix(const RotationMatrix &m);
};
//全局的"单位"欧拉角
extern const EulerAngles kEulerAnglesIdentity;
////////////////////////////////////////////////////////////////////////
#endif//#ifndef__EULERANGLES_H_INCLUDED__
```

EulerAngel类的使用也是很直接的，只有几个地方需要加以详细说明：

1）canonize()函数的作用是确保欧拉角处于“限制集”中，即上面内容讲过的关于欧拉角的限制。

2）fromObjectToInertialQuaternion()和fromInertialToObjectQuaternion()函数是从四元数计算欧拉角，第一个函数的参数是代表从物体到惯性坐标系旋转的四元数，第二个函数的参数是代表从惯性到物体坐标系旋转的四元数。

3）fromObjectToWorldMatrix()和fromWorldToObjectMatrix()函数把矩阵的旋转部分的方位转换为欧拉角，并假设这个被转换的矩阵是正交的。

复杂的函数在EulerAngel.cpp中实现，代码如下：

```
/////////////////////////////////////////////////////////////////////
#include<math.h>
#include"EulerAngles.h"
#include"Quaternion.h"
#include"MathUtil.h"
#include"Matrix4x3.h"
#include"RotationMatrix.h"
const EulerAngles kEulerAnglesIdentity(0.0f, 0.0f, 0.0f);
/////////////////////////////////////////////////////////////////////
// class EulerAngles Implementation
/////////////////////////////////////////////////////////////////////
// EulerAngles::canonize
void    EulerAngles::canonize() {
    //首先，将pitch折到-pi … pi
    pitch=wrapPi(pitch);
    //现在将pitch折到-pi/2 … pi/2
    if (pitch<-kPiOver2) {
        pitch=-kPi-pitch;
        heading+=kPi;
        bank+=kPi;
    } else if(pitch>kPiOver2){
        pitch=kPi-pitch;
        heading+=kPi;
        bank+=kPi;
    }
    //现在检查万向锁的情况，允许一定的误差
    if(fabs(pitch)>kPiOver2-1e-4){
        //在万向锁中，将所有绕垂直轴的旋转赋给heading
        heading+=bank;
        bank=0.0f;
    } else{
        //非万向锁，将bank折到限制集
        bank=wrapPi(bank);
    }
    //将heading折到限制集
    heading=wrapPi(heading);
}
```

```
//------------------------------------------------------------------------
// EulerAngles::fromObjectToInertialQuaternion
//从物体—惯性四元数到欧拉角
void    EulerAngles::fromObjectToInertialQuaternion(const Quaternion &q){
    //计算sin(pitch)
    float sp=-2.0f*(q.y*q.z-q.w*q.x);
    //检查万向锁，允许一定误差
    if(fabs(sp)>0.9999f){
        //向正上或正下看
        pitch=kPiOver2*sp;
        //bank置零，计算heading
        heading=atan2(-q.x*q.z+q.w*q.y,0.5f-q.y*q.y-q.z*q.z);
        bank=0.0f;
    } else {
        //计算角度
        pitch=asin(sp);
        heading=atan2(q.x*q.z+q.w*q.y,0.5f-q.x*q.x-q.y*q.y);
        bank=atan2(q.x*q.y+q.w*q.z,0.5f-q.x*q.x-q.z*q.z);
    }
}
//------------------------------------------------------------------------
// EulerAngles::fromInertialToObjectQuaternion
//从惯性—物体四元数到欧拉角
void    EulerAngles::fromInertialToObjectQuaternion(const Quaternion&q){
    //计算sin(pitch)
    float sp=-2.0f*(q.y*q.z+q.w*q.x);
    //检查万向锁，允许一定误差
    if(fabs(sp)>0.9999f){
        //向正上或正下看
        pitch=kPiOver2*sp;
        //bank置零，计算heading
        heading=atan2(-q.x*q.z-q.w*q.y,0.5f-q.y*q.y-q.z*q.z);
        bank=0.0f;
    }else{
        //计算角度
        pitch=asin(sp);
        heading=atan2(q.x*q.z-q.w*q.y,0.5f-q.x*q.x-q.y*q.y);
        bank=atan2(q.x*q.y-q.w*q.z,0.5f-q.x*q.x-q.z*q.z);
    }
}
//------------------------------------------------------------------------
// EulerAngles::fromObjectToWorldMatrix
//从物体—世界变换矩阵到欧拉角
//假设矩阵是正交的，忽略平移部分
void  EulerAngles::fromObjectToWorldMatrix(const Matrix4x3 &m){
    //从m32计算sin(pitch).
    float sp=-m.m32;
    //检查万向锁
    if(fabs(sp)>9.99999f){
        //向正上或正下看
        pitch=kPiOver2*sp;
        //bank置零，计算heading
```

```
        heading=atan2(-m.m23,m.m11);
        bank=0.0f;
    }else{
        //计算角度
        heading=atan2(m.m31, m.m33);
        pitch=asin(sp);
        bank=atan2(m.m12, m.m22);
    }
}
//-----------------------------------------------------------------------
// EulerAngles::fromWorldToObjectMatrix
//从世界—物体变换矩阵到欧拉角
//假设矩阵是正交的，忽略平移部分
void  EulerAngles::fromWorldToObjectMatrix(const Matrix4x3 &m) {
    //从m32计算sin(pitch)
    float    sp=-m.m23;
    //检查万向锁
    if(fabs(sp)>9.99999f) {
        //向正上或正下看
        pitch=kPiOver2*sp;
        //bank置零，计算heading
        heading=atan2(-m.m31,m.m11);
        bank=0.0f;
    }else{
        //计算角度
        heading=atan2(m.m13,m.m33);
        pitch=asin(sp);
        bank=atan2(m.m21,m.m22);
    }
}
//-----------------------------------------------------------------------
// EulerAngles::fromRotationMatrix
//从旋转矩阵构造欧拉角
void    EulerAngles::fromRotationMatrix(const RotationMatrix &m){
    //从m32计算sin(pitch)
    float    sp=-m.m23;
    //检查万向锁
    if(fabs(sp)>9.99999f){
        //向正上或正下看
        pitch=kPiOver2*sp;
        //bank置零，计算heading
        heading=atan2(-m.m31,m.m11);
        bank=0.0f;
    }else{
        //计算角度
        heading=atan2(m.m13,m.m33);
        pitch=asin(sp);
        bank=tan2(m.m21,m.m22);
    }
}
```

4.6.2 四元数类

四元数类用来以四元数形式保存方位或角位移。在能应用于四元数上的完整数学运算集合中，只有对于单位四元数有意义的运算才对保存角位移有用。下面是Quaternion.h文件：

```
#ifndef__QUATERNION_H_INCLUDED__
#define__QUATERNION_H_INCLUDED__
class Vector3;
class EulerAngles;
//-------------------------------------------------------------------
//class Quaternion
//实现在3D中表达角位移的四元数
class Quaternion {
public:
    //Public data
    //四元数的4个值，通常是不需要直接访问它们的
    //为了不给某些操作如文件I/O带来不必要的复杂性，仍然把它们置为public
    float    w,x,y,z;
    //Public operations
    //置为单位四元数
    void    identity(){w=1.0f;x=y=z=0.0f;}
    //构造执行旋转的四元数
    void    setToRotateAboutX(float theta);
    void    setToRotateAboutY(float theta);
    void    setToRotateAboutZ(float theta);
    void    setToRotateAboutAxis(const Vector3&axis,float theta);
    //构造执行物体——惯性旋转的四元数，方位参数用欧拉角形式给出
    void   setToRotateObjectToInertial(const EulerAngles &orientation);
    void   setToRotateInertialToObject(const EulerAngles &orientation);
    //叉乘
    Quaternion operator*(const Quaternion&a)const;
    //赋值乘法，符合C++习惯
    Quaternion &operator*=(const Quaternion&a);
    //标准化四元数
    void    normalize();
    //提取旋转角和旋转轴
    float    getRotationAngle()const;
    Vector3    getRotationAxis()const;
};
//全局"单位"四元数
extern const Quaternion kQuaternionIdentity;
//四元数点乘
extern float dotProduct(const Quaternion &a,const Quaternion &b);
//球面线性插值
extern Quaternion slerp(const Quaternion &p,const Quaternion &q,float t);
//四元数对偶
extern Quaternion conjugate(const Quaternion &q);
//四元数幂
extern Quaternion pow(const Quaternion &q,float exponent);
/////////////////////////////////////////////////////////////////////
#endif//#ifndef__QUATERNION_H_INCLUDED__
```

四元数的实现在Quaternion.cpp中，代码如下：

```
#include<assert.h>
#include<math.h>
#include"Quaternion.h"
#include"MathUtil.h"
#include"vector3.h"
#include"EulerAngles.h"
//////////////////////////////////////////////////////////////////////
//global data
//////////////////////////////////////////////////////////////////////
//全局单位四元数。注意四元数类没有构造函数，因为并不需要
const Quaternion kQuaternionIdentity = {
    1.0f,0.0f,0.0f,0.0f
};
//////////////////////////////////////////////////////////////////////
//四元数类成员
//////////////////////////////////////////////////////////////////////
//--------------------------------------------------------------------
//Quaternion::setToRotateAboutX
//Quaternion::setToRotateAboutY
//Quaternion::setToRotateAboutZ
//Quaternion::setToRotateAboutAxis
//构造绕指定轴旋转的四元数
void    Quaternion::setToRotateAboutX(float theta) {
    //计算半角
    float   thetaOver2=theta*.5f;
    //赋值
    w=cos(thetaOver2);
    x=sin(thetaOver2);
    y=0.0f;
    z=0.0f;
}
void    Quaternion::setToRotateAboutY(float theta){
    //计算半角
    float   thetaOver2=theta*.5f;
    //赋值
    w=cos(thetaOver2);
    x=0.0f;
    y=sin(thetaOver2);
    z=0.0f;
}
void    Quaternion::setToRotateAboutZ(float theta){
    //计算半角
    float   thetaOver2=theta*.5f;
    //赋值
    w=cos(thetaOver2);
    x=0.0f;
    y=0.0f;
    z=sin(thetaOver2);
}
void    Quaternion::setToRotateAboutAxis(const Vector3 &axis,float theta){
    //旋转轴必须标准化
    assert(fabs(vectorMag(axis)-1.0f)<.01f);
    //计算半角和sin值
```

```
        float    thetaOver2=theta*.5f;
        float    sinThetaOver2=sin(thetaOver2);
        //赋值
        w=cos(thetaOver2);
        x=axis.x*sinThetaOver2;
        y=axis.y*sinThetaOver2;
        z=axis.z*sinThetaOver2;
    }
    //-------------------------------------------------------------------
    //Quaternion::setToRotateObjectToInertial
    //构造执行物体——惯性旋转的四元数
    //方位参数由欧拉角形式给出
    void   Quaternion::setToRotateObjectToInertial(const EulerAngles&orientation){
        //计算半角的sine和cosine值
        float    sp,sb,sh;
        float    cp,cb,ch;
        sinCos(&sp,&cp,orientation.pitch*0.5f);
        sinCos(&sb,&cb,orientation.bank*0.5f);
        sinCos(&sh,&ch,orientation.heading*0.5f);
        //计算结果
        w=ch*cp*cb+sh*sp*sb;
        x=ch*sp*cb+sh*cp*sb;
        y=-ch*sp*sb+sh*cp*cb;
        z=-sh*sp*cb+ch*cp*sb;
    }
    //-------------------------------------------------------------------
    //Quaternion::setToRotateInertialToObject
    //构造执行惯性——物体旋转的四元数
    //方位参数由欧拉角形式给出
    void     Quaternion::setToRotateInertialToObject(const  EulerAngles
&orientation) {
        //计算半角的sin和cos值
        float    sp,sb,sh;
        float    cp,cb,ch;
        sinCos(&sp,&cp,orientation.pitch*0.5f);
        sinCos(&sb,&cb,orientation.bank*0.5f);
        sinCos(&sh,&ch,orientation.heading*0.5f);
        //计算结果
        w=ch*cp*cb+sh*sp*sb;
        x=-ch*sp*cb-sh*cp*sb;
        y=ch*sp*sb-sh*cb*cp;
        z=sh*sp*cb-ch*cp*sb;
    }
    //-------------------------------------------------------------------
    //Quaternion::operator *
    //四元数叉乘，用以连接多个角位移
    //乘的顺序是从左向右，和角位移的顺序对应
    Quaternion Quaternion::operator*(const Quaternion&a)const{
        Quaternion result;
        result.w=w*a.w-x*a.x-y*a.y-z*a.z;
        result.x=w*a.x+x*a.w+z*a.y-y*a.z;
        result.y=w*a.y+y*a.w+x*a.z-z*a.x;
        result.z=w*a.z+z*a.w+y*a.x-x*a.y;
        return result;
    }
```

```
//-----------------------------------------------------------------------
//Quaternion::operator*=
//叉乘并赋值，符合C++习惯
Quaternion &Quaternion::operator*=(const Quaternion&a){
    //乘并赋值
    *this=*this*a;
    //返回左值
    return*this;
}
//-----------------------------------------------------------------------
//Quaternion::normalize
//"标准化"四元数
//提供这个方法主要是为了对付蠕变错误，连续多个四元数操作可能导致蠕变
void    Quaternion::normalize(){
    //计算四元数的模
    float   mag=(float)sqrt(w*w+x*x+y*y+z*z);
    //检测长度，防止除零错
    if(mag>0.0f){
        //标准化
        float   oneOverMag=1.0f/mag;
        w*=oneOverMag;
        x*=oneOverMag;
        y*=oneOverMag;
        z*=oneOverMag;
    }else{
        //有麻烦了
        assert(false);
        //在发行版本中，返回单位四元数
        identity();
    }
}
//-----------------------------------------------------------------------
//Quaternion::getRotationAngle
//提取旋转角
float   Quaternion::getRotationAngle()const{
    //计算半角，w=cos(theta/2)
    float thetaOver2=safeAcos(w);
    //返回旋转角
    return thetaOver2*2.0f;
}
//-----------------------------------------------------------------------
//Quaternion::getRotationAxis
//提取旋转轴
Vector3 Quaternion::getRotationAxis()const{
    //计算sin^2(theta/2)，记住w=cos(theta/2)，sin^2(x)+cos^2(x)=1
    float sinThetaOver2Sq=1.0f-w*w;
    //注意数值精度
    if(sinThetaOver2Sq<=0.0f){
        //单位四元数
        return Vector3(1.0f,0.0f,0.0f);
    }
    //计算1/sin(theta/2)
    float   oneOverSinThetaOver2=1.0f/sqrt(sinThetaOver2Sq);
    //返回旋转轴
    return Vector3(
```

```
        x*oneOverSinThetaOver2,
        y*oneOverSinThetaOver2,
        z*oneOverSinThetaOver2
        );
}
/////////////////////////////////////////////////////////////////
//非成员函数
/////////////////////////////////////////////////////////////////
//---------------------------------------------------------------
// dotProduct
//四元数点乘
//用非成员函数实现四元数点乘以避免在表达式中使用时的"怪异语法"
float dotProduct(const Quaternion &a,const Quaternion &b){
    return a.w*b.w+a.x*b.x+a.y*b.y+a.z*b.z;
}
//---------------------------------------------------------------
// slerp
//球面线性插值
Quaternion slerp(const Quaternion &q0,const Quaternion &q1,float t){
    //检查边界条件
    if(t<=0.0f)return q0;
    if(t>=1.0f)return q1;
    //用点乘计算四元数夹角的cos值
    float cosOmega=dotProduct(q0,q1);
    //如果点乘为负，使用-q1
    //四元数q和-q代表相同的旋转，但可能产生不同的结果
    float q1w=q1.w;
    float q1x=q1.x;
    float q1y=q1.y;
    float q1z=q1.z;
    if(cosOmega<0.0f){
        q1w=-q1w;
        q1x=-q1x;
        q1y=-q1y;
        q1z=-q1z;
        cosOmega=-cosOmega;
    }
    //用的是两个单位四元数，所以点乘应该<=1.0
    assert(cosOmega<1.1f);
    //计算插值，注意检查非常接近的情况
    float k0,k1;
    if(cosOmega>0.9999f){
        //非常接近，即线性插值，防止除零
        k0=1.0f-t;
        k1=t;
    }else{
        //用三角公式sin^2(omega)+cos^2(omega)=1计算sin值
        float sinOmega=sqrt(1.0f-cosOmega*cosOmega);
        //从sine和cosine值计算角度
        float omega=atan2(sinOmega,cosOmega);
        //计算分母的倒数，这样只需要除一次
        float oneOverSinOmega=1.0f/sinOmega;
        //计算插值变量
        k0=sin((1.0f-t)*omega)*oneOverSinOmega;
        k1=sin(t*omega)*oneOverSinOmega;
```

```
    }
    //插值
    Quaternion result;
    result.x=k0*q0.x+k1*q1x;
    result.y=k0*q0.y+k1*q1y;
    result.z=k0*q0.z+k1*q1z;
    result.w=k0*q0.w+k1*q1w;
    //返回
    return result;
}
//----------------------------------------------------------------------
// conjugate
//四元数对偶，拥有和原四元数相对的旋转
Quaternion conjugate(const Quaternion &q){
    Quaternion result;
    //旋转量相同
    result.w=q.w;
    //旋转轴相反
    result.x=-q.x;
    result.y=-q.y;
    result.z=-q.z;
    //返回
    return result;
}
//----------------------------------------------------------------------
// pow
//四元数幂
Quaternion pow(const Quaternion &q, floatexponent){
    //检查单位四元数，防止除零错
    if(fabs(q.w)>.9999f){
        return q;
    }
    //提取半角alpha(alpha=theta/2)
    float   alpha=acos(q.w);
    //计算新alpha值
    float   newAlpha=alpha*exponent;
    //计算新w值
    Quaternion result;
    result.w=cos(newAlpha);
    //计算新xyz值
    float   mult=sin(newAlpha)/sin(alpha);
    result.x=q.x*mult;
    result.y=q.y*mult;
    result.z=q.z*mult;
    //返回
    return result;
}
```

小结

本章介绍了在3D空间中物体方位的几种表示方法，还介绍了一个相近的概念：角

位移；分别介绍这几种表示方法的概念、优点和缺点，重要的是介绍不同表示方法的原理和在不同情况下使用哪种方法最合适，并简单介绍了方法相互转换的种类；最后介绍了欧拉角和四元数类的实现情况。

习题

1. 请将正确答案填入括号内。

1）如果要描述一个方位，则至少需要（　　）个参数。

A．1　　B．2　　C．3　　D．4

2）最直接的描述方位的方法是（　　）。

A．矩阵　　B．欧拉角　　C．四元数　　D．单一轴

3）描述方位的方法中存储空间最小的是（　　）。

A．矩阵　　B．欧拉角　　C．四元数　　D．单一轴

4）对于给定方位的表达方式有两种方法，并且相互为负的方式是（　　）。

A．矩阵　　B．欧拉角　　C．四元数　　D．单一轴

2. 请判断下面的句子是否正确。

1）四元数$\boldsymbol{q}$和该四元数的$-\boldsymbol{q}$代表的实际角位移是相同的。（　　）

2）heading － pitch － bank系统是唯一的欧拉角系统。（　　）

3）当前图形API是使用矩阵来描述方位的。（　　）

4）slerp的基本思想是沿着4D球面上连接两个四元数的弧插值。（　　）

扩展练习

1．构造一个绕x轴旋转30°的四元数。求它的模、共轭。它的共轭代表哪种旋转？

2．考虑以下四元数：

$$\boldsymbol{a}=[0.233\ \ (0.060\ \ -0.257\ \ 0.935)]$$

$$\boldsymbol{b}=[-0.752\ \ (0.280\ \ 0.374\ \ 0.495)]$$

计算$\boldsymbol{a}\cdot\boldsymbol{b}$。

3．以下四元数代表哪种类型的旋转？求代表1/5这种旋转的四元数。

$$[0.965\ (0.149\ -0.149\ 0.149)]$$

4．将习题3中的四元数转换成矩阵形式。

第 5 章

空间几何体

本章主要内容：

几何图形的各种表达方式

直线和射线

平面

球和圆

三角形

本章重点：

几何图形的几种表达方式

直线和射线的几种表达方式

平面的表示方法

球和圆的表示方法

AABB 包围盒的表示及与包围球的对比

三角形的性质

本章难点：

3 个点表示平面

包围盒的计算

求三角形面积

求任意点的重心坐标

学完本章您将能够：

- 了解几何图形的几种表达方式
- 了解几种常见基本图形的表达及性质
- 熟悉常用的几何图形的计算方法

引 言

本章将介绍各种几何图形的基本性质，讲解一般和特殊的几何图形。首先，介绍一些与表达几何图形相关的基本原理，接着介绍一系列的基本几何图形，给出这些图形的表达方法和它们的重要性质及操作，并且会给出一些C++代码，用来表达图形和实现所介绍的操作。最后，介绍怎样用数学的方法表达和操作它们。

5.1 表达方式

几何图形有多种表达方式，有一些也是在中学时代学习过的表示方法，本节就将介绍常用的几种，并在不同的情况下采用不同的方法。

1. 函数表达

可以通过定义一个布尔函数$f(x,y,z)$表达几何图形，如果所指定的点在这个几何图形上，则这个布尔函数的值为真；如果所指定的点不在这个几何图形上，则这个布尔函数的值为假。例如，一个含有3个变量的函数等式：

$$x^2+y^2+z^2=1$$

所表示的就是一个中心位于坐标系原点的单位球，所有在球面上的点，都可以使布尔函数的值为真。这种表示方式在测试几何图形是否包含某个点时非常方便。

2. 参数形式表达

几何图形也能使用参数形式表达。举一个2D空间的例子，定义两个关于t的函数，如下：

$$x(t)=\cos 2\pi t$$
$$y(t)=\sin 2\pi t$$

其中，t称为参数，和所有的坐标系都没有关系。当t从0变化到1时，点$(x(t), y(t))$的轨迹就是图5-1所描述的图形。

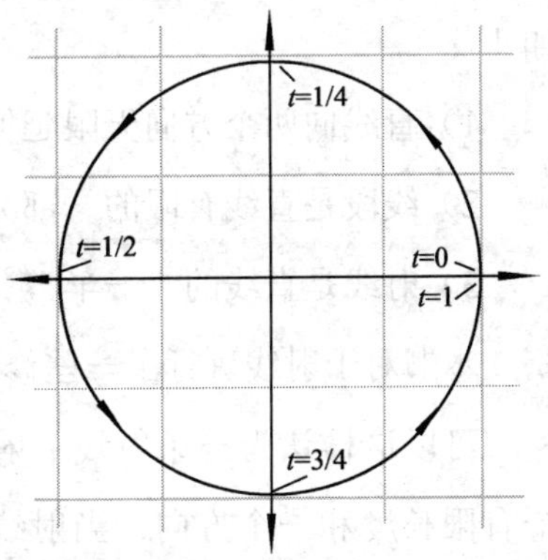

图5-1 参数形式描述的圆

这组等式描述的就是一个中心在原点的单位圆。

这里的参数t的变化范围是0 ～ 1。当然，也可以让t在任何的范围内变化，但一般参数在0 ～ 1的范围内比较方便，或者变换范围可以是0 ～ L，这里L是指几何图形的“长度”。

对于只有一个参数的函数，称为单变量的函数，轨迹一般是一条曲线。对于有两个变量的函数，称为双变量函数，轨迹一般是一个曲面。

3. “直接”表达法

在中学的学习中，有过关于几何图形的描述，有一种很简单的方法，即“直接”表达法。比如，描述一条线段，可以使用两个端点来表达；描述一个圆，可以使用圆心和圆的半径来表达。这种方式是最便于人们理解的直观方法。

4. 自由度

每一个几何图形都有一个描述它的数字，称为自由度，它是无歧义的描述该实体所需信息量的最小数目。

对于同一个几何图形，如果使用不同的表达式，所用到的自由度是不同的，即描述它的数字数量不同，所以会发现“多余”的自由度数量。这种情况的发生经常是由于几何图形参数化中的冗余造成的，这些冗余可以通过一些适当的假设条件来消除，比如假设向量为单位长度。

5.2 直线与射线

在中学学习几何时就从直线、线段、射线学起，当时定义直线、线段和射线如下：

1）直线向两个方向无限延伸。

2）线段是直线有限的一部分，有两个端点。

3）射线是直线的“一半”，有一个起点并向一个方向无限延伸。

本书对于射线进行了一些修改：射线就是有向线段。

可以这样认为一条射线：射线是有起点和终点的。即一条射线包含一个位置、一个有限长度和一个方向，当射线长度为零时无方向。射线的定义也包含了这条射线的一条直线和线段。

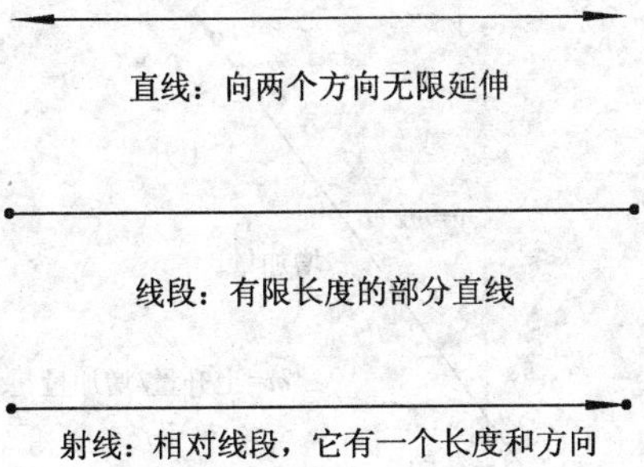
直线：向两个方向无限延伸
线段：有限长度的部分直线
射线：相对线段，它有一个长度和方向
图5-2 直线、线段和射线的对比

本书对于直线、线段和射线的对比，如图5-2所示。

射线在图形学中占有很重要的位置，本节将重点介绍。

1. 射线的两点表示

描述射线可以采用最直接的方法，给出两个端点：一个起点$p_{起点}$和一个终点$p_{终点}$，如图5-3所示。

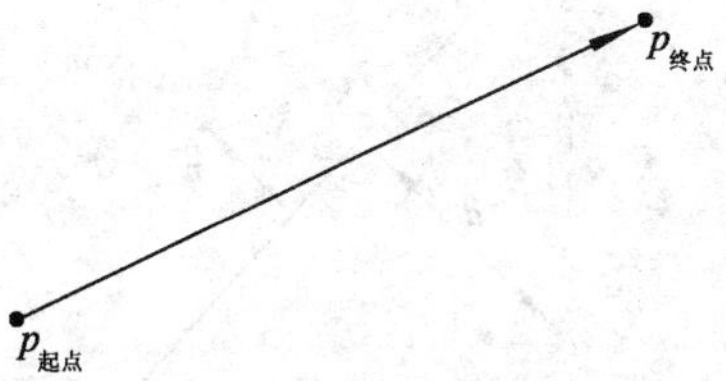
$p_{终点}$
$p_{起点}$
图5-3 两个端点的表示方法

2. 射线的参数形式表示

2D空间和3D空间的射线都可以使用参数形式表达。2D空间的射线使用两个函数，如下式：

$$x(t) = x_0 + t\Delta x$$
$$y(t) = y_0 + t\Delta y$$

对于3D空间的射线则直接扩展，只需再加第三个函数$z(t)$。参数t的范围为0～1。

另外一种参数形式的表达方式是使用向量记法，使射线的参数形式更加紧凑，在任意维中都可以表达射线：

$$\boldsymbol{p}(t) = \boldsymbol{p}_0 + t\boldsymbol{d}$$

其中，射线的起点就是$\boldsymbol{p}(0)=\boldsymbol{p}_0$，$\boldsymbol{p}_0$包含了射线的位置信息，同时向量$\boldsymbol{d}$包含了射线的长度和方向。终点是$\boldsymbol{p}(1)=\boldsymbol{p}_0+\boldsymbol{d}$的射线如图5-4所示。

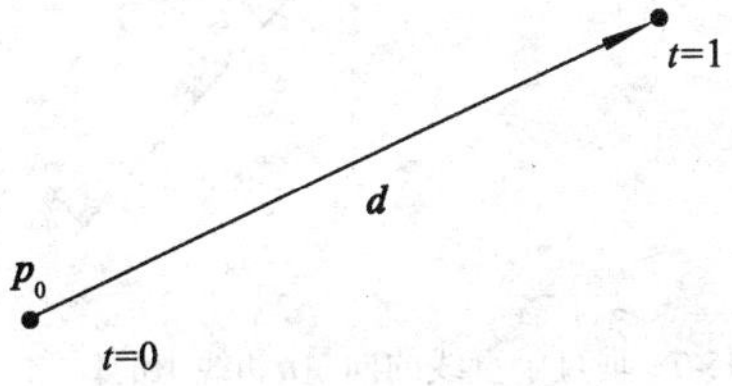
t=1
$\boldsymbol{d}$
$\boldsymbol{p}_0$
t=0
图5-4 向量参数形式的表示方法

在一些需要进行相交性的测试中，可以使用上式的一种变形，即将$\boldsymbol{d}$作为单位向量，参数t则从0变化到L，这里L是射线的长度。

3. 描述2D空间中直线的几种表达方法

下面将介绍2D空间中直线的描述方法。这些方法仅适用于2D空间，在3D空间中使用类似方法定义的是平面，将在后面的内容中单独介绍。

1）函数表达。在2D空间中，可以使用函数形式表达直线，如下：

$$ax+by=d$$

另一种表达方式为，设向量$\boldsymbol{n}$=[a,b]，用向量记法将上式写为：

$$\boldsymbol{p}\cdot\boldsymbol{n}=d$$

如果设$\boldsymbol{n}$为单位向量，在大多数情况下会使计算比较方便，赋予$\boldsymbol{n}$和d有用的几何意义，在稍后将会介绍。

2）斜截式。在中学时学过一种称做斜截式函数的表示直线方式，如下：

$$y=mx+b$$

其中，m是直线的“斜率”，等于上升量和增加量的比值，每向上移动一个量，就会向右增加一个量，b是y的截距，因为当x=0时，$y=b$，即和y轴的交点，如图5-5所示。

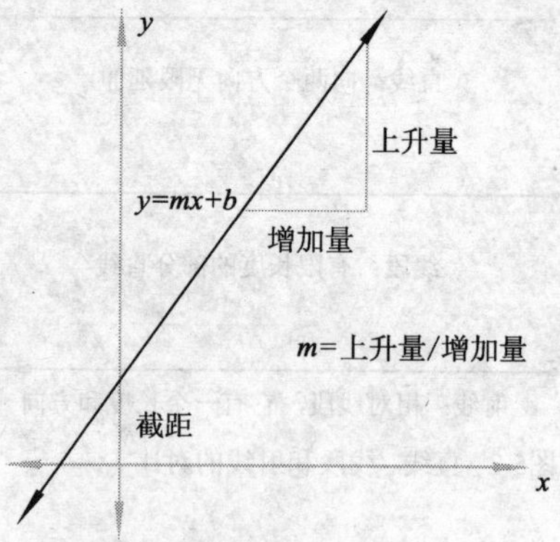

图5-5 直线的斜截式表示和截距

当直线为水平时斜率为0，竖直时斜率为无穷大，不能用斜截式表示。

3）使用垂直于直线标准向量和原点到直线的距离表达。其中标准向量描述直线的方向，距离则描述直线的位置，如图5-6所示。

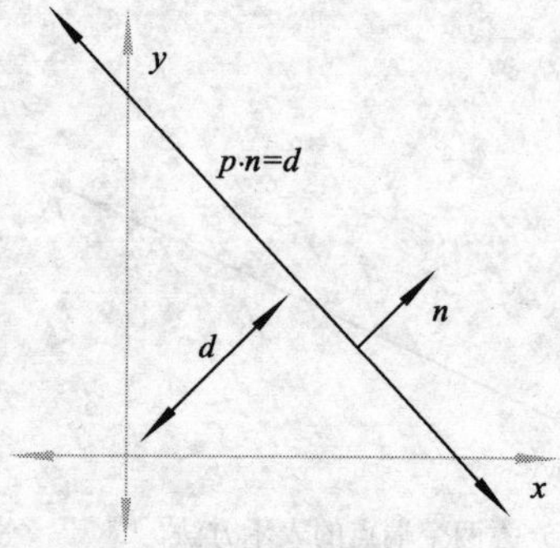

图5-6 使用垂直向量和到原点的距离定义直线

这就是上面提到的函数表达中向量记法的特殊情况，此时$\boldsymbol{n}$为垂直于直线的单位向量，d为原点到直线的有符号距离。有符号的意思是指当直线和标准向量代表的点在原点的同一侧时d为正，这样，当d增大时，直线沿方向$\boldsymbol{n}$移动。

当然，也可以用直线上的点代替d来描述直线的位置，标准向量$\boldsymbol{n}$不变，如图5-7所示。

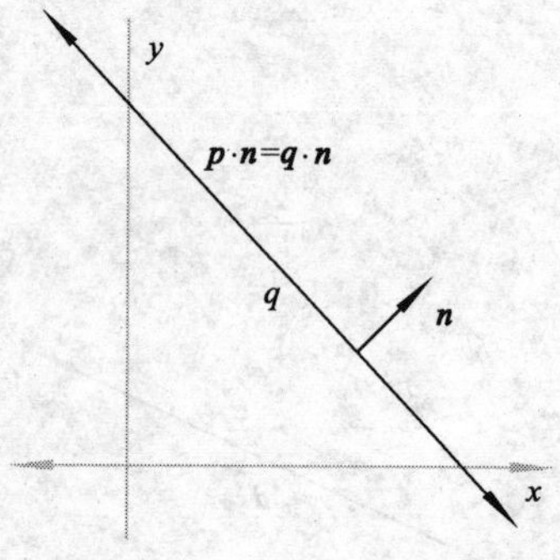

图5-7 垂直于直线的向量$\boldsymbol{n}$和线上的任意一点的描述方法

4）作为两点的平均分割线。直线可以作为两个点的垂直平分线，即到两个定点的距离相等的点的集合，如图5-8所示。

4. 不同表示方式间的转换

下面给出一些可能的组合，介绍直线或射线

的不同表示方法之间的转换，其中直线的表示方法仅适用于2D空间。

1）从射线的两点定义式转换到参数形式。

$$\boldsymbol{p}_0=\boldsymbol{p}_{起点}$$

$$\boldsymbol{d}=\boldsymbol{p}_{终点}-\boldsymbol{p}_{起点}$$

2）从参数形式转换到两点定义式。

$$\boldsymbol{p}_{起点}=\boldsymbol{p}_0$$

$$\boldsymbol{p}_{终点}=\boldsymbol{p}_0+\boldsymbol{d}$$

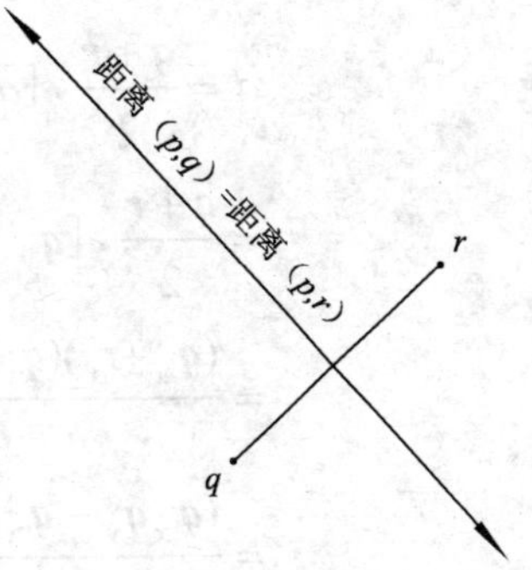

图5-8 使用线段的垂直平分线定义直线

3）包含射线的直线的函数表达式。如果给定一条射线，就能够从中计算出包含射线的直线的函数表达式。

$$a=\boldsymbol{d}_y$$

$$b=-\boldsymbol{d}_x$$

$$b=\boldsymbol{p}_{起点x}\cdot\boldsymbol{d}_y-\boldsymbol{p}_{起点y}\cdot\boldsymbol{d}_x$$

4）从直线函数表示格式转换到斜截式。

$$m=-a/b$$

$$b=d/b$$

注：这里左边的b是斜截式$y=mx+b$中的b，而等号右边的b则是函数表示$ax+by=d$中的y的系数。

5）从直线的函数格式转换到“标准向量和距离”形式。

$$\boldsymbol{n}=[a\quad b]/\sqrt{a^2+b^2}$$

$$\text{distance}=d/\sqrt{a^2+b^2}$$

6）从“标准向量和直线上的点”形式转换到“标准向量和距离”形式。

设$\boldsymbol{n}$为标准向量：

$$\boldsymbol{n}=\boldsymbol{n}$$

$$\text{distance}=\boldsymbol{n}\cdot\boldsymbol{q}$$

7）从垂直平分线到函数表达式。

$$a=\boldsymbol{q}_y-\boldsymbol{r}_y$$

$$b=\boldsymbol{r}_x-\boldsymbol{q}_x$$

$$d=\frac{\boldsymbol{q}+\boldsymbol{r}}{2}\cdot[a\quad b]$$

$$
\begin{aligned}
d &= \frac{\boldsymbol{q}+\boldsymbol{r}}{2}\cdot[a \quad b] \\
&= \frac{\boldsymbol{q}+\boldsymbol{r}}{2}\cdot[\boldsymbol{q}_y-\boldsymbol{r}_y \quad \boldsymbol{r}_x-\boldsymbol{q}_x] \\
&= \frac{(\boldsymbol{q}_x+\boldsymbol{r}_x)(\boldsymbol{q}_y-\boldsymbol{r}_y)+(\boldsymbol{q}_y+\boldsymbol{r}_y)(\boldsymbol{r}_x-\boldsymbol{q}_x)}{2} \\
&= \frac{(\boldsymbol{q}_x\boldsymbol{q}_y-\boldsymbol{q}_x\boldsymbol{r}_y+\boldsymbol{r}_x\boldsymbol{q}_y-\boldsymbol{r}_x\boldsymbol{r}_y)+(\boldsymbol{q}_y\boldsymbol{r}_x-\boldsymbol{q}_y\boldsymbol{q}_x+\boldsymbol{r}_y\boldsymbol{r}_x-\boldsymbol{r}_y\boldsymbol{q}_x)}{2} \\
&= \boldsymbol{r}_x\boldsymbol{q}_y-\boldsymbol{r}_y\boldsymbol{q}_x
\end{aligned}
$$

5.3 平面

在2D空间中，到两个点距离相等的点的集合是一条直线；在3D空间中，到两个点距离相等的点的集合是平面。平面是平的，没有厚度，并且无限延伸。

1. 函数表达

在2D空间中，定义直线的函数表示方法可以推广到定义平面中。平面方程的两种函数表达方式如下：

$$ax+by+cz=d$$

$$\boldsymbol{p}\cdot\boldsymbol{n}=d$$

在平面上所有的点$p(x, y, z)$都满足上面第一种平面方程。

第二种形式中，$\boldsymbol{n}=[a,b,c]$，$\boldsymbol{n}$是垂直于平面的向量，称为法向量。若已知$\boldsymbol{n}$，就能用任意已知的平面上的点计算d。

$\boldsymbol{n}$为平面的法向量，意味着$\boldsymbol{n}$垂直于平面上的任意向量。另外，$\boldsymbol{n}$的正方向就是平面的正方向，即前面，负方向就是背面，如图5-9所示。

一般会将$\boldsymbol{n}$设为单位向量，不会影响使用，而且还会比较方便。

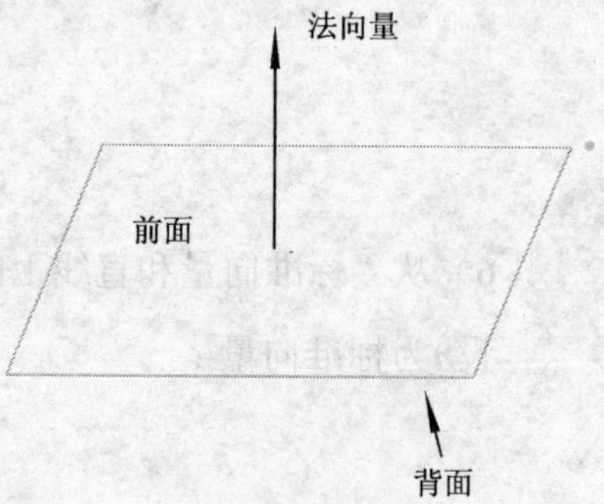

图5-9 平面法向量及平面的前面和背面

2. 3个点的表示方法

可以使用不在同一直线上的3个点来描述平面。两点确定一条直线，若第三个点在前两个点的直线上，则三点一线，在这条包含3个点的直线上将会出现无数个平面，所以确定一个平面需要不在同一条直线上的3个点。

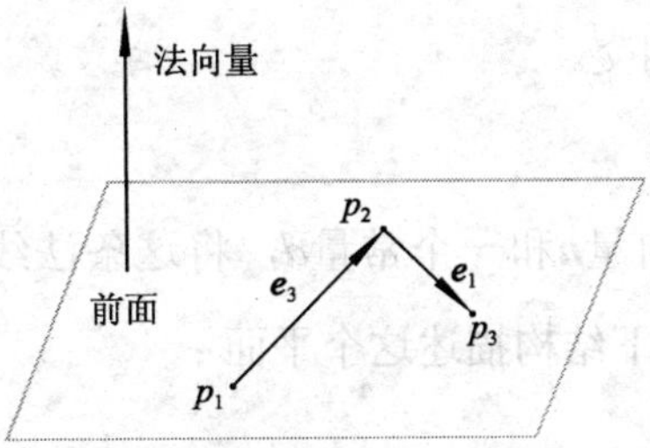

图5-10 从平面上的3个点计算法向量

设从平面上的3个点p_1、p_2和p_3中计算$\boldsymbol{n}$和d。先来计算$\boldsymbol{n}$，$\boldsymbol{n}$的方向根据左手坐标系中的标准：从平面的前面看，p_1、p_2和p_3以顺时针方向列出。以顺时针的方向构造两个向量，如图5-10所示。

图5-10中，顺时针方向上构造了两个向量$\boldsymbol{e}_3$和$\boldsymbol{e}_1$（$\boldsymbol{e}$代表“边”向量），使用这两个向量进行叉乘，结果就是法向量$\boldsymbol{n}$。其运算结果不是单位向量，为了方便使用，会简化为标准向量，公式为：

$$\boldsymbol{e}_3 = \boldsymbol{p}_2 - \boldsymbol{p}_1$$
$$\boldsymbol{e}_1 = \boldsymbol{p}_3 - \boldsymbol{p}_2$$
$$\boldsymbol{n} = \frac{\boldsymbol{e}_3 \times \boldsymbol{e}_1}{\left\| \boldsymbol{e}_3 \times \boldsymbol{e}_1 \right\|}$$

求得$\boldsymbol{n}$后，可由某点与$\boldsymbol{n}$点乘获得$\boldsymbol{d}$。

3. 点到平面的距离

这个概念在以前的学习中就经常遇到，这里再一次定义点到平面的距离：一个不在平面上的点q，平面上存在一个点p，满足点q到点p的距离最短，那么，从p到q的向量垂直于平面，其形式为$a\boldsymbol{n}$，如图5-11所示。

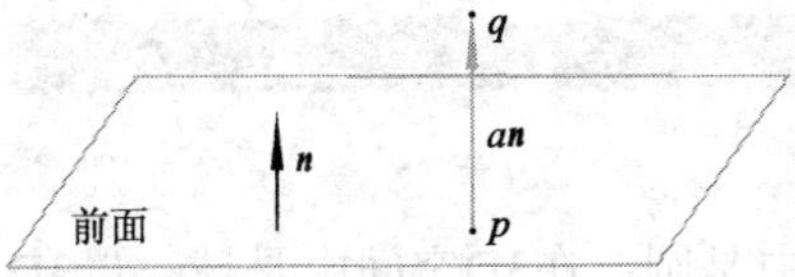

图5-11 计算点到平面的距离

假设$\boldsymbol{n}$为单位向量，那么q到平面的距离就是a；若q在平面背面，则这个距离值为负。

下面来计算这个距离：

$$\boldsymbol{p} + a\boldsymbol{n} = \boldsymbol{q}$$
$$(\boldsymbol{p} + a\boldsymbol{n}) \cdot \boldsymbol{n} = \boldsymbol{q} \cdot \boldsymbol{n}$$
$$\boldsymbol{p} \cdot \boldsymbol{n} + (a\boldsymbol{n}) \cdot \boldsymbol{n} = \boldsymbol{q} \cdot \boldsymbol{n}$$
$$d + a = \boldsymbol{q} \cdot \boldsymbol{n}$$
$$a = \boldsymbol{q} \cdot \boldsymbol{n} - d$$

由上式可知，不用知道p的位置，也能计算出a。

4. 3个平面相交

空间中的区域经常用由一组平面所围成的

凸多面体边界来定义。凸多面体的顶点和棱可以通过一系列的计算得到，在计算过程中，需要求解出一些点，有多组的3个平面在这些点上相交。

5. D3DX中的平面

当使用代码描述一个平面时，它只需要存储法线向量$\boldsymbol{n}$和一个常量d，将这条法线和常量组合为一个4维的向量$(\boldsymbol{n},d)$，在D3DX库中使用如下结构描述这个平面：

```
typedef struct D3DXPLANE
{
#ifdef __cplusplus
public:
    D3DXPLANE() {}
    D3DXPLANE( CONST FLOAT* );
    D3DXPLANE( CONST D3DXFLOAT16* );
    D3DXPLANE( FLOAT a, FLOAT b, FLOAT c, FLOAT d );

    // casting
    operator FLOAT* ();
    operator CONST FLOAT* () const;

    // unary operators
    D3DXPLANE operator + () const;
    D3DXPLANE operator - () const;

    // binary operators
    BOOL operator == ( CONST D3DXPLANE& ) const;
    BOOL operator != ( CONST D3DXPLANE& ) const;

#endif //__cplusplus
    FLOAT a, b, c, d;
} D3DXPLANE, *LPD3DXPLANE;
```

其中，a、b和c用于描述一个平面上的法线向量，d是一个常量。

5.4 球和圆

到定点的距离为定长的所有点的集合，在2D空间中是圆，在3D空间中是球。以3D空间中的球为例，在球面上某点到球心的距离称为球的半径。

5.4.1 表达方法

1. 直接表达

球的直接表达式使用球心$\boldsymbol{c}$和半径r来描述，如图5-12所示。

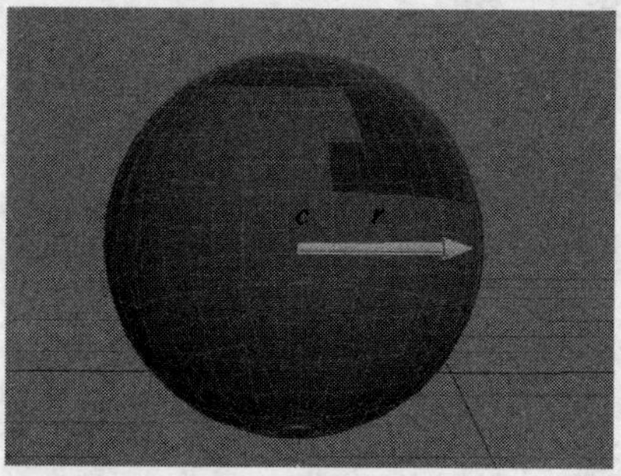

图5-12 使用球心和半径定义的球

2. 函数表达

设球的球心为$\boldsymbol{c}$，半径为r，使用函数向量记法表示为：

$$\|\boldsymbol{p}-\boldsymbol{c}\|=r$$

这里是2D的圆的表示方法，$\boldsymbol{p}$为圆上任意一点。扩展到3D中，得到描述球的函数表达式：

$$(x-\boldsymbol{c}_x)^2+(y-\boldsymbol{c}_y)^2+(z-\boldsymbol{c}_z)^2=r^2$$

3. 球和圆的相关计算

圆的直径：

$$D=2r$$

圆的周长：

$$C=2\pi r$$
$$=\pi D$$

圆的面积：

$$A=\pi r^2$$

球的表面积：

$$S=4\pi r^2$$

球的体积：

$$V=\frac{4}{3}\pi r^3$$

球和圆在计算几何和图形学中用处很广。"包围球"经常用于相交性的检测中，因为检验一个球是否相交是非常简单的：由于旋转球并不会改变它的形状，所以使用包围球时不必考虑物体的方向。

5.4.2 包围盒

有一种非常常见的几何图形，是用来包围物体的，称做包围盒。包围盒在碰撞检测中起到非常重要的作用，将在后面的内容中介绍碰撞检测的知识，在这里举个例子，以便于理解。例如，在游戏中需要判断两个物体是否发生碰撞，即要判断是否两物体之间距离等于零或小于零。物体是由很多的平面和点构成的，非常复杂，若要通过两物体上的点来判断，计算量相当大，会影响效率，所以在具体的情况下，将物体装在合适的不太复杂的几何图形内，可以大大简化计算量。这个几何图形就是包围盒。

1. 轴对齐包围盒

下面介绍一个常见的包围盒类型：轴对齐包围盒，缩写为AABB，常用来表示axially aligned bounding box。它非常容易创建，并且易于使用。

一个3D的AABB就是一个简单的六面体，每一边都平行于一个坐标平面。包围盒不一定都是立方体，它的长、宽、高可以彼此不同。图5-13展示了一些简单的3D物体和它们的包围盒。

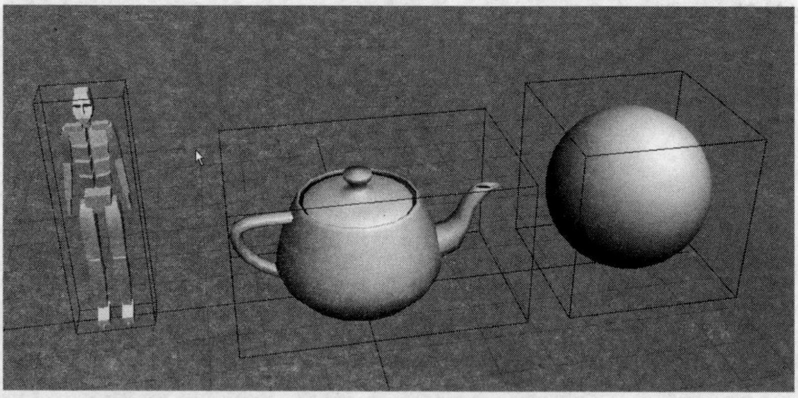

图5-13　3D物体和它们的包围盒

2. 包围盒的表达方式

1）AABB内的点满足以下不等式：

$$x_{\min} \leqslant x \leqslant x_{\max}$$
$$y_{\min} \leqslant y \leqslant y_{\max}$$
$$z_{\min} \leqslant z \leqslant z_{\max}$$

2）两个重要的顶点：

$$\boldsymbol{p}_{\min} = [x_{\min} \quad y_{\min} \quad z_{\min}]$$
$$\boldsymbol{p}_{\max} = [x_{\max} \quad y_{\max} \quad z_{\max}]$$

3）中心点$\boldsymbol{c}$：

$$\boldsymbol{c} = (\boldsymbol{p}_{\min} + \boldsymbol{p}_{\max})/2$$

4）尺寸向量$\boldsymbol{s}$。它是从$\boldsymbol{p}_{\min}$指向$\boldsymbol{p}_{\max}$的向量，包含了包围盒的长、宽、高：

$$\boldsymbol{s} = \boldsymbol{p}_{\max} - \boldsymbol{p}_{\min}$$

5）半径向量$\boldsymbol{r}$。它是从中心指向$\boldsymbol{p}_{\max}$的向量：

$$\boldsymbol{r} = \boldsymbol{p}_{\max} - \boldsymbol{c}$$
$$= \boldsymbol{s}/2$$

可以通过上面所介绍的5个向量来表示包围盒，只要选择其中任意两个向量就可以表示包围盒（除了***s***和***r***不能配对）。一般会使用p_{min}和p_{max}表示包围盒，因为由这两个量计算其他量非常方便。

在C++代码中定义下面的类来表示AABB：

```
class AABB3 {
    public:
    Vector3 min;
    Vector3 max;
};
```

3. 包围盒的计算

AABB是一个顶点的集合，所以可以将最小值和最大值设为“正负无穷大”或者在实际应用中最大或最小的数，然后遍历全部点，包围所有的点。

下面举例介绍在AABB类中的函数。

1)“清空”函数：

```
void AABB3::empty() {
    const float kBigNumber = 1e37f;
    min.x = min.y = min.z = kBigNumber;
    max.x = max.y = max.z = -kBigNumber;
}
```

2）加入新“点”到AABB中：

```
void AABB3::add(const Vector3 &p) {
     if (p.x < min.x) min.x = p.x;
     if (p.x > max.x) max.x = p.x;
     if (p.y < min.x) min.y = p.y;
     if (p.y > max.x) max.y = p.y;
     if (p.z < min.x) min.z = p.z;
     if (p.z > max.x) max.z = p.z;
}
```

3）创建包围盒：

```
//点的列表
const int n;
Vector3 list[n];
//首先，清空包围盒
AABB3 box;
box.empty();
//将点添加到包围盒中
for (int i = 0 ; i < n ; ++i) {
    box.add(list[i]);
}
```

4. AABB与包围球的对比

在很多情况下，AABB都比包围球更适合做包围体。图5-14所示为一些物体两种包围的比对。

1）在编程上AABB是比较容易实现的，而实现包围球则比较困难。

2）AABB能提供更加紧凑的包围，如图5-14（a）、图5-14（c）和图5-14（d），AABB都要比包围球更紧凑；当然也有特殊的，像图5-14（b）中的圆形花朵，包围球是圆的，所以比较合适。AABB更加紧凑的原因它的自由度有3个：长、宽、高，而包围球的自由度只有一个。

3）AABB对于物体的方向性也很容易体现，比如，图5-14（c）和图5-14（d）中，枪的方向对于包围球来说就没有体现出来。

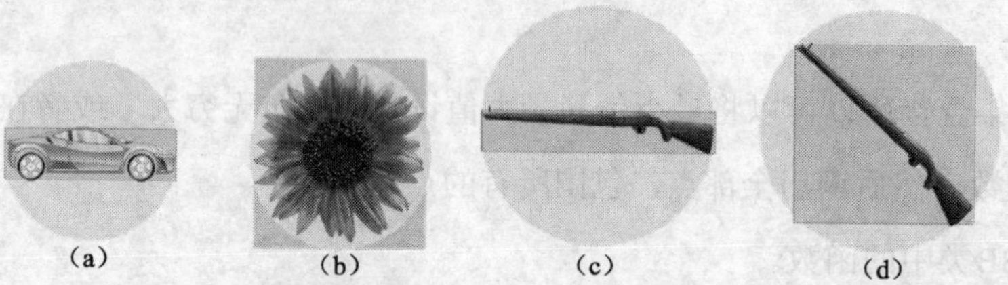

（a）　　（b）　　（c）　　（d）

图5-14　不同物体的AABB和包围球

5. 变换AABB

在虚拟世界中，物体都不是原地不动的，有很多物体需要移动。比如，游戏当中的人物是会行走的；当玩家扣动扳机时，子弹是会发射出来的。此时，它们的AABB也跟着移动，这时将会得到新的AABB。得到新的AABB有两种方式：

1）用变换后的物体来重新计算AABB。

2）对AABB做和物体同样的变换。

所得到的结果不一定是轴对齐的，因为物体有可能旋转；也不一定是盒状的，因为物体有可能发生扭曲。由于AABB只有8个点，从“变换后的AABB”进行计算要比从“经过变换的物体”计算AABB快得多。

为了计算新的AABB，必须先变换8个顶点，再从这8个顶点中计算一个新的AABB。根据变换的不同，这种方法可能使新的AABB比原AABB大许多。如图5-15所示，在2D空间中，将物体逆时针旋转45°会增大包围盒的尺寸。

比较图中原AABB（即图5-15（a）中的黑色盒子）和新的AABB（即图5-15（b）中最大的盒子），新的AABB是从旋转后的AABB计算出来的，它几乎是原来的两倍；如果以旋转后的物体而不是从旋转后的AABB来计算新的AABB，它的大小就和原来的AABB基本相同。

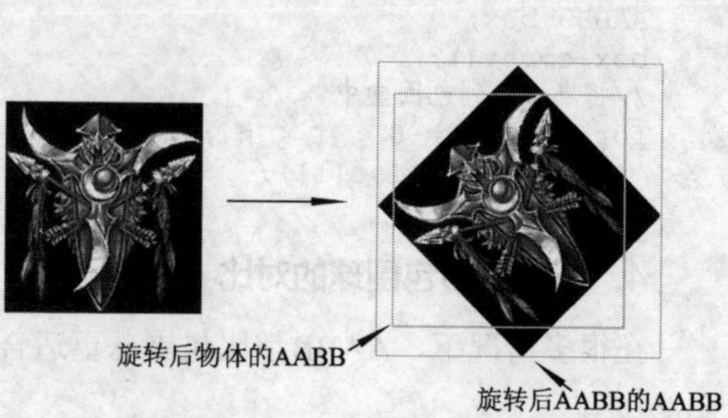

（a）原物体和AABB　　（b）旋转后的物体和AABB

图5-15　变换后的盒子的AABB

可以利用AABB的结构来快速计算出变换后的新的AABB，而不必变换8个顶点，再从这8个顶点中计算出新的AABB。

对于3×3的矩阵，变换3D空间中一个点的过程如下：

$$[x' \quad y' \quad z'] = [x \quad y \quad z]\begin{bmatrix} m_{11} & m_{12} & m_{13} \\ m_{21} & m_{22} & m_{23} \\ m_{31} & m_{32} & m_{33} \end{bmatrix}$$

$$x' = m_{11}x + m_{21}y + m_{31}z$$

$$y' = m_{21}x + m_{22}y + m_{32}z$$

$$z' = m_{13}x + m_{23}y + m_{33}z$$

设原AABB为$\boldsymbol{x}_{\min}$、$\boldsymbol{x}_{\max}$、$\boldsymbol{y}_{\min}$等，新AABB得到$\boldsymbol{x}'_{\min}$、$\boldsymbol{x}'_{\max}$、$\boldsymbol{y}'_{\min}$等。为了加快速度，从$m_{11}x+m_{21}y+m_{31}z$中找出最小值，其中$[x,y,z]$是原8个顶点中的任意一个，需要找出这些点经过变换后谁的x值最小。举例说明，看第一个乘积$m_{11}x$，当$m_{11}>0$时，使用$\boldsymbol{x}_{\min}$能得到最小的乘积$\boldsymbol{x}'_{\min}$，$\boldsymbol{x}_{\max}$得到最大乘积$\boldsymbol{x}'_{\max}$；当$m_{11}<0$时，使用$\boldsymbol{x}_{\max}$能得到最小的乘积$\boldsymbol{x}'_{\min}$，$\boldsymbol{x}_{\min}$能得到最大的乘积$\boldsymbol{x}'_{\max}$。可以对矩阵9个元素中的每一个都应用这个计算过程。

5.5 三角形

三角形在美术建模和图形学中有着极其重要的作用，不管是游戏场景还是人物模型都是由三角形为基本单位构建的。图5-16所示为游戏人物模型的构造。

图5-16 由三角形构成的人物模型

本节将从单个三角形介绍。

5.5.1 基本概念及性质

首先，来定义一个三角形。通过三角形的3个顶点定义三角形，并且这3个顶点要按照顺序标出。在左手坐标系中，当从三角形的正面看时，是顺时针方向列出，设这3个点为v_1、v_2、v_3，如图5-17所示，构成一个三角形。

三角形是在一个平面中的，并且这个平面方程可以通过小节5.3的方法表示出来，可以使用法向量$\boldsymbol{n}$和到原点的距离$\boldsymbol{d}$得出。

下面介绍三角形周长的求法。如图5-17所示，在图中标出3个内角，并顺时针标出边的向量。

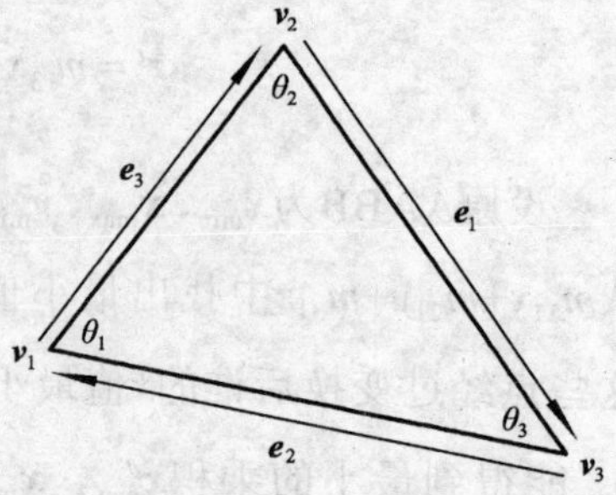

图5-17 通过3个顶点方式构成的三角形

设l_i表示e_i的长度，i表示从1到3，l_i和$\boldsymbol{v}_i$的对应关系是v_i为相应下标的顶点，将它们的关系列出：

$$\boldsymbol{e}_1 = \boldsymbol{v}_3 - \boldsymbol{v}_2 \qquad l_1 = \| \boldsymbol{e}_1 \|$$
$$\boldsymbol{e}_2 = \boldsymbol{v}_1 - \boldsymbol{v}_3 \qquad l_2 = \| \boldsymbol{e}_2 \|$$
$$\boldsymbol{e}_3 = \boldsymbol{v}_2 - \boldsymbol{v}_1 \qquad l_3 = \| \boldsymbol{e}_3 \|$$

可以写出sin和cos的公式。

sin公式：

$$\frac{\sin\theta_1}{l_1} = \frac{\sin\theta_2}{l_2} = \frac{\sin\theta_3}{l_3}$$

cos公式：

$$l_1^2 = l_2^2 + l_3^2 - 2l_2 l_3 \cos\theta_1$$
$$l_2^2 = l_1^2 + l_3^2 - 2l_1 l_3 \cos\theta_2$$
$$l_3^2 = l_1^2 + l_2^2 - 2l_1 l_2 \cos\theta_3$$

三角形的周长通常是一个重要的值，可以直接将三边相加得到：

$$P = l_1 + l_2 + l_3$$

5.5.2 三角形的面积

1. 基本方法求面积

在以前中学的几何学习中，就接触过求三角形面积的方法，是通过底和高计算面积，并且和平行四边形有关。图5-18展示了它们的关系。

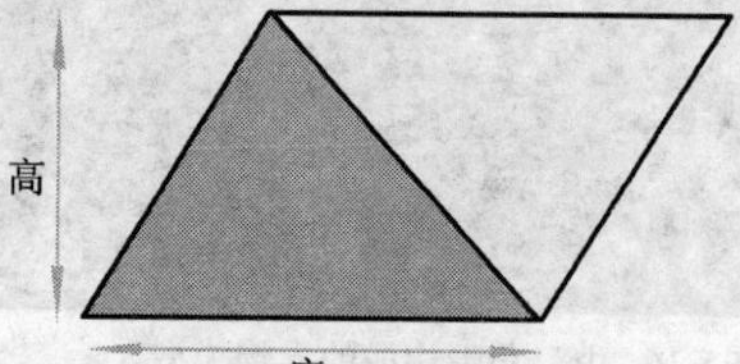

图5-18 平行四边形和三角形的关系

三角形的面积等于等底等高平行四边形面积的一半，若给出底b和高h，则可以得出三角形的面积公式：

$$A=bh/2$$

2. 三边长度求面积

当不知道高度时，可以采取另一种方法计算面积。只需要知道三边的长度，设s为周长的一半，公式表示为：

$$s=\frac{l_1+l_2+l_3}{2}=\frac{p}{2}$$
$$A=\sqrt{s(s-l_1)(s-l_2)(s-l_3)}$$

如果高和周长都没有直接提供，知道的只有顶点的笛卡儿坐标，虽然也能通过坐标求出各个边的长度，但是计算相当复杂。下面介绍从顶点直接计算面积的方法。

在2D空间中解决这个问题。使用三角形的三边和x轴围成3个梯形的有符号面积；若边的端点是从左向右的，则面积为正，若边的端点是从右到左的，则面积为负。不管三角形的方向如何变化，都存在至少一个正边、一个负边和一个竖直边，如图5-19所示。

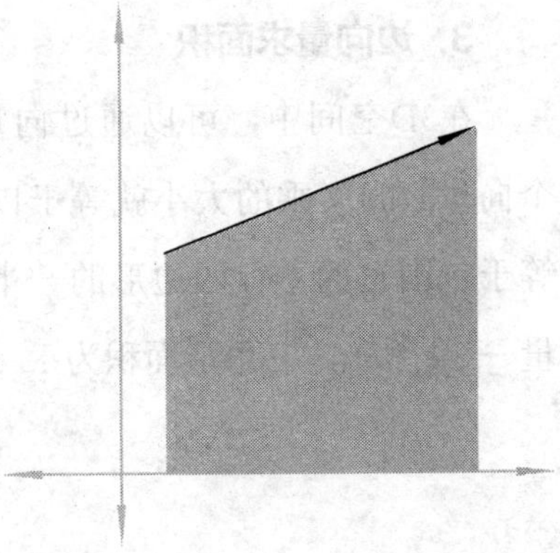

图5-19 三角形一边与x轴所构成的梯形

每一个边的区域面积为：

$$A(\boldsymbol{e}_1)=\frac{(y_3+y_2)(x_3-x_2)}{2}$$
$$A(\boldsymbol{e}_2)=\frac{(y_1+y_3)(x_1-x_3)}{2}$$
$$A(\boldsymbol{e}_3)=\frac{(y_2+y_1)(x_2-x_1)}{2}$$

将这3个梯形的有符号面积相加，就得到了三角形本身的面积：

$$\begin{aligned}A&=A(\boldsymbol{e}_1)+A(\boldsymbol{e}_2)+A(\boldsymbol{e}_3)\\&=\frac{(y_3+y_2)(x_3-x_2)+(y_1+y_3)(x_1-x_3)+(y_2+y_1)(x_2-x_1)}{2}\\&=\frac{(y_3x_3-y_3x_2+y_2x_3-y_2x_2)+(y_1x_1-y_1x_3+y_3x_1-y_3x_3)+(y_2x_2-y_2x_1+y_1x_2-y_1x_1)}{2}\end{aligned}$$

$$=\frac{-y_3x_2+y_2x_3-y_1x_3+y_3x_1-y_2x_1+y_1x_2}{2}$$

$$=\frac{y_1(x_2-x_3)+y_2(x_3-x_1)+y_3(x_1-x_2)}{2}$$

进一步简化，在竖直方向上平移三角形，从每个y坐标中减去y_3。

$$A=\frac{y_1(x_2-x_3)+y_2(x_3-x_1)+y_3(x_1-x_2)}{2}$$

$$=\frac{(y_1-y_3)(x_2-x_3)+(y_2-y_3)(x_3-x_1)+(y_3-y_3)(x_1-x_2)}{2}$$

$$=\frac{(y_1-y_3)(x_2-x_3)+(y_2-y_3)(x_3-x_1)}{2}$$

3. 边向量求面积

在3D空间中，可以通过向量的叉乘来计算三角形的面积。回顾以前的内容，两个向量$\boldsymbol{a}$和$\boldsymbol{b}$叉乘的大小就等于以$\boldsymbol{a}$和$\boldsymbol{b}$为两边的平行四边形的面积。因为三角形的面积等于包围它的平行四边形的一半，所以有了一种简便的方法：给出三角形的两个边向量——$\boldsymbol{e}_1$和$\boldsymbol{e}_2$，三角形面积为：

$$A=\frac{\|\boldsymbol{e}_1\times\boldsymbol{e}_2\|}{2}$$

5.5.3 重心坐标系

1. 基本概念

三角形在3D空间中是基本单位，经常使用到。因为三角形是2D平面的图形，而且在3D空间中经常会朝向任意方向移动，因此计算起来相当复杂。为了简便，设一个坐标系，它是与三角形表面相关联且独立于三角形所在的3D坐标系的，称为重心坐标系。在三角形所在平面上的任意一点都能表示为顶点的加权平均值，这个权称为重心坐标。从重心坐标(b_1,b_2,b_3)到标准3D坐标的转换为：

$$(b_1,b_2,b_3)\Leftrightarrow b_1\boldsymbol{v}_1+b_2\boldsymbol{v}_2+b_3\boldsymbol{v}_3$$

其中，重心坐标的和总是1：

$$b_1+b_2+b_3=1$$

b_1、b_2、b_3的值是每个顶点对该点的比重，如图5-20所示。

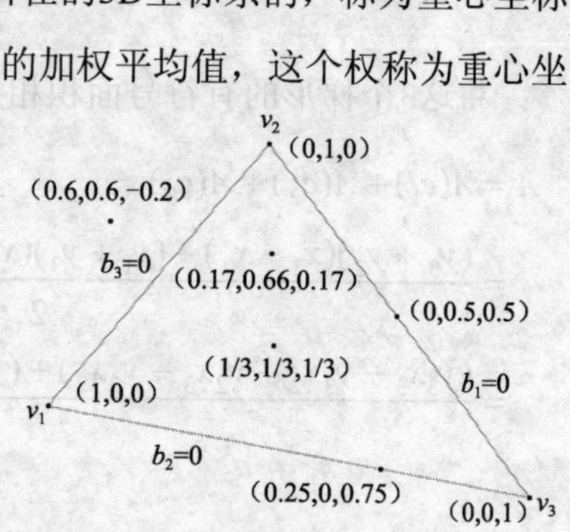

图5-20 重心坐标实例

这里，需要注意以下3点：

1）三角形的3个顶点的重心坐标都是单位形式的。

$$(1,0,0) \Leftrightarrow \boldsymbol{v}_1$$
$$(0,1,0) \Leftrightarrow \boldsymbol{v}_2$$
$$(0,0,1) \Leftrightarrow \boldsymbol{v}_3$$

2）某顶点的相对边上的所有点所对应的重心坐标为0。例如，对于所有与$\boldsymbol{v}_1$相对边上的点，它们的b_1都为0。

3）三角形所在平面的所有点都可以用重心坐标描述。其中，在三角形内的点的重心坐标在范围0～1之间变化；在三角形外的点至少有一个坐标为负。重心坐标用和原三角形大小相同的块填满整个平面，如图5-21所示。

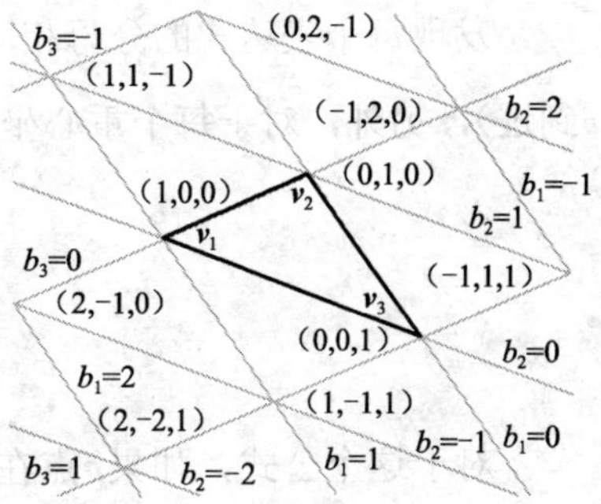

图5-21 重心坐标填满整个平面

重心坐标系是2D的，本质上不同于笛卡儿坐标系，它使用了3个坐标，并且坐标的和等于1，所以重心坐标系仅有两个自由度，有一个冗余。换句话说，重心坐标系中仅用两个数就能描述一点，另一个数可以由这两个数计算得到。

2. 计算2D、3D中任意一点的重心坐标

首先，对于2D空间中的一点，标出3个顶点$\boldsymbol{v}_1$、$\boldsymbol{v}_2$、$\boldsymbol{v}_3$和点$\boldsymbol{p}$，还标出了3个“子三角形”T_1、T_2、T_3，它们和同样下标的顶点相对，如图5-22所示。

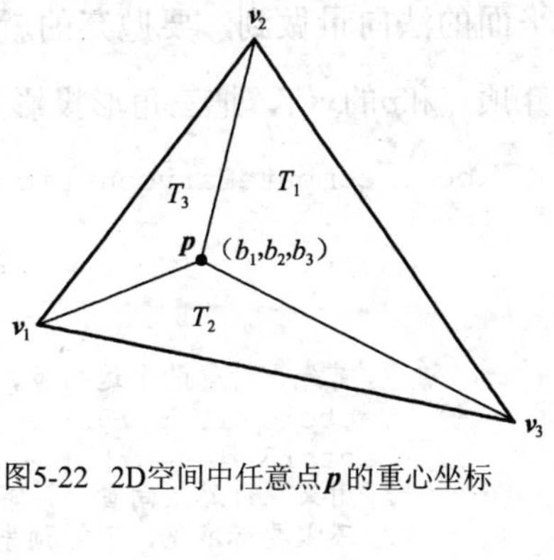

图5-22 2D空间中任意点$\boldsymbol{p}$的重心坐标

已知3个顶点和点$\boldsymbol{p}$的笛卡儿坐标，需要计算出重心坐标b_1、b_2，b_3。从已知条件可以列出3个等式和3个未知数，其中x、y为顶点：

$$\boldsymbol{p}_x = b_1x_1 + b_2x_2 + b_3x_3$$
$$\boldsymbol{p}_y = b_1y_1 + b_2y_2 + b_3y_3$$
$$b_1 + b_2 + b_3 = 1$$

解方程组得：

$$b_1 = \frac{(\boldsymbol{p}_y - y_3)(x_2 - x_3) + (y_2 - y_3)(x_3 - \boldsymbol{p}_x)}{(y_1 - y_3)(x_2 - x_3) + (y_2 - y_3)(x_3 - x_1)}$$
$$b_2 = \frac{(\boldsymbol{p}_y - y_1)(x_3 - x_1) + (y_3 - y_1)(x_1 - \boldsymbol{p}_x)}{(y_1 - y_3)(x_2 - x_3) + (y_2 - y_3)(x_3 - x_1)}$$
$$b_3 = \frac{(\boldsymbol{p}_y - y_2)(x_1 - x_2) + (y_1 - y_2)(x_2 - \boldsymbol{p}_x)}{(y_1 - y_3)(x_2 - x_3) + (y_2 - y_3)(x_3 - x_1)}$$

发现每个表达式的分母相同，并且都等于三角形面积的两倍（三边长度求面积中讲到过），另外，对于每个重心坐标b_i，分子等于“子三角形”T_i面积的两倍，即：

$$b_1 = A(T_1) / A(T)$$
$$b_2 = A(T_2) / A(T)$$
$$b_3 = A(T_3) / A(T)$$

对于这个公式，如果$\boldsymbol{p}$点在三角形外，这个解释也是成立的，得到的面积公式是一个负值；当三角形的三点共线时，分母上的面积为零，那么重心坐标也就没有意义了。

3D空间中求任意点的重心坐标比在2D中复杂，因为有3个未知数和4个方程。另外，在3D空间中，$\boldsymbol{p}$点可能不在三角形的平面上，但这时重心就没有意义了，所以假定$\boldsymbol{p}$点在三角形的平面上。

一种方法是通过去掉x、y、z中的一个，将3D空间的问题转化到2D空间中，这和将三角形投影到3个基本平面中的某一个上面的效果相同，因为投影面积和原面积成比例。

如果三角形垂直于某个平面，投影点将共线；如果三角形接近垂直于投影平面，会出现浮点数精度的问题，将挑选投影平面，使得投影面积最大，这个可以通过检查平面的法向量做到，要抛弃的就是绝对值最大的坐标。比如，法向量为[-1,0,0]，将抛弃顶点和p的$\boldsymbol{x}$值，把三角形投影到yz平面。计算3D中任意点的重心坐标代码如下：

```
bool computeBarycentricCoords3d(
                        const Vector3 v[3],    //三角形顶点
                        const Vector3 &p,      //要求重心坐标的点
                        float b[3]             //保存重心坐标
                        ) {
    //首先，计算两个边向量，成顺时针方向
    Vector3 d1 = v[1] - v[0];
    Vector3 d2 = v[2] - v[1];
    //用叉乘计算法向量，许多情况下，这一步可以省略，因为法向量是预先计算的
    //不需要标准化，不管预先计算的法向量是否标准化过
    Vector3 n = crossProduct(d1, d2);
    //判断法向量中占优势的轴，选择投影平面
    float u1, u2, u3, u4;
    float v1, v2, v3, v4;
    if ((fabs(n.x) >= fabs(n.y)) && (fabs(n.x) >= fabs(n.z))) {
```

```
        //抛弃x，向yz平面投影
        u1 = v[0].y - v[2].y;
        u2 = v[1].y - v[2].y;
        u3 = p.y - v[0].y;
        u4 = p.y - v[2].y;
        v1 = v[0].z - v[2].z;
        v2 = v[1].z - v[2].z;
        v3 = p.z - v[0].z;
        v4 = p.z - v[2].z;
    } else if (fabs(n.y) >= fabs(n.z)) {
        //抛弃y，向xz平面投影
        u1 = v[0].z - v[2].z;
        u2 = v[1].z - v[2].z;
        u3 = p.z - v[0].z;
        u4 = p.z - v[2].z;
        v1 = v[0].x - v[2].x;
        v2 = v[1].x - v[2].x;
        v3 = p.x - v[0].x;
        v4 = p.x - v[2].x;
    } else {
        u1 = v[0].x - v[2].x;
        u2 = v[1].x - v[2].x;
        u3 = p.x - v[0].x;
        u4 = p.x - v[2].x;
        v1 = v[0].y - v[2].y;
        v2 = v[1].y - v[2].y;
        v3 = p.y - v[0].y;
        v4 = p.y - v[2].y;
    }
    //计算分母，并判断是否合法
    float denom = v1 * u2 - v2 * u1;
    if (denom == 0.0f) {
        //退化三角形——面积为零
        return false;
    }
    //计算重心坐标
    float oneOverDenom = 1.0f / denom;
    b[0] = (v4*u2 - v2*u4) * oneOverDenom;
    b[1] = (v1*u3 - v3*u1) * oneOverDenom;
    b[2] = 1.0f - b[0] - b[1];
    //OK
    return true;
}
```

5.5.4 三角形中的特殊点

本节将介绍三角形中3个非常特殊并具有几何意义的点，以及它们的几何特征和构造方法，并给出重心坐标。

1. 重心

重心又称质心，是三角形的最佳平衡点，是三角形3条中线的交点，中线是三角形的顶点到对边中点的连线，如图5-23所示。

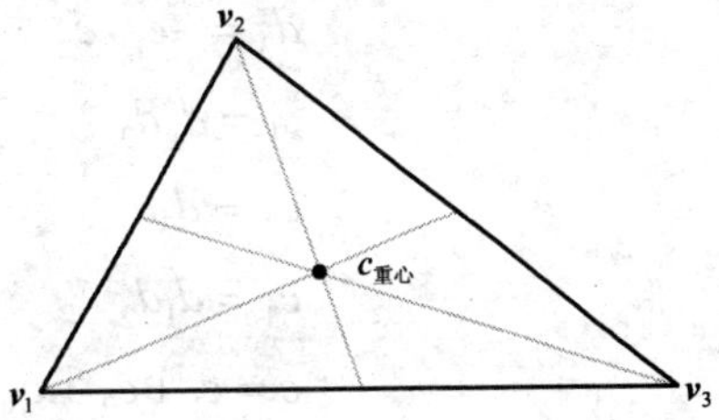

图5-23 三角形的重心

重心是3个顶点的平均值，公式为：

$$\boldsymbol{c}_{\text{重心}} = \frac{\boldsymbol{v}_1 + \boldsymbol{v}_2 + \boldsymbol{v}_3}{3}$$

重心坐标为：

$$\left(\frac{1}{3}, \frac{1}{3}, \frac{1}{3}\right)$$

2. 内心

三角形的内心是到三角形三边的距离相等的点，也是三角形内切圆的圆心，还是三角形3个角平分线的交点，如图5-24所示。

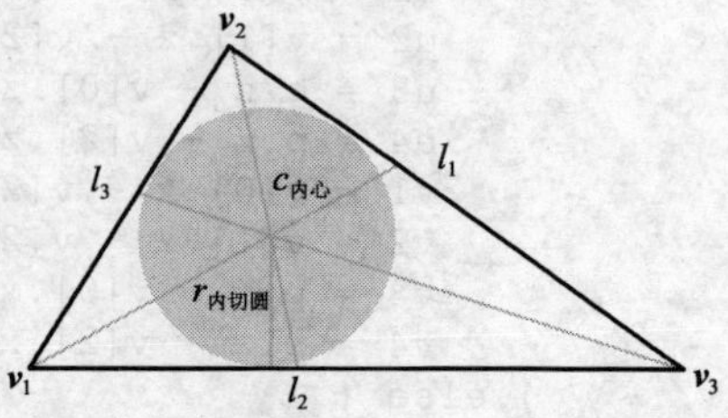

图5-24 三角形的内心

计算内心的公式是：

$$\boldsymbol{c}_{\text{内心}} = \frac{l_1\boldsymbol{v}_1 + l_2\boldsymbol{v}_2 + l_3\boldsymbol{v}_3}{p}$$

其中，$p=l_1+l_2+l_3$是三角形的周长，所以内心的重心坐标为：

$$\left(\frac{l_1}{p}, \frac{l_2}{p}, \frac{l_3}{p}\right)$$

三角形的内切圆的半径可以由三角形面积除以周长求得：

$$\boldsymbol{r}_{\text{内切圆}} = \frac{A}{p}$$

内切圆可以用于解决寻找和3条边都相切的圆的问题。

3. 外心

三角形的外心是三角形中到各顶点距离相等的点，也是三角形的外接圆的圆心，另外，外心是三角形的3条边的垂直平分线的交点，如图5-25所示。

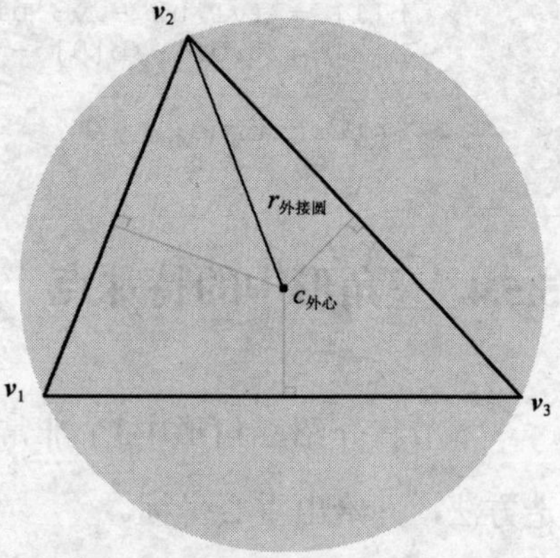

图5-25 三角形的外心

设一些变量来计算外心：

$$\begin{aligned}
d_1 &= -\boldsymbol{e}_2 \cdot \boldsymbol{e}_3 \\
d_2 &= -\boldsymbol{e}_3 \cdot \boldsymbol{e}_1 \\
d_3 &= -\boldsymbol{e}_1 \cdot \boldsymbol{e}_2 \\
c_1 &= d_2 d_3 \\
c_2 &= d_3 d_1 \\
c_3 &= d_1 d_2 \\
c &= c_1 + c_2 + c_3
\end{aligned}$$

通过定义这些临时变量，得到外心的重心坐标为：

$$\left(\frac{c_2+c_3}{2c},\frac{c_3+c_1}{2c},\frac{c_1+c_2}{2c}\right)$$

外心的公式为：

$$\boldsymbol{c}_{外心}=\frac{(c_2+c_3)\boldsymbol{v}_1+(c_3+c_1)\boldsymbol{v}_2+(c_1+c_2)\boldsymbol{v}_3}{2c}$$

外接圆的半径为：

$$\boldsymbol{r}_{外接圆}=\frac{\sqrt{(d_1+d_2)(d_2+d_3)(d_3+d_1)}}{2c}$$

外接圆和外心可以用来解决找出过3个点的圆的问题。

小结

本章对于多种常用的几何图形做了相关的介绍，在这些图形的表达方式上和它们的重要性质及操作方面做了详细的说明，主要介绍了直线、平面、球和圆、三角形的重要性质和相关操作，并且给出了相关的代码，以帮助学习和理解。本章是重点的基础知识，用于为今后的学习奠定基础。

习题

1. 请将正确的答案填入括号内。

1）描述一个中心位于坐标系原点的单位球，使用$x^2+y^2+z^2=1$，这是（　　）类型。

A．函数表达　　B．直接表达　　C．参数表达　　D．几何表达

2）下面对射线描述正确的是（　　）。

A．两个方向无限延伸

B．是直线有限的一部分，有两个端点

C．射线是有起点和终点的，即一条射线包含一个位置、一个有限长度和一个方向，当然射线长度为零时无方向

D．射线不可以使用参数形式表达

3）关于包围球和AABB说法正确的是（　　）。

A．在编程上包围球是比较容易实现的，而AABB则比较困难

B．包围球在大多数情况下能提供更加紧凑的包围

C．AABB对于物体的方向性不容易体现

D．AABB是轴对齐的包围盒

4）关于重心坐标的说法错误的是（　　）。

A．重心坐标系是与三角形表面相关联且独立于三角形所在的3D坐标系的

B．重心坐标(b_1,b_2,b_3)到标准3D坐标的转换为：$(b_1,b_2,b_3)\Leftrightarrow b_1\boldsymbol{v}_1+b_2\boldsymbol{v}_2+b_3\boldsymbol{v}_3$

C．某顶点的相对边上的所有点所对应的重心坐标为负数

D．在三角形内的点的重心坐标在范围0～1之间变化

5）关于三角形内心下面说法正确的是（　　）。

A．三角形内心是指到三角形各顶点距离相等的点

B．三角形内心是该三角形内切圆的圆心

C．内心是各边垂直平分线的交点

D．内心的重心坐标为$\left(\dfrac{c_2+c_3}{2c},\dfrac{c_3+c_1}{2c},\dfrac{c_1+c_2}{2c}\right)$

2. 请判断下面的句子是否正确。

1）每一个几何图形都有一个描述它的数字，叫做自由度，这是无歧义的描述该实体所需信息量的最小数目。（　　）

2）在编程上包围球是比较容易实现的，而AABB就比较困难。（　　）

3）“包围球”经常用于相交性的检测中，并且使用“包围球”时不必考虑物体的方向。（　　）

扩展练习

1．计算出2D空间内直线$4x+7y=42$的斜率和y截距。

2．考虑一个三角形，其顶点顺时针排列为(6,10,−2)，(3,−1,17)，(−9,8,0)，求包含该三角形的平面的方程；判断点(3,4,5)在平面的前面还是背面。

3．对于习题2的三角形，求点(3,4,5)到平面的距离；计算(−3.3,12.4,33.2)的重心坐标。

4．计算出习题2中三角形的重心、内心、外心。

第 6 章

几何检测和碰撞检测

本章主要内容：

图形上的最近点

相交性检测

碰撞检测

可见性检测

本章重点：

图形上的最近点的求解

相交性检测的方法

碰撞检测的定义

可见性检测的方法

本章难点：

相交性检测的方法

可见性检测

学完本章您将能够：

- 了解两个图形间的最近点的求法
- 掌握多种不同图形之间的相交性检测的方法
- 了解碰撞检测的含义
- 了解不同可见性检测的方法的定义及应用

引　言

3D游戏中要处理大量运动物体的各种动作，两个物体之间的交互作用通常发生在它们将要同时占据同一空间时。在游戏引擎中，决定两个物体何时发生交互作用的过程称为碰撞检测。在介绍碰撞检测之前，将介绍碰撞检测系统的基础：最近点和相交性检测，可以更好地理解碰撞检测的原理。最后，将介绍关于可见性检测的方法及概念，并对四叉树的概念实现进行详细的讲解。

6.1　图形上的最近点

1. 2D空间中直线上的最近点

首先设一条直线L，设L的单位法向量为$\boldsymbol{n}$，L由所有满足$\boldsymbol{p}\cdot\boldsymbol{n}=\boldsymbol{d}$的点$\boldsymbol{p}$组成。为了找到两条直线上的最近点，首先设任意点$\boldsymbol{q}$，找出直线$L$上距$\boldsymbol{q}$点距离最短的点$\boldsymbol{q}'$。它是$\boldsymbol{q}$投影到直线$L$的结果。这时，画出另一条经过$\boldsymbol{q}$并平行于$L$的辅助线$M$，如图6-1所示。

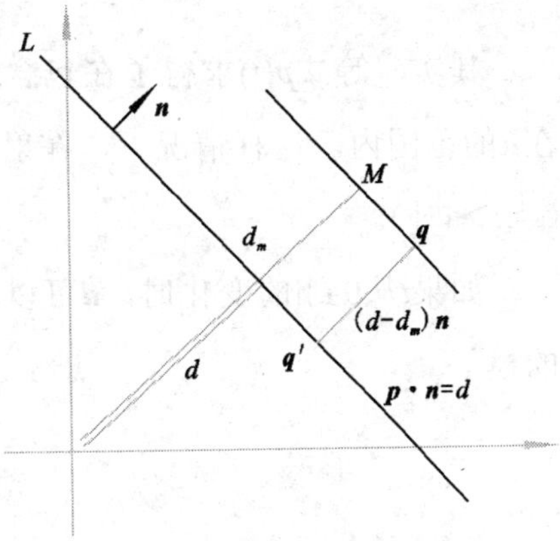

图6-1　直线上的最近点

其中，设$\boldsymbol{n}_m$和d_m分别为直线M的法向量和$\boldsymbol{d}$值，由于L和M平行，$\boldsymbol{q}$点在M上，所以满足两个等式：

$$\boldsymbol{n}_m=\boldsymbol{n}$$

$$\boldsymbol{q}\cdot\boldsymbol{n}=d_m$$

这时，可以得出M到L的距离为：

$$d-d_m=d-\boldsymbol{q}\cdot\boldsymbol{n}$$

这个距离就等于$\boldsymbol{q}$到$\boldsymbol{q}'$的距离，而$\boldsymbol{q}'$就是将$\boldsymbol{q}$沿$\boldsymbol{n}$的方向移动了一定的距离，移动的这段距离就是M到L的距离，得：

$$\boldsymbol{q}'=\boldsymbol{q}+(d-\boldsymbol{q}\cdot\boldsymbol{n})\boldsymbol{n}$$

2. 射线上的最近点

首先设射线的参数形式R：

$$p(t)=P_{初始}+td$$

其中，d为单位向量，参数t的范围是0 ～ l，l是R的长度。现在给定一点q，要找到q到R上最近的点q'。

其实这是一个在之前内容中讲到的向量到向量的投影问题。设v为$p_{初始}$到q的向量，则$v=q-p_{初始}$，要求得出v在d上的投影，即v平行于d的部分，如图6-2所示。

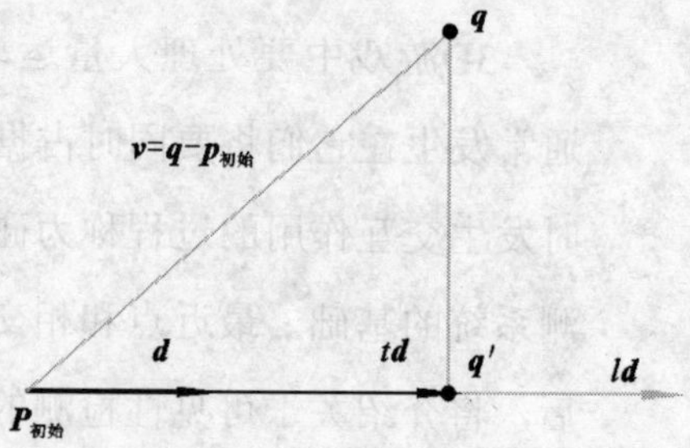

图6-2 射线上的最近点

点乘$v \cdot d$的结果就是式子$p(t)=q'$中的t值，q'的导出过程如下：

$$t=d \cdot v$$
$$=d \cdot (q-p_{初始})$$
$$q'=p(t)$$
$$=p_{初始}+td$$
$$=p_{初始}+(d \cdot (q-p_{初始}))d$$

其实，等式$p(t)$求得了在包含R的直线上距q最近的点。如果$t<0$或$t>1$，则$p(t)$不在R的范围内。这种情况下，在射线R上，距q最近的点是原点（当$t<0$时）或者末点（当$t>1$时）。

如果t从0到1的变化时，d可以不是单位向量，那么，在计算t值时，必须要除以d的模：

$$t=\frac{d \cdot (q-p_{初始})}{\|d\|}$$

3. 平面上最近的点

首先设一个平面p做标准的描述：满足$p \cdot n=d$的点的集合。

其中，n为单位向量。现在，给定任意一点q，需要求得q'，它是q在p上的投影，q'就是p上离q最近的点。

在前面已经讲过如何计算点到平面的距离，为了计算q'，只要在n的方向上平移一个距离就可以：

$$q'=q+(d-q \cdot n)n$$

这个式子和直线上的最近点的式子相同。

4. 圆或球上的最近点

以2D空间中的圆来介绍，在3D中这种方法也是成立的。

设有点$\boldsymbol{q}$，以及圆心为$\boldsymbol{c}$、半径为r的圆，需要求出一点$\boldsymbol{q}'$，它是圆上离$\boldsymbol{q}$点最近的点，设$\boldsymbol{d}$为从$\boldsymbol{q}$指向$\boldsymbol{c}$的向量，该向量和圆相交于$\boldsymbol{q}'$。设$\boldsymbol{b}$为从$\boldsymbol{q}$指向$\boldsymbol{q}'$的向量，如图6-3所示。

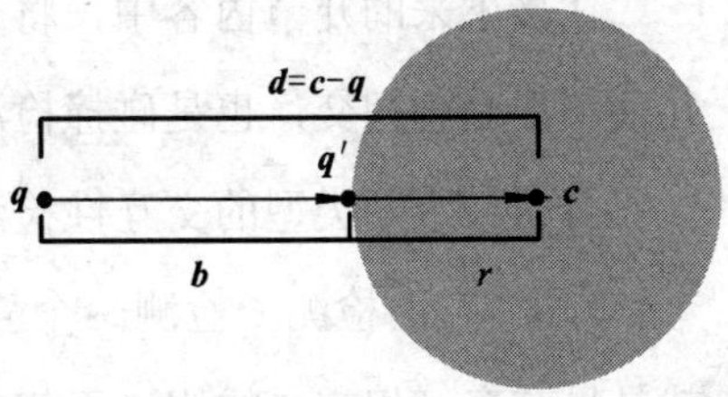

图6-3 圆上的最近点

可以得出：

$$\|\boldsymbol{b}\|=\|\boldsymbol{d}\|-r$$

因此：

$$\boldsymbol{b}=\frac{\|\boldsymbol{d}\|-r}{\|\boldsymbol{d}\|}\boldsymbol{d}$$

对于$\boldsymbol{q}'$，可以得出：

$$\boldsymbol{q}'=\boldsymbol{q}+\boldsymbol{b}$$

$$=\boldsymbol{q}+\frac{\|\boldsymbol{d}\|-r}{\|\boldsymbol{d}\|}\boldsymbol{d}$$

5. AABB上的最近点

设B是由极值点$\boldsymbol{p}_{min}$和$\boldsymbol{p}_{max}$定义的AABB（包围盒），任意一点$\boldsymbol{q}$都能很容易地计算出在B上距离$\boldsymbol{q}$最近的点$\boldsymbol{q}'$。所用的方法是按一定的顺序沿着每一条轴，将$\boldsymbol{q}$向B推进。计算AABB上的最近点的相应代码，如下：

```
if (x < minX) {
      x = minX;
} else if (x > maxX) {
      x = maxX;
}
if (y < minY) {
      y = minY;
} else if (y > maxY) {
      y = maxY;
}
if (z < minZ) {
      z = minZ;
} else if (z > maxZ) {
      z = maxZ;
}
```

当$\boldsymbol{q}$本身就在包围盒内部时，代码运行的结果将返回原来的点。

6.2 相交性检测

在接下来的几节内容中，将介绍一系列的相交性检测方法，这些方法用于检测两个几何图形是否相交，也是碰撞检测的系统的基础。

有两种不同类型的交互性检测：

1）静态的检测：检测两个静止的图形是否相交，一般它是一种布尔型的测试，也就是只有真（相交）或假（不相交）两个结果。

2）动态的检测：针对两个运动图形，检测它们是否相交，以及相交的时间，这里一般使用参数形式来表达。所以，这时返回的结果不仅仅是一个布尔型的值，还会返回一个指明相交时间点的值（参数时间t值）。运动是比较简单的线性位移，即当时间t从0变化到1时的原向量的偏移量，也就是每一个图形都有自己的运动，为了使问题简单化，将其中一个图形看做“静止”的，使另一个图形将所有的运动都做了，通过将两个位移向量的组合组成一个相对位移向量，即描述了这两个图形间的相对移动关系，因此，所有的动态的测试都可以变成一个静态的图形和一个动态的图形。

1. 在2D平面中两条直线的相交检测

两条直线相交，在中学课本中已经有所涉及，通过解线性方程组就能解决问题：设两个方程（两条直线的函数方程）和两个未知数（交点的x、y坐标）：

$$a_1x + b_1y = d_1$$
$$a_2x + b_2y = d_2$$

解得：

$$x = \frac{b_2d_1 - b_1d_2}{a_1b_2 - a_2b_1}$$
$$y = \frac{a_1d_2 - a_2d_1}{a_1b_2 - a_2b_1}$$

这时会出现3种情况（见图6-4）：

1）只有一个解，此时分母不为零。

2）无解，则两直线平行，不相交，分母为零。

3）无穷多个解，则两条直线重合，分母为零。

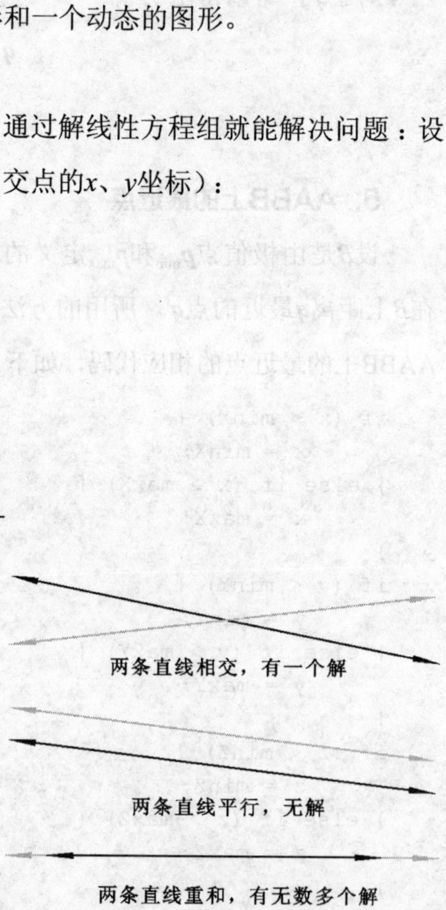
两条直线相交，有一个解
两条直线平行，无解
两条直线重和，有无数多个解
图6-4 直线相交的3种情况

2. 在3D空间中的射线的相交检测

下面介绍在3D空间中的射线的相交情况。将射线的相交测试看做动态测试，由于射线能被当做一个运动的点，所以使用参数方程（含有时间参数t）形式设两条射线方程：

$$r_1(t_1) = \boldsymbol{p}_1 + t_1\boldsymbol{d}_1$$
$$r_2(t_2) = \boldsymbol{p}_2 + t_2\boldsymbol{d}_2$$

可以解出它们的交点，先不考虑t的范围，这样则是无限长度的射线，这时，当两射线在一个平面内时，就和上一节的情况一样，存在3种可能性；在3***D***中，还有另一种情况，当两条射线不在一个平面时，如图6-5所示。

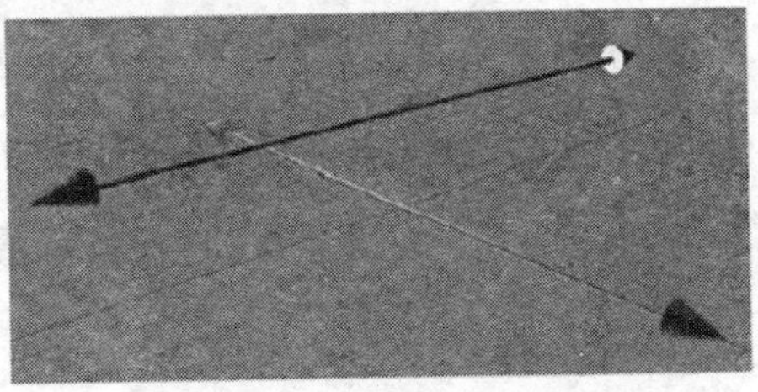

图6-5 3D空间中不在同一平面的两条射线

这时，解出交点处的t_1和t_2：

$$r_1(t_1) = r_2(t_2)$$
$$\boldsymbol{p}_1 + t_1\boldsymbol{d}_1 = \boldsymbol{p}_2 + t_2\boldsymbol{d}_2$$
$$t_1\boldsymbol{d}_1 = \boldsymbol{p}_2 + t_2\boldsymbol{d}_2 - \boldsymbol{p}_1$$
$$(t_1\boldsymbol{d}_1)\times\boldsymbol{d}_2 = (\boldsymbol{p}_2 + t_2\boldsymbol{d}_2 - \boldsymbol{p}_1)\times\boldsymbol{d}_2$$
$$t_1(\boldsymbol{d}_1\times\boldsymbol{d}_2) = (t_2\boldsymbol{d}_2)\times\boldsymbol{d}_2 + (\boldsymbol{p}_2 - \boldsymbol{p}_1)\times\boldsymbol{d}_2$$
$$t_1(\boldsymbol{d}_1\times\boldsymbol{d}_2) = t_2(\boldsymbol{d}_2\times\boldsymbol{d}_2) + (\boldsymbol{p}_2 - \boldsymbol{p}_1)\times\boldsymbol{d}_2$$
$$t_1(\boldsymbol{d}_1\times\boldsymbol{d}_2) = t_2 0 + (\boldsymbol{p}_2 - \boldsymbol{p}_1)\times\boldsymbol{d}_2$$
$$t_1(\boldsymbol{d}_1\times\boldsymbol{d}_2) = (\boldsymbol{p}_2 - \boldsymbol{p}_1)\times\boldsymbol{d}_2$$
$$t_1(\boldsymbol{d}_1\times\boldsymbol{d}_2)\cdot(\boldsymbol{d}_1\times\boldsymbol{d}_2) = ((\boldsymbol{p}_2 - \boldsymbol{p}_1)\times\boldsymbol{d}_2)\cdot(\boldsymbol{d}_1\times\boldsymbol{d}_2)$$
$$t_1 = \frac{((\boldsymbol{p}_1 - \boldsymbol{p}_1)\times\boldsymbol{d}_2)\cdot(\boldsymbol{d}_1\times\boldsymbol{d}_2)}{\|\boldsymbol{d}_1\times\boldsymbol{d}_2\|^2}$$

使用类似的方法，可以求出：

$$t_2 = \frac{((\boldsymbol{p}_2 - \boldsymbol{p}_1)\times\boldsymbol{d}_1)\cdot(\boldsymbol{d}_1\times\boldsymbol{d}_2)}{\|\boldsymbol{d}_1\times\boldsymbol{d}_2\|^2}$$

1）若两条射线平行或重合，则$\boldsymbol{d}_1$和$\boldsymbol{d}_2$的叉乘为零，也就是上式中的分母等于零。

2）若两射线不在一个平面内，则$\boldsymbol{p}_1(t_1)$和$\boldsymbol{p}_2(t_2)$是相距最近的点，可以通过检查$\boldsymbol{p}_1(t_1)$和$\boldsymbol{p}_2(t_2)$间的距离来区分两条射线的相交情况。

上面介绍的是t没有限定取值范围的情况；若t有限制，则在计算出t_1和t_2时，应作适当的边界检测。

3. AABB和平面的相交检测

首先，在3D空间中使用极值点：$\boldsymbol{p}_{min}$和$\boldsymbol{p}_{max}$来表示AABB，平面以标准形式$\boldsymbol{p}\cdot\boldsymbol{n}=d$定义，$\boldsymbol{n}$为单位向量。规定AABB和平面处于同一个坐标系中。

静态测试的方法是计算包围盒AABB顶点和向量$\boldsymbol{n}$的点积，通过比较点积与$\boldsymbol{d}$来检测包围盒的顶点是否完全在平面的一边，或是在另一边：

1）如果所有点积都大于$\boldsymbol{d}$，那么整个包围盒就在平面的前面所指的一侧。

2）如果所有的点积都小于$\boldsymbol{d}$，那么整个包围盒就在平面的背面所指的一侧。

当然，不需要检测所有包围盒的8个顶点，可以使用5.4.2中讲到的AABB的变换中的方法。比如，如果$n_x>0$时，点积最小的顶点是$x=x_{\min}$，点积最大的顶点是$x=x_{\max}$；如果$n_x<0$，则得到相反的结论，对于n_y、n_z都一样。

对于要计算的最小和最大的点积值，如果最小点积大于$\boldsymbol{d}$或最大点积小于$\boldsymbol{d}$，那么它们不相交，否则，两个点在平面的两边，说明包围盒与平面相交。

对于动态的检测方法如下：假设平面是静止的，包围盒的位移由单位向量$\boldsymbol{d}$和长度l定义，和前面介绍的一样，先求得最大和最小的顶点，在$t=0$时做一次相交检测，若包围盒和平面刚开始没有相交，那么先接触平面的一定是离平面最近的顶点，检测出先接触到平面的顶点，就可以利用射线与平面相交测试来解决问题。

4. 3个平面间的相交检测

在3D中，3个平面相交于一点，如图6-6所示。

假设3个平面的隐式方程为：

$$\boldsymbol{p}\cdot\boldsymbol{n}_1=d_1$$
$$\boldsymbol{p}\cdot\boldsymbol{n}_2=d_2$$
$$\boldsymbol{p}\cdot\boldsymbol{n}_3=d_3$$

虽然平面的法向量通常被限制为单位向量，但此时这种限制是没有必要的。上面的等式组成了一个有3个方程和3个未知数（交点的x、y、z坐标）的线性方程组。解这个方程组能得到如下结果：

$$\boldsymbol{p}=\frac{d_1(\boldsymbol{n}_3\times\boldsymbol{n}_2)+d_2(\boldsymbol{n}_3\times\boldsymbol{n}_1)+d_3(\boldsymbol{n}_1\times\boldsymbol{n}_2)}{(\boldsymbol{n}_1\times\boldsymbol{n}_2)\cdot\boldsymbol{n}_3}$$

如果任意一对平面平行，那么交点要么不存在，要么不唯一，在这两种情况下，上式的分母都为零。

5. 射线和圆或球的相交检测

下面介绍在2D空间中的射线和圆的相交性，该方法对于3D空间中的射线和球的相交检测也适用，如图6-7所示。

建立一个圆心为$\boldsymbol{c}$、半径为r的球和一条射线，射线的定义为：$\boldsymbol{p}(t)=\boldsymbol{p}_0+t\boldsymbol{d}$。其中，$\boldsymbol{d}$

为单位向量，t从0变化到l，l为射线长度，需要求出的是t，由图可以知道：

$$t=a-f$$

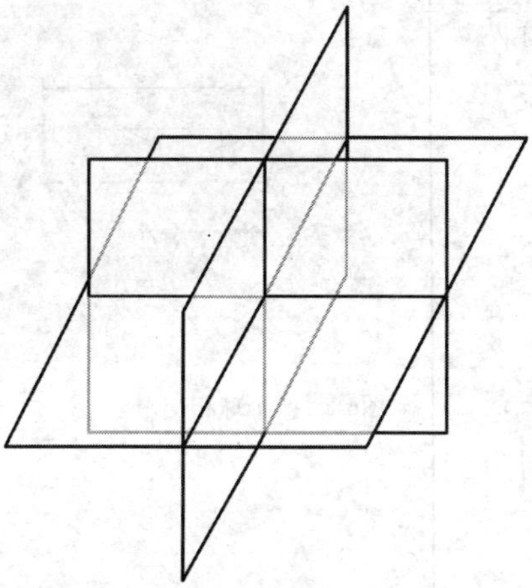

图6-6 3D中的3个平面相交于一点

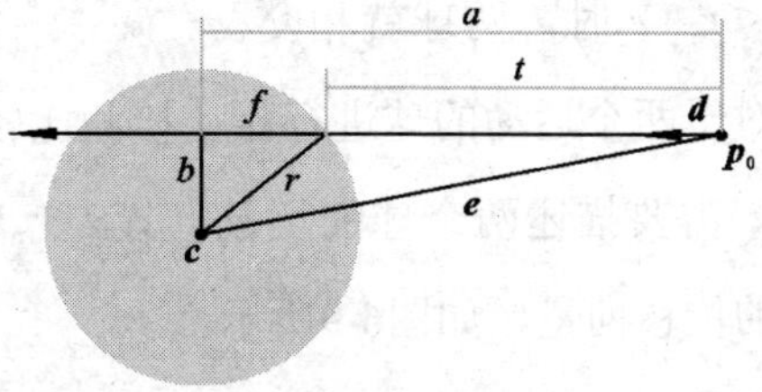

图6-7 射线与圆的相交

现在分别求a和f。设$\boldsymbol{e}$为从$\boldsymbol{p}_0$指向$\boldsymbol{c}$的向量，则：

$$\boldsymbol{e}=\boldsymbol{c}-\boldsymbol{p}_0$$

现在将$\boldsymbol{e}$投影到$\boldsymbol{d}$，这个向量的长度为a，则：

$$a=\boldsymbol{e}\cdot\boldsymbol{d}$$

现在求f，根据直角三角形的勾股定理得：

$$f^2+b^2=r^2$$

在那个大的三角形里，利用勾股定理得：

$$a^2+b^2=e^2$$

$$b^2=e^2-a^2$$

其中，e是从射线起点到圆心之间的距离，即向量$\boldsymbol{e}$的长度。

通过上面的式子，求出f值：

$$f^2+b^2=r^2$$

$$f^2+(e^2-a^2)=r^2$$

$$f^2=r^2-e^2+a^2$$

$$f=\sqrt{r^2-e^2+a^2}$$

则得t值：

$$\begin{aligned}t&=a-f\\&=a-\sqrt{r^2-e^2+a^2}\end{aligned}$$

这时，如果$r^2-e^2+a^2<0$，那么射线和圆不相交；如果$e^2<r^2$，则射线的起点可能在圆内。

6. 两个圆或球的相交检测

两个球的静态测试比较简单，当然对于2D中的圆也适用，在介绍时图中使用圆。设有两个球，球心分别为$\boldsymbol{c}_1$、$\boldsymbol{c}_2$，半径分别为r_1和r_2，如图6-8所示。

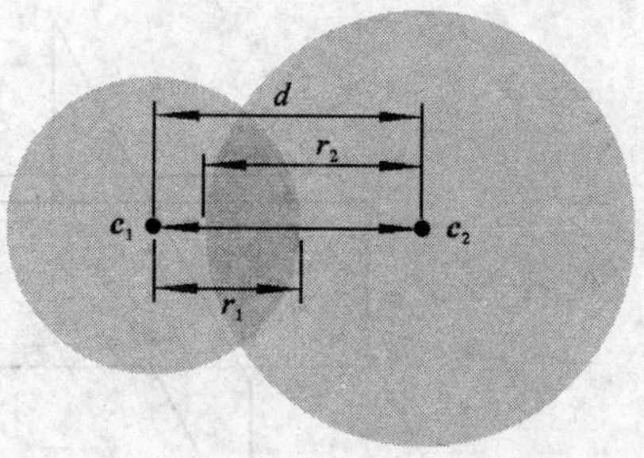

图6-8　两个球相交

如图6-8所示，d是两球球心之间的距离，当 $d<r_1+r_2$时，两球就相交。

对于两个运动的球进行相交检测比较复杂，这时，需要描述两个球的运动，设$\boldsymbol{d}_1$、$\boldsymbol{d}_2$分别为两球的位移向量，如图6-9所示。

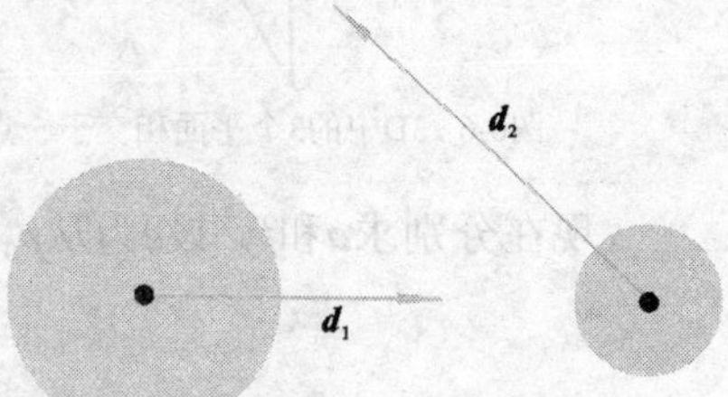

图6-9　运动的两个球

在前面已经介绍了关于检测运动物体的相交的简化方法，就是假设一个球是静止的，另一个球是运动的，它们之间的相对位移就是$\boldsymbol{d}_2-\boldsymbol{d}_1$，如图6-10所示。

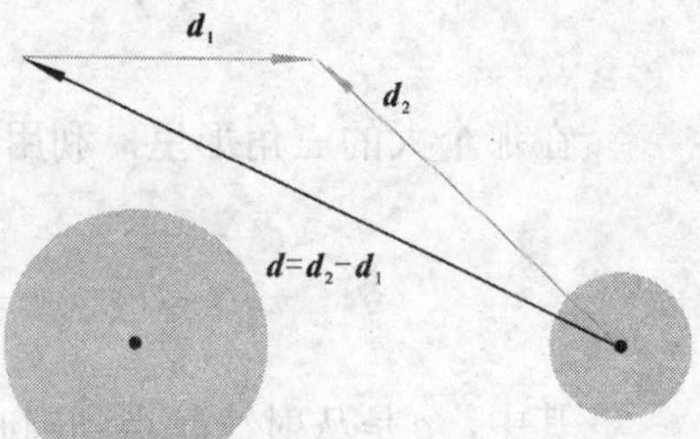

图6-10　假设一个静止一个运动

设静止的球的球心是$\boldsymbol{c}_s$，半径是r_s，运动球的半径是r_m，当t=0时，球心为$\boldsymbol{c}_m$，设t从0变化到l，其中l是球移动的距离，设$\boldsymbol{d}$为单位向量，则在t时刻，表示运动球的球心为：$\boldsymbol{c}_m+t\boldsymbol{d}$，那么，需要求的就是运动球接触静止球时的$t$是多少。图6-11展示了它们的几何关系。

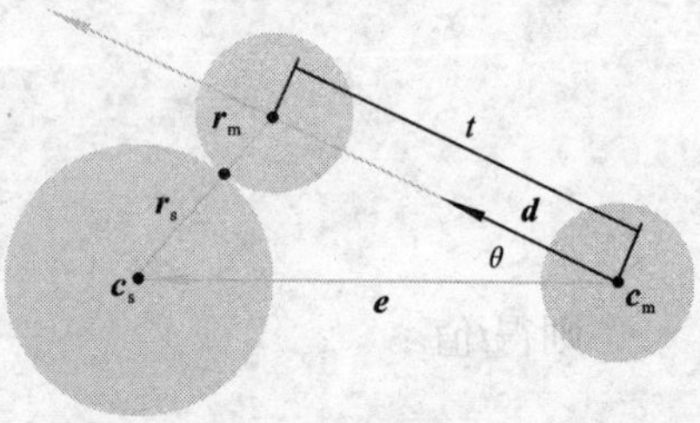

图6-11　球或圆的动态检测

设从$\boldsymbol{c}_m$指向$\boldsymbol{c}_s$的临时向量$\boldsymbol{e}$，并设半径的和为r，得：

$$\boldsymbol{e}=\boldsymbol{c}_s-\boldsymbol{c}_m$$

$$r=r_m-r_s$$

根据cos定理，看图中t=0时的两圆心和运动后相交的圆心所构成的三角形，得：

$$r^2=t^2+\|\boldsymbol{e}\|^2-2t\|\boldsymbol{e}\|\cos\theta$$

根据以前所讲过的点乘的几何意义，简化上式：

$$r^2 = t^2 + \|\boldsymbol{e}\|^2 - 2t\|\boldsymbol{e}\|\cos\theta$$
$$r^2 = t^2 + \boldsymbol{e}\bullet\boldsymbol{e} - 2t(\boldsymbol{e}\bullet\boldsymbol{d})$$
$$0 = t^2 - 2(\boldsymbol{e}\bullet\boldsymbol{d})t + \boldsymbol{e}\bullet\boldsymbol{e} - r^2$$

应用二次求根公式，得：

$$0 = t^2 - 2(\boldsymbol{e}\bullet\boldsymbol{d})t + \boldsymbol{e}\bullet\boldsymbol{e} - r^2$$
$$t = \frac{2(\boldsymbol{e}\bullet\boldsymbol{d}) \pm \sqrt{(-2(\boldsymbol{e}\bullet\boldsymbol{d}))^2 - 4(\boldsymbol{e}\bullet\boldsymbol{e} - r^2)}}{2}$$
$$t = \frac{2(\boldsymbol{e}\bullet\boldsymbol{d}) \pm \sqrt{4(\boldsymbol{e}\bullet\boldsymbol{d})^2 - 4(\boldsymbol{e}\bullet\boldsymbol{e} - r^2)}}{2}$$
$$t = (\boldsymbol{e}\bullet\boldsymbol{d}) \pm \sqrt{(\boldsymbol{e}\bullet\boldsymbol{d})^2 - \boldsymbol{e}\bullet\boldsymbol{e} + r^2}$$

从这几个根中，选择出两个球开始接触时的t，即这些根中较小的值：

$$t = (\boldsymbol{e}\bullet\boldsymbol{d}) - \sqrt{(\boldsymbol{e}\bullet\boldsymbol{d})^2 - \boldsymbol{e}\bullet\boldsymbol{e} + r^2}$$

需要说明的是：

1）如果$\|\boldsymbol{e}\| < r$，则球在t=0时就相交了。

2）如果$t < 0$或$t > l$，则在讨论的时间段内，两个球不会发生接触。

3）如果根号内的值是负的，那么两个球不会相交。

7. 球和平面的相交检测

对于静态的球和平面的检测是比较简单的，可以计算球心到平面的距离，若距离小于半径，则它们相交。当然，可以更进一步，判断球完全在平面前面，还是完全在背面，或者跨平面。以下是代码实现：

```
//判断球在平面的哪一边
//给定一个球和平面,判断球在平面的哪一边
//返回值:
//<0 球完全在背面
//>0 球完全在前面
//0 球横跨平面
int classifySpherePlane(
                        const Vector3 &planeNormal,     //必须标准化
                        float planeD,       //p * planeNormal = planeD
                        const Vector3 &sphereCenter,    //球心
                        float sphereRadius              //球半径
                        ) {
    //计算球心到平面的距离
    float d = planeNormal * sphereCenter - planeD;
    //完全在前面?
    if (d >= sphereRadius) {
```

```
            return +1;
        }
        //完全在背面?
        if (d <= -sphereRadius) {
            return -1;
        }
        //横跨平面
        return 0;
    }
```

对于动态的检测要稍微复杂一些。设平面为静止的，球进行所有的相对位移。设平面的标准形式为$\boldsymbol{p}\cdot\boldsymbol{n}=d$，$\boldsymbol{n}$为单位向量。球由半径$r$和初始球心位置$\boldsymbol{c}$定义，球运动的位移为单位向量$\boldsymbol{d}$表示，$l$代表位移的距离，$t$从0变化到$l$，对于运动球的球心轨迹使用$\boldsymbol{c}+t\boldsymbol{d}$表示，如图6-12所示。

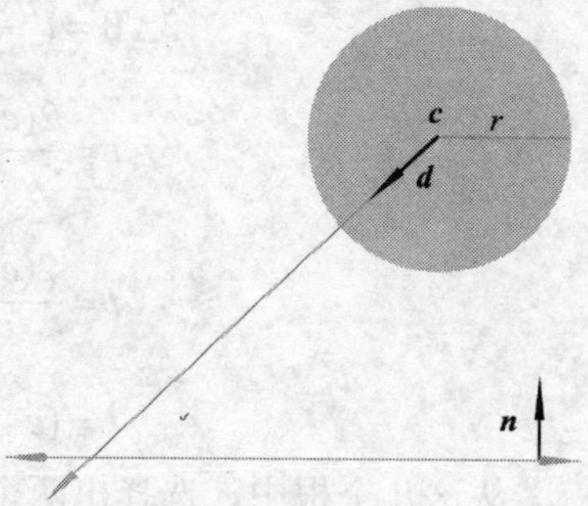

图6-12 运动的球向平面移动

无论球相交于平面上的哪一点，球相交于平面的点是不会变化的，使用式子$\boldsymbol{c}-r\boldsymbol{n}$来计算交点，如图6-13所示。

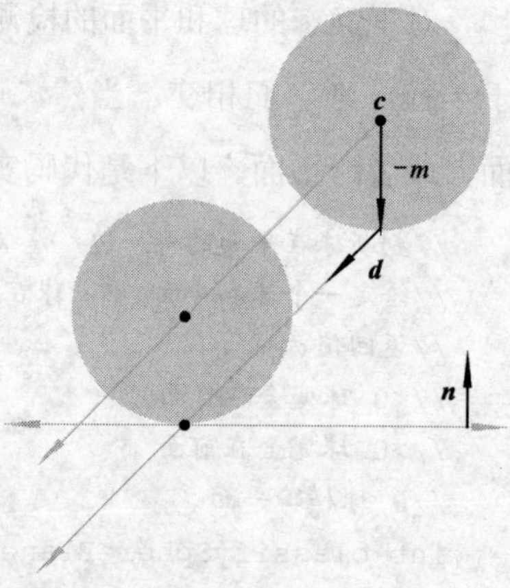

图6-13 球与平面的相交点

可以将此相交简化为一条射线与平面相交，该射线经过球与平面的交点，$\boldsymbol{d}$为射线的单位向量，表示射线的定义为：

$$\boldsymbol{p}(t)=\boldsymbol{p}_0+t\boldsymbol{d}$$

其中，$\boldsymbol{p}_0$可以表示为球与平面的交点，则$\boldsymbol{p}_0=\boldsymbol{c}-r\boldsymbol{n}$。

平面表示：

$$\boldsymbol{p}\cdot\boldsymbol{n}=\boldsymbol{d}$$

则：

$$(\boldsymbol{p}_0+t\boldsymbol{d})\cdot\boldsymbol{n}=d$$
$$\boldsymbol{p}_0\cdot\boldsymbol{n}+t\boldsymbol{d}\cdot\boldsymbol{n}=d$$
$$t\boldsymbol{d}\cdot\boldsymbol{n}=d-\boldsymbol{p}_0\cdot\boldsymbol{n}$$

$$t=\frac{d-\boldsymbol{p}_0\cdot\boldsymbol{n}}{\boldsymbol{d}\cdot\boldsymbol{n}}$$

这时，将$\boldsymbol{p}_0=\boldsymbol{c}-r\boldsymbol{n}$代入上式，得：

$$t=\frac{d-\boldsymbol{p}_0\cdot\boldsymbol{n}}{\boldsymbol{d}\cdot\boldsymbol{n}}$$

$$=\frac{d-(\boldsymbol{c}-r\boldsymbol{n})\cdot\boldsymbol{n}}{\boldsymbol{d}\cdot\boldsymbol{n}}$$

$$=\frac{d-\boldsymbol{c}\cdot\boldsymbol{n}+r}{\boldsymbol{d}\cdot\boldsymbol{n}}$$

6.3 碰撞检测

上面已经讲到了多种图形的相交检测，这些基本测试构成了碰撞检测系统的基础。碰撞检测用来防止物体互相穿越，或者使物体看起来像互相被弹开。

下面介绍两种碰撞，一种是检测发生在一个运动物体与周围环境中静止几何体之间的碰撞，叫做环境碰撞；另一种是检测发生在两个都可能运动的物体之间的碰撞，叫做物体碰撞。

1. 环境碰撞

大部分的游戏需要确定运动物体和环境之间什么时候发生碰撞，为了减少碰撞检测的计算量，通常用边界体近似地表示具有复杂几何形状的运动物体。

假设在渲染某一帧场景的显示效果图时，已知某一运动物体的位置，同时也可以计算出在渲染下一帧效果图时，该物体进行无障碍运动所在的位置。由于两帧之间的间隔很短暂，可以将物体在两帧时间间隔之间的运动视为直线运动，因此，环境碰撞检测问题一般被简化为边界体沿线段的延伸与环境中某一部分的求交。

小尺寸的运动物体通常被当做一个点来处理，这样就可以将碰撞检测问题简化成为射线的求交问题（在上面的内容中已讲到）。利用一些相关的技术，大尺寸的运动物体的碰撞检测计算也可以简化成射线的求交问题。例如，一个运动的球和一个平面之间是否发生碰撞可以由在上一节中讲到的球与平面的相交检测的方法得出。

依据上节中讲到的球与平面的相交检测，来完成碰撞检测。由上面的内容可知：当 $0\leqslant t\leqslant l$时：

$$t=\frac{d-\boldsymbol{c}\cdot\boldsymbol{n}+r}{\boldsymbol{d}\cdot\boldsymbol{n}}$$

有解，则发生碰撞，当$\boldsymbol{d}\cdot\boldsymbol{n}=0$时，球体与平面平行运动，不会发生碰撞。

2. 物体碰撞

通常两个物体可以看做一个物体相对于另一个物体，其相对的运动速度为两物体的速度之差，这是在上面内容中介绍过的，应用到碰撞检测中则可以将碰撞检测物体简化为一个运动物体和一个固定物体之间的碰撞检测问题。下面简单介绍两个运动的球体之间的碰撞检测方法。

在6.2节中，已经详细讲了两个运动的球体的相交检测，得出相交时的t值：

$$t = (\boldsymbol{e} \cdot \boldsymbol{d}) - \sqrt{(\boldsymbol{e} \cdot \boldsymbol{d})^2 - \boldsymbol{e} \cdot \boldsymbol{e} + r^2}$$

1）当$\|\boldsymbol{e}\| < r$时，则球在$t=0$时就相交了。

2）当$t<0$或$t>l$时，则在讨论的时间段内，两个球不会发生接触。

3）当根号内的值是负的，那么两个球不会相交。

6.4 可见性检测

要想将场景中的物体正确渲染在屏幕上面，需要进行可见性的检测，简称为VSD（visible surface Determination），就是将应该显示在画面上的部分保留下来，而不应该在屏幕上出现的部分则不渲染出来。

导致三角形或像素不可见的原因有以下两点：

1）三角形在视锥体（视锥体就是人们在屏幕上能看到的范围）外的部分不可见，视锥体外的部分被剪裁，视锥体内的部分被保留。

2）离摄像机更近的物体可能挡住它后面的物体，从而使后面的物体不可见。

6.4.1 包围体检测

虚拟场景中有很多物体，并不会将场景都存储于一个大的三角网中，而是会将它们分为若干部分，因为这样可以动态地改变各部分的位置，即使对于廊柱、墙壁等静态的物体也是这样处理，这种方式处理带来的好处就是可以对于三角形群组做批处理，而不是逐个三角形处理。

可以基于包围体做检测。包围体经常是包围盒，如AABB，对它们进行表达会比正常的物体简单很多。不管包围体的形状是什么样的，只要探测到包围体不可见，那么它内部的所有三角形都不可见，就不用再逐个判断。

导致三角形不可见的两个原因：离屏（没有在屏幕内）或被遮断。它们也可以被应用于包围体：如果整个包围体离屏，则内部的所有三角形也是离屏的；如果整个包围体被遮断，那么所有三角形也被遮断。

下面将介绍如何探测包围体的可见性。

1. 视锥的检测

基于视锥检测包围盒（如AABB）是很容易的，就是使用包围盒的8个顶点对6个裁剪面进行测试，如果所有顶点都在一个或多个裁剪面的“外部”，则包围盒显然不可见，如图6-14所示。

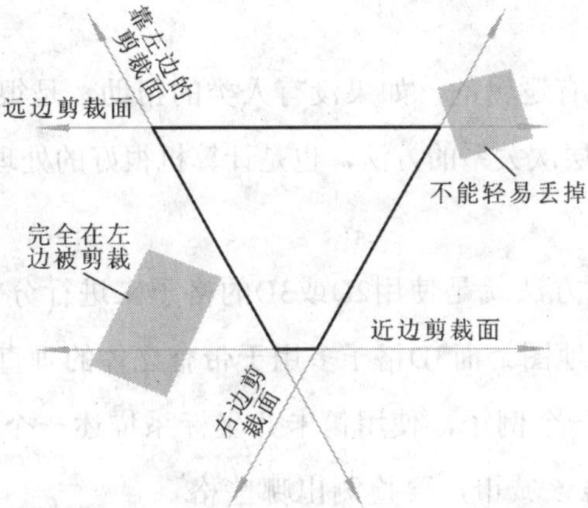

图6-14 视锥检测

图中有两个包围体，图左下角的包围盒因为在左边剪裁面的外部，所以可以抛弃；右上角的包围盒完全在视锥体外，却不在任何剪裁面的外部，这种情况很难检测，也不经常发生。

2. 遮断检测

判断包围盒是否被其他物体遮断是比较困难的，一种技术是“渲染”包围盒，光栅化包围盒的面，但是并不实际渲染它，而只是探测是否有像素可见，这种技术叫做z-检测。

检测包围盒是否离屏相对容易一些，物体是否在屏幕上只依赖于物体和摄像机的位置，和其他物体没有关系，但遮断检测要复杂得多，因为它们依赖于场景中的其他物体，所以这样的检测需要更加高级的VSD的方法。了解到这就可以了。

6.4.2 空间分割

前面讲述了关于包围体技术的VSD算法，它是一种“中级”的算法，本节将介绍“高级”的算法，可以一次处理大量的数据，它不仅可以通过物体来分解场景，而且还可以分解整个3D世界空间。

通过上面的介绍，已经可以通过包围体技术来完成绘制场景的一部分，这时，如果在更复杂的一些场景中，就比较局限了，因为，虽然不需要渲染所有的物体，但是要处理所有的物体，探测它们是否可见，所以在大一点的场景中，会非常影响游戏运行的效率，降低游戏的可玩性。

在大型场景中，会将场景分成不同的组，但是由于物体太多，所以应建立层次概念。比如，将一个城市分成各个街区，每一个街区有若干栋大厦，每一栋大厦有若干层，每一层有若干个房间，当抛弃整个大厦，那么就不需要再检测大厦里面的层，更不用看每一个房间。

但是，计算机是没有逻辑的，如果没有人类的帮助，是很难建立起空间结构的，所以，提出另一种建立层次关系的方法，也是计算机很好的处理方法，叫做几何分割。

1. 格子系统

最简单的几何分割方法就是使用2D或3D的格子来进行分割。2D的格子多用于室外环境，有点像所看的地图；而3D格子多用于带有立体的垂直的环境，比如高大的楼房。在第1章中讲到过一个例子，使用笛卡儿坐标系描述一个城市，指定了一个街区是一个方格，现要渲染该城市，要检测出哪些格子是可见的，哪些是不可见的，只需要渲染可见的建筑。

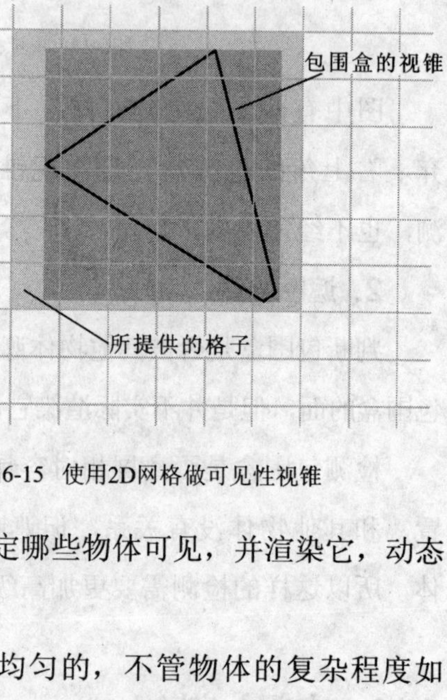

图6-15　使用2D网格做可见性视锥

可以使用一种技巧，计算视锥的轴对齐包围盒AABB并与栅格系统求交集，如图6-15所示。

不管城市有多大，或者有多少物体，检测的时间都是一定的。图6-14中，有一些应该渲染的格子，但是它们都在视锥体外部，所以，应用上节中的包围体检测法消除它们。

应用格子系统探测可见性，遍历所有的格子，确定哪些物体可见，并渲染它，动态或静态的物体都可以使用这样的方法。

格子方法的主要问题是不够灵活，它的划分是均匀的，不管物体的复杂程度如何。格子太小，处理开销就会增大，格子太大，可能有些复杂物体的划分不够。

2. 四叉树和八叉数

采用自适应空间分割法，也就是在必要的地方分割，在2D空间中使用四叉树，在3D空间中使用八叉数。这两个都是由层次节点组成的树状结构，在这里介绍四叉树，因为它比较容易展示和理解，八叉数就是四叉树在3D空间中的扩展。

在四叉树中，将底层定位包含整个场景的叫做“根节点”，再往上一层，将根节点分为4个不重叠的子节点，而再往上一层就是将每一个子节点再分为4个子节点，依次分层，如图6-16所示。

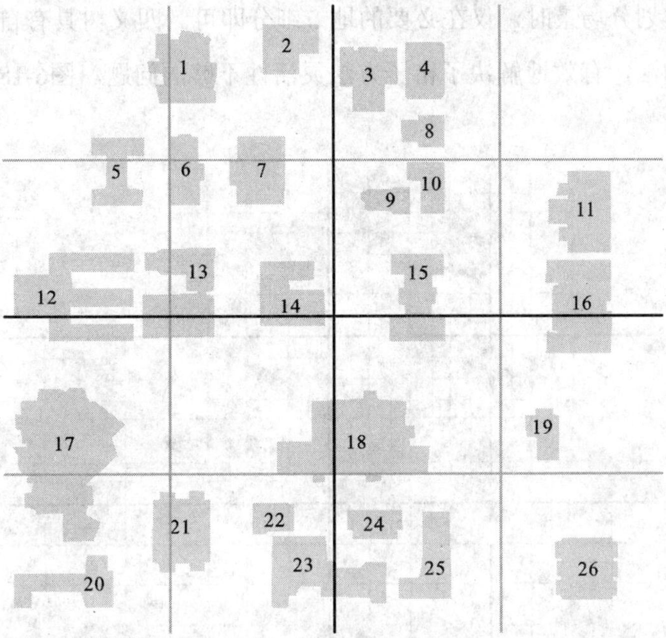

图6-16 四叉树表示

图6-16中使用四叉树划分了整个场景，将物体安排在树的节点中，从根节点开始，如果一个物体完全被某一个节点包含，则进入该子节点中，不断向下，直到物体完全被某节点包含，或到达某个叶子节点；如果一个物体跨越两个子节点，那么此时停止再向下，并将该物体放在该级节点中，如图6-17所示。

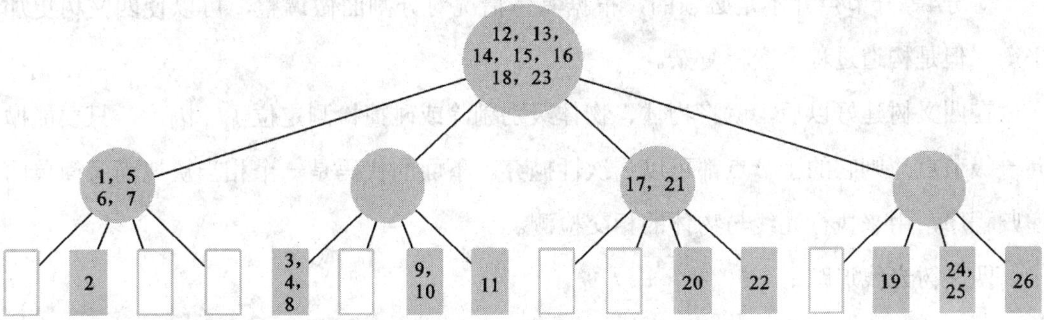

图6-17 四叉树排序物体

将图6-16中的场景使用四叉树划分成了一个具有三层的树。确定划分到哪一层就不必再划分的条件总结如下：

1）当节点内的物体或三角形已经很少的时候。

2）当子节点太小时，不能再划分。当然，可以将小节点再细分，但应防止节点小于一定的尺寸。

3）当已经达到树的深度限制时。比如，只能划分到第五层。根据四叉树在内存中的表达方式，这个限制是必需的。

使用四叉树划分场景时，仅在必要的地方细分即可。四叉树具有自适应性，是一种自适应空间分割法，有效地解决了格子方法灵活性不够的问题。图6-18所示为一个四叉树划分的例子。

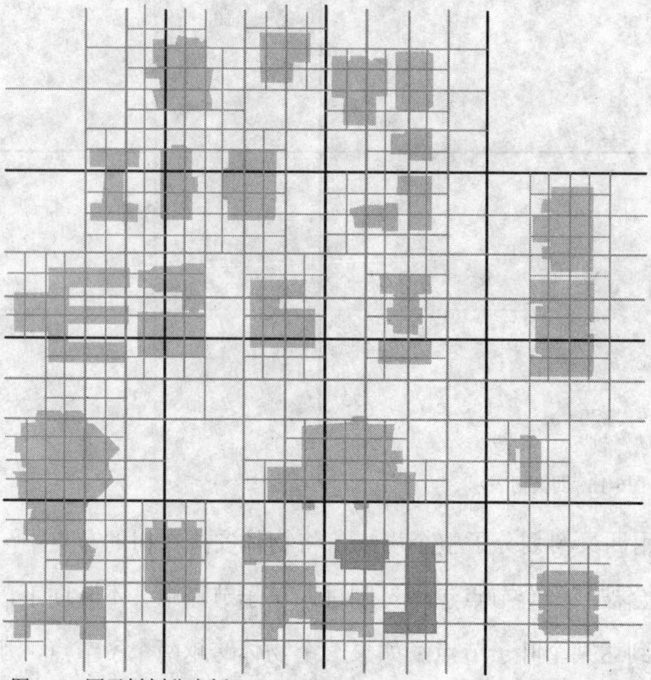

图6-18 四叉树划分实例

等分4等分节点并不是必须的，根据具体情况对分割面做调整，可以使四叉树更加平衡，但是构造过程会变得复杂。

在四叉树建好以后，就将物体、物体级别剔除或碰撞检测定位了，因为，只要能抛弃一级节点，则它的子节点都可以一次性抛弃。下面的代码是一个相当快速而又简单的递归程序，用来执行光线与物体的相交检测。

四叉树光线追踪：

```
//假设世界中的对象至少有下面的方法
class Object {
public:
    //执行光线追踪操作,如果有更近的交叉发生则更新minT
    void raytrace(Vector3 rayOrg, Vector3 rayDelta, float &minT);
    //同一四叉树节点中的下一个对象
    Object *next;
};
//高度简化的四叉树节点类
class Node {
```

```
public:
    //子节点指针,无论有4个子节点,还是叶子4个指针全为NULL
    Node *nw, *ne, *sw, *se;
    //虽然可以实时计算,但是为了使例子简单,就保存了节点的2D包围矩形
    float xMin, xMax;
    float zMin, zMax;
    float xCenter() const { return (xMin + xMax) * 0.5f; }
    float zCenter() const { return (zMin + zMax) * 0.5f; }
    //本节点中的对象列表
    Object *firstObject;
};
//需要一个全局指针保存根节点
Node *root;
//递归四叉树光线追踪.minT的值是目前为止探测到的最近交叉点
void Node::raytrace(Vector3 rayOrg, Vector3 rayDelta, float &minT) {
    //判断光线是否和包围矩形相交,注意这里考虑了已经找到的最近交叉
    if (!rayIntersectsBoundingBox(rayOrg, rayDelta, minT)) {
            //拒绝我和我的子节点
            return;
    }
    //重新追踪节点中的所有对象
    for (Object *objPtr = firstObject;objPtr != NULL;objPtr=objPtr->next) {
            //追踪对象,如果更近的交叉被找到就更新minT
            objPtr->rayTrace(rayOrg, rayDelta);
    }
    //检查是否为叶子,如果是,结束递归
    if (nw == NULL) {
            return;
    }
    //判断从哪个子节点开始
    if (rayOrg.x < xCenter()) {
            if (rayOrg.z < zCenter()) {
                    //从西南子节点开始
                    sw->rayTrace(rayOrg, rayDelta, minT);
                    se->rayTrace(rayOrg, rayDelta, minT);
                    nw->rayTrace(rayOrg, rayDelta, minT);
                    ne->rayTrace(rayOrg, rayDelta, minT);
            } else {
                    //从西北子节点开始
                    nw->rayTrace(rayOrg, rayDelta, minT);
                    ne->rayTrace(rayOrg, rayDelta, minT);
                    sw->rayTrace(rayOrg, rayDelta, minT);
                    se->rayTrace(rayOrg, rayDelta, minT);
            } else {
                    if (rayOrg.z < zCenter()) {
                            //从东南子节点开始
                            se->rayTrace(rayOrg, rayDelta, minT);
                            sw->rayTrace(rayOrg, rayDelta, minT);
                            ne->rayTrace(rayOrg, rayDelta, minT);
                            nw->rayTrace(rayOrg, rayDelta, minT);
```

```
            } else {
                //从东北子节点开始
                ne->rayTrace(rayOrg, rayDelta, minT);
                nw->rayTrace(rayOrg, rayDelta, minT);
                se->rayTrace(rayOrg, rayDelta, minT);
                sw->rayTrace(rayOrg, rayDelta, minT);
            }
        }
    }
}
//世界光线追踪的函数,返回参数交点,没有相交时返回1.0
float rayTraceWorld(Vector3 rayOrg, Vector3 rayDelta) {
    float minT = 1.0;
    root->rayTrace(rayOrg, rayDelta, minT);
    return minT;
}
```

上例中需要注意的是：根据包含光线来源的子节点的不同，每一级向下的递归顺序是不同的，这样做的效果是使得遍历顺序与光线被物体截获的顺序一致，这是一个重要的优化。当检测光线是否和节点的包围盒相交时，考虑了最近一次的相交，换句话说，光线不仅和本节点相交，也一定和最近一次的上层节点相交。所以，当检测到相交时，可以截断光线，并只从该点开始继续向下判断。为提高效率，必须尽可能早地探测到交叉，并以光线的照射顺序遍历节点。

小结

本章主要介绍关于各种图形的最近点的确定，介绍了不同的两个物体之间相交性的检测，讲解了相交的交点的确定及相交的条件，实现了不同种类的碰撞检测；另外，在本章中实现了AABB类的定义及实现；最后一部分介绍了可见性检测的几种方法，包括包围盒检测，以及空间分割的概念及原理。

习题

请判断下面的句子是否正确。

1. 相交性检测有两种不同种类的检测，包括静态的检测和动态的检测。(　　)
2. 所有动态的测试都可以变成一个静态的图形和一个动态的图形。(　　)

3．在2D平面两条直线的相交检测中，其中当两直线方程式解的结果为一个解时，两条直线平行。（　）

4．碰撞检测中发生在两个同时运动的物体之间的碰撞叫做环境碰撞。（　　）

5．有两种原因导致物体不可见，其中包括在视锥体外的物体不可见，将被裁剪，另外是离摄像机更近的物体遮挡住了它后面的物体的部分，从而不可见。（　　）

6．在更加复杂的场景中，将使用包围体检测来处理可见性问题。（　）

7．格子方法的弱点是灵活度不够，对于复杂物体的划分程度不好灵活把握，此时需要四叉树或八叉数来解决。（　　）

8．由于两帧之间的间隔很短暂，可以将物体在两帧时间间隔之间的运动视为直线运动，因此，环境碰撞检测问题一般被简化为边界体沿线段的延伸与环境中某一部分的相交。（　）

9．检测发生在两个都可能运动的物体之间的碰撞，叫做物体碰撞。（　　）

10．可以基于包围体做检测，包围体经常是包围盒，只要探测到包围体不可见，那么它内部的所有三角形都不可见。（　　）

11．在大型场景中建立层次关系的方法叫做几何分割。（　　）

12．采用自适应空间分割法，也就是在必要的地方分割，在2D空间和3D空间都使用四叉树。（　　）

13．在四叉树建好以后，只要能抛弃一级节点，则它的子节点都可以一次性抛弃。（　　）

14．3D空间中的两射线可能的相交情况比2D空间多一种情况，就是两射线可能不在一个平面上。（　　）

15．对于静态的球和平面进行相交性检测时，可以计算球心到平面的距离，若距离大于半径，则它们相交。（　　）

16．碰撞检测用于防止物体互相穿越，或者使物体看起来像互相被弹开。（　　）

扩展练习

1．在2D中无限长的直线表示为：$\boldsymbol{p}\cdot[0.35,0.93]=\boldsymbol{d}$，求出点(10,20)在直线上的最近点及它们之间的距离。

2．设球的球心在点(2,6,9)，半径为1，找出点(3,−17,6)在球上的最近点。

3．设有半径为7、球心在(42,9,90)的球$S1$和半径为5、球心在(41,80,41)的球$S2$，当t=0时两个球开始运动，$S1$的速度向量为[27,38,−37]，$S2$的速度向量为[24,−38,10]。判断这两个球是否相交，如果相交，计算出它们第一次接触时的t值。

4．计算出直线$\boldsymbol{p}\cdot[-0.786\ 3,0.617\ 8]=8$和直线$\boldsymbol{p}\cdot[0.268\ 8,0.963\ 2]=2$的交点。

5．找出由$\boldsymbol{r}(t)=[-10.127\ 5,-9.692\ 2,-9.710\ 3]+t[0.517\ 9,0.633\ 0,0.575\ 4]$定义的射线与中心在原点、半径为10的球的交点。

6．考虑在3D中的参数形式的射线$\boldsymbol{p}(t)=[3,4,5]+t[0.267\ 3,0.801\ 8,0.534\ 5]$，$t$由0变化到50。计算出点(18,7,32)和点(13,52,26)在射线上的最近点的t值，并计算出这两个点的笛卡儿坐标。

7．考虑由$\boldsymbol{p}_{\min}=(2,4,6)$和$\boldsymbol{p}_{\max}=(8,14,26)$定义的AABB。找出点(23,−9,12)在AABB上的最近点。

8．考虑球心在(78,43,43)、半径为3的球和由$\boldsymbol{p}\cdot[0.535\ 8,-0.777\ 8,-0.328\ 4]=900$定义的平面。当$t$=0时，球开始运动，速度向量为[9,2,1]。判断球与平面是否相交。

第 7 章

物理模拟

本章主要内容：

牛顿运动定律
质量和质心
速度和加速度
匀速直线运动和曲线运动
力场和万有引力
摩擦力
浮力
弹簧力
离心力
动量和冲量
碰撞

本章重点：

牛顿运动定律
速度和加速度
常见力的概念
动量和动量定律
碰撞的类型

本章难点：

碰撞

学完本章您将能够：

- 了解物理学中的基本定律概念
- 了解运动学的基本概念
- 掌握力学中的常见力
- 掌握动量和碰撞的知识

引 言

前面章节介绍了在游戏开发过程中应用到的3D数学知识，在整个游戏开发中，也用到了很多关于物理学的知识，许多特定游戏的元素都需要实际物理的模拟才能达到真实的效果。本章将介绍关于游戏开发中应用到的物理学中的基础知识，为今后的游戏开发课程的学习奠定物理学相关基础。

7.1 基本概念

本节将介绍在力学当中几个非常重要的基本概念，为今后的应用打好基础。

7.1.1 牛顿运动定律

牛顿运动定律是由牛顿（Isaac Newton，见图7-1）总结于17世纪并发表于《自然哲学的数学原理》的牛顿第一运动定律（Newton's first law of motion）、牛顿第二运动定律（Newton's second law of motion）和牛顿第三运动定律（Newton's third law of motion）三大经典力学基本定律的总称。

图7-1 牛顿

1. 牛顿第一运动定律

一切物体在任何情况下，在不受外力的作用时，总保持静止或匀速直线运动状态，直到有外力迫使它改变这种状态为止。

物体都有维持静止和做匀速直线运动的趋势，因此物体的运动状态是由它的运动速度决定的，没有外力，它的运动状态是不会改变的。物体保持原有运动状态不变的性质称为惯性（inertia），惯性的大小由质量度量。所以，牛顿第一定律又称惯性定律（law of inertia）。

牛顿第一定律也阐明了力的概念。明确了力是物体间的相互作用，指出了力是改变物体的运动状态的原因。因为加速度是描写物体运动状态的变化，所以力是和加速度相联系的，而不是和速度相联系的。

在300多年前，伽利略对类似的实验进行了分析，如图7-2所示。

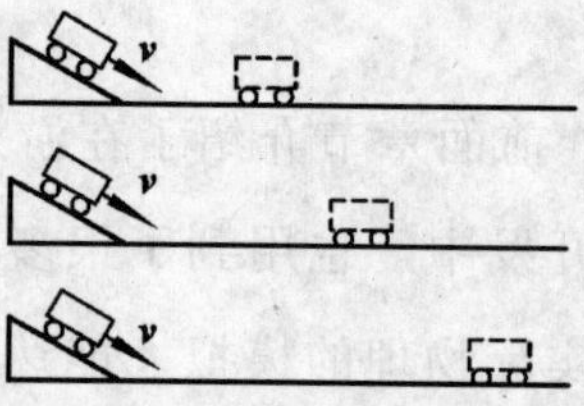

图7-2 不同材质轨道下的运动

相同的物体从相同的高度在不同的表面滑行，移动的距离是不一样的，因为所受到的阻力大小不一样。受到的阻力越小，它的运动速度减小得就越慢，它的运动时间就越长，进一步推理，在理想的情况下，如果水平表面绝对光滑，物体受到的阻力为零，它的速度将不会减慢，将以恒定不变的速度永远运动下去。

2. 牛顿第二运动定律

物体的加速度与物体所受的合外力成正比，与物体的质量成反比，加速度的方向与合外力的方向相同。

表达式可以表示为：

$$\sum \boldsymbol{F}=m\boldsymbol{a}$$

1）牛顿第二定律是力的瞬时作用规律，力和加速度同时产生、同时变化、同时消逝。

2）$\boldsymbol{F}=m\boldsymbol{a}$是一个矢量方程，应用时应规定正方向，凡是与正方向相同的力或加速度均取正值，反之取负值，一般常取加速度的方向为正方向。

3）根据力的独立作用原理，用牛顿第二定律处理物体在一个平面内运动的问题时，可将物体所受各力正交分解，在两个互相垂直的方向上分别应用牛顿第二定律的分量形式，如图7-3所示。

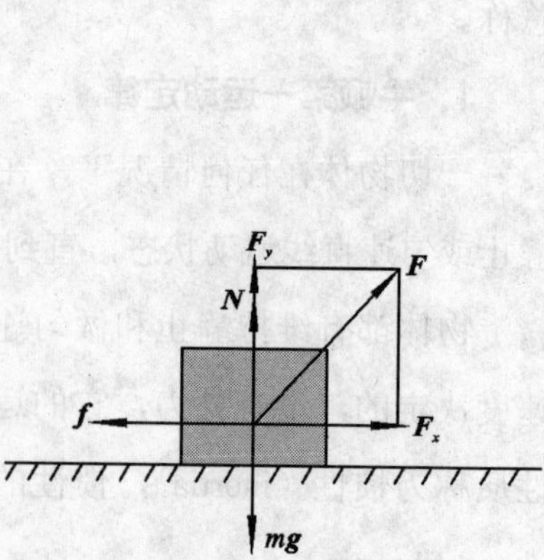

图7-3 力的正交分解

牛顿第二定律具有5个性质：

1）同体性：$\sum \boldsymbol{F}$、m、$\boldsymbol{a}$对应于同一物体。

2）矢量性：力和加速度都是矢量，物体加速度的方向由物体所受合外力的方向决定。牛顿第二定律数学表达式 $\sum \boldsymbol{F}=m\boldsymbol{a}$ 中，等号不仅表示左右两边数值相等，也表示方向一致，即物体加速度方向与所受合外力方向相同。

3）瞬时性：当物体（质量一定）所受外力发生突然变化时，作为由力决定的加速度的大小和方向也要同时发生突变；当合外力为零时，加速度同时为零，加速度与合外力保持一一对应关系。牛顿第二定律是一个瞬时对应的规律，表明了力的瞬间效应。

4）相对性：自然界中存在着一种坐标系，在这种坐标系中，当物体不受力时将保持匀速直线运动或静止状态，这样的坐标系称为惯性参照系。地面和相对于地面静止或做匀速直线运动的物体可以看做惯性参照系，牛顿定律只在惯性参照系中才成立。

5）独立性：作用在物体上的各个力，都能各自独立产生一个加速度，各个力产生的加速度的失量和等于合外力产生的加速度。

3. 牛顿第三运动定律

两个物体之间的作用力和反作用力，在同一条直线上，大小相等，方向相反。

第三运动定律的表达式是：

$$\boldsymbol{F}=-\boldsymbol{F}'$$

其中，$\boldsymbol{F}$表示作用力，$\boldsymbol{F}'$表示反作用力，负号表示反作用力$\boldsymbol{F}'$与作用力$\boldsymbol{F}$的方向相反。

要改变一个物体的运动状态，必须有其他物体和它相互作用。物体之间的相互作用是通过力体现的。力的作用是相互的，有作用力必有反作用力，它们作用在同一条直线上，大小相等，方向相反。

举一个实例，如图7-4所示，两个人在拔河。

对甲乙两人进行受力分析，甲拉绳子的力等于绳子拉甲的力，同理，乙拉绳子的力等于绳子拉乙的力，它们分别是相互作用力，大小相等，方向相反。

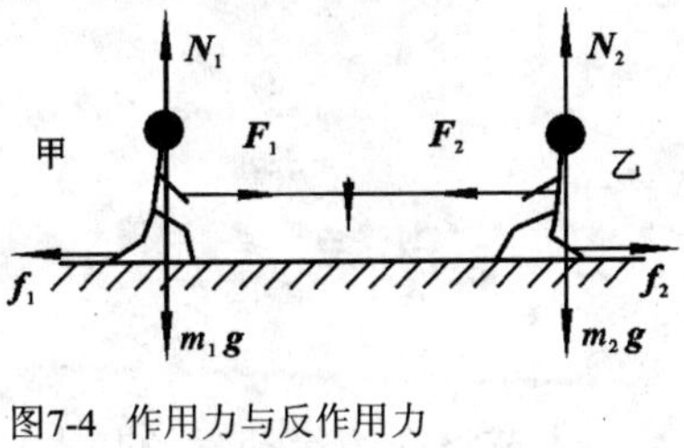

图7-4 作用力与反作用力

7.1.2 质量和质心

物体的质量特性包括质量、质心等。质量的特性在研究动力学时是相当重要的，因为无论是物体的线性运动（在空间中无关旋转的运动）或角运动（物体绕着某个轴旋转的运动)，还是物体在受力之后的运动，都是这些质量特性的函数，因此要精确模拟运动中的物体，必须先知道或求出这些质量的特性。下面首先来看一些定义。

1. 质量

在物理学中，质量是物体含有物质的多少，质量不随形状、状态、空间位置的改变而改变。通常使用m来表示质量，国际单位制中质量的单位名称是千克，单位符号为kg。

在物理学中，质量分为惯性质量和引力质量，惯性质量表示的是物体惯性的大小，而引力质量表示受引力的大小，这两个质量大小相等，是同一个物理量的不同方面。

一般而言，质量大都被视为物体中所含物质的总量，但是就力学的观点来看，也可以把质量视为物体抵抗运动的阻力或改变其运动状态的力。因此，物体的质量越大，就表示越难使它运动或改变其运动状态。

对某个由许多粒子所组成的物体而言，该物体的总质量就是所有组成粒子的质量的总和。每个粒子的质量为其质量的密度与体积的乘积，若物体密度分布均匀，则该物体的总质量就是密度与总体积的乘积，公式表示如下：

$$m = \int \rho \mathrm{d}V = \rho \int \mathrm{d}V$$

实际上，在模拟现实的物体时，物体的密度都不是均匀分布的，可以将这些复杂的物体分解成已知质量的零件，再将这些零件的质量加和后求得物体的总质量。

2. 质心

物体的质心就是物体质量的中心，是质量分布的平均位置。在力学上面的说法是：质心是任何经过它作用在物体上的力都不会使物体旋转的点。

7.2 运动学

本节将介绍运动学的基本概念，包括速度及加速度的概念，几种运动的定义及运动规律。

1. 速度

可以这么解释：速度是一个具有量值及方向的向量。速度的量值就是速率。比如，在玩赛车游戏时，左下角或右下角会有车速的显示。

速率是移动率，或者称为行进距离与花费时间的比率，数学公式为：

$$v=\Delta s/\Delta t$$

其中，v为速率，即速度的大小，而Δs是经过时间Δt后行进的距离。速率的国际单位是m/s。

在运动学上，位移与行进距离两者要区分。在一维空间中，位移等于行进距离，然而，就空间中的向量而言，位移实际上是起点至终点的向量，而不考虑行进的路径，即位移是起点坐标与终点坐标的差。因此，在计算给定位移的平均速度时，若起点到终点的路径不是直线，则应加以注意。当Δt很小，即趋近于0时，位移和行进距离是一样的。

2. 加速度

加速度（acceleration）是速度变化量与发生这一变化所用时间的比值。加速度是描述物体速度改变快慢的物理量，通常使用a表示。

加速度是矢量，它的方向与合外力的方向相同，其方向表示速度改变的方向，其大小表示速度改变的大小。

可以通过上一节中力的公式求得加速度：

$$\boldsymbol{a}=\boldsymbol{F}/m$$

可以这样描述：力是改变物体运动状态的条件，而加速度是描述物体运动状态的物理量。

加速度与速度没有必然的联系，加速度很大时，速度可以很小，速度很大时，加速度也可以很小。可以举个例子：汽车在启动前是静止的，发动后汽车具有100 km/h的速度，那么速度从静止的零到100 km/h这个过程中是怎么样的呢？当汽车的运动方向与其加速度的方向同向时，即做加速运动；相反，当汽车的运动方向与其加速度反向时，即做减速运动。

正式的含有加速度的位移公式为：

$$\boldsymbol{s}=\boldsymbol{v}t+1/2\boldsymbol{a}t^2$$

其中，$\boldsymbol{v}$为初速度，t为时间，从中可以求出加速度。

假如两辆汽车开始时静止，均匀地加速后，达到10 m/s的速度，甲车用了10 s，乙车用了5 s。两辆汽车的速度从0变为10 m/s，速度都改变了10 m/s，所以，它们的速度变化量是一样的；但是，很明显，乙车的速度增加得更快一些，可以使用加速度来说明这个现象。加速度$\boldsymbol{a}=\boldsymbol{v}/t$，其中$\boldsymbol{v}$是速度变化量，显然，速度变化量一样的，使用的时间越短，则加速度越大。

3. 匀加速直线运动

当加速度保持不变（即大小和方向都不变），并且方向与速度方向相同，经过同样的时间速度（速度也是矢量，包括大小与方向）变化得一样多（速度的方向不变，而大小变化得一样多），物体的运动是匀加速直线运动。

例如，当司机在直行时踩油门，方向盘保持不动，汽车做的就是匀加速直线运动，此时，加速度与初速度在同一条直线上。

物体的即时速度公式表示为：

$$v=v+at$$

其中，v是初速度，t是时间，a是加速度。

4. 曲线运动

当加速度保持不变的时候，物体也可能做曲线运动。

介绍一种常见的曲线运动：在第一人称射击的游戏中，若需要仿真程度很高时，射出的子弹将做平抛运动，如图7-5所示。

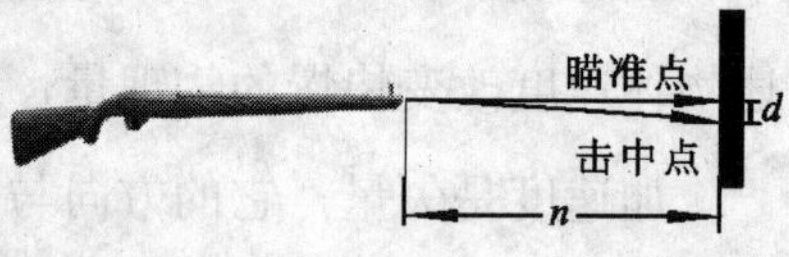

图7-5 射击的平抛运动

平抛运动的物体是以一定的初速度沿水平方向抛出，并且物体仅受重力作用。可以将平抛运动看做水平方向上的匀速直线运动和竖直方向的自由落体运动的合运动。

列出相关平抛运动的公式：

水平位移n：

$$n=vt$$

竖直位移d：

$$d=1/2gt^2$$

对平抛运动进行说明如下：

1）在水平方向上，物体不受外力，所以做匀速直线运动，其速度就是平抛运动的初速度。

2）在竖直方向上，物体只受重力作用，所以做自由落体运动、水平和竖直两个方向各自独立，又是同时进行，具有分运动的独立性和等时性。

3）平抛运动的轨迹为抛物线。

4）运动时间只由高度决定，由公式可以得出时间t只由竖直方向上的高度决定。

5）水平位移由高度和初速度决定。

7.3 力

本节将介绍一些关于力学的知识，为以后的内容做基础。在实际模拟的过程中，将发现力学的观念是非常重要的，运动学仅是动力学的一部分。本节将介绍两种基本的作用力。

在日常生活中，已经非常熟悉力的概念了，在移动鼠标时，则必须施力于鼠标，在踢球时，必须通过脚来施力于足球。可以说，力可以让物体移动；更精确地说，力会改变物体的加速度。

除了接触力之外，还有另一种常见的力叫做“场力”，或称为“非接触力”。这种力不需要接触物体，便能在物体上产生作用力。物体之间的万有引力便是一个很好的例子；另外，存在于电荷粒子之间的电磁吸引力也属于这一类。力场这个概念在很久以前就已存在了，用来解释有距离的物体间所产生的作用力。可以说，一个物体是受到另一个物体的重力场所作用的。力场的概念可以帮助了解物体为什么可以不通过实际的接触，就能够对另一物体施力。

有一些特定的力会与各种自然现象相关，例如摩擦力、浮力及压力等。还有一个知识需要说明，在之前的内容中讲到了牛顿第三运动定律，作用在一个物体上的所有的力，都会有一个量值相等而方向相反的反作用力同时产生，这说明力的存在是成对出现的，力本身不会单独出现。举一个例子，火箭推进原理：火箭引擎会使燃料的分子受到力的作用产生加速度而从排气口喷出，而施于这些分子使之加速的力，也会同时产生作用于火箭的反作用力，即推力。本节会介绍一些作用力和反作用力的例子。

7.3.1 力场和万有引力

力场是非接触力，万有引力就是一个非接触力，在生活中无处不在，牛顿也给出了万有引力定律：

两物体之间的引力与这两个物体的质量成正比，且与两个物体质心距离的平方成反比，同时，该引力的作用线就是两物体质心的连线。万有引力的公式是：

$$\boldsymbol{F}_a=(\boldsymbol{G}m_1m_2)/r^2$$

其中，G是万有引力常量，以国际单位表示为：

$$6.673\times10^{-11}\text{N}\cdot\text{m}^2/\text{kg}^2$$

一般用的重力加速度的值是常数9.8 m/s²，这是物体靠近海平面的重力加速度，对于靠近地面的物体所受的万有引力作用而产生了加速度（牛顿第二运动定律）。将万有引力代入牛顿第二运动定律，得到：

$$m\boldsymbol{a}=(\boldsymbol{G}M_e m)/(R_e+h)^2$$

其中，m是物体的质量，$\boldsymbol{a}$是因物体与地球间的万有引力而产生的加速度，即重力加速度，M_e是地球的质量，R_e是地球的半径，而h是物体的海拔高度，通过该式可以得到重力加速度公式为：

$$\boldsymbol{a}=\boldsymbol{g}'=(\boldsymbol{G}M_e)/(R_e+h)^2$$

由于地球的质量和半径都是已知的，将这些值代入以上公式中，并假定物体的海拔高度为0，就可以计算出至今一直在使用的常数g的值，得出g=9.8 m/s²。

7.3.2 摩擦力

当物体在运动时，会在接触面上彼此交互作用而产生摩擦力。摩擦力是一种接触力，它的方向为接触点上平行于接触面也就是正切于接触面的方向，它的大小是接触面间的正压力与表面粗糙程度的函数。在不同的表面物体所受的摩擦力不同，施加不同的压力，物体所受的摩擦力也不同。图7-6所示为一个水平表面上的木块，能比较容易想象各个力之间的关系。

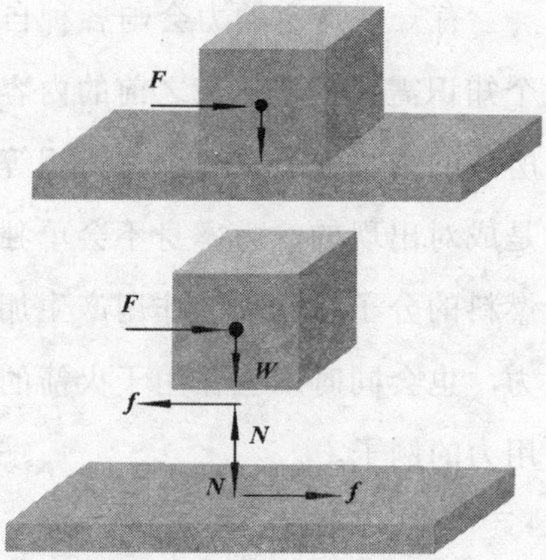

图7-6 摩擦力与水平表面接触的木块

对木块进行受力分析。给木块一个很小的水平向右的力$\boldsymbol{F}$，作用在物体的质心上，当$\boldsymbol{F}$增加时，木块和水平表面将产生摩擦力来阻止木块的移动。这个摩擦力的方向与$\boldsymbol{F}$的方向相反，为水平向左，其最大值为：

$$\boldsymbol{F}_{max}=\mu\boldsymbol{N}$$

其中，μ为静摩擦因数，N为木块与平面之间的压力，根据这样的情况，N的量就是木块的重量，当作用力F增加时，只要小于最大摩擦力，木块依然不动，当F加大到大于最大摩擦力时，木块在作用力的影响下就产生了加速度，即物体将移动起来，这时摩擦力会由最大摩擦力减到运动时的动摩擦力，公式为：

$$\boldsymbol{F}_k=\mu_k\boldsymbol{N}$$

这里的摩擦因数是动摩擦因数，它小于静摩擦因数。

7.3.3 压力和压强

压力也是人们非常熟知的名词，在物理上，表示的是：垂直作用在物体表面上的力。

压力的方向垂直于物体表面，并指向受力物体。压力作用在物体表面上。如图7-7所示，如果施加一个向下的力给物体，压力就是图中***F***所表示的力。

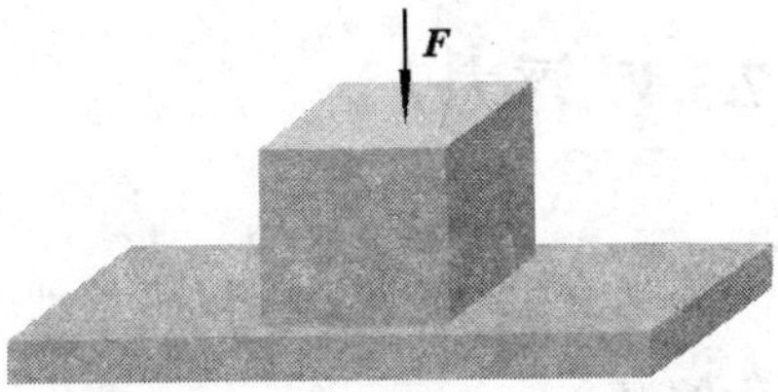

图7-7 压力

压力和重力有一些区别，说明如下：

1）压力是由于相互接触的两个物体互相挤压发生形变而产生的；重力是由于地面附近的物体受到地球的吸引作用而产生的。

2）压力的方向没有固定的指向，但始终和受力物体的接触面相垂直；重力有固定的指向，总是竖直向下。

3）压力可以由重力产生也可以与重力无关。当物体放在水平面上且无其他外力作用时，压力与重力大小相等。当物体放在斜面上时，压力小于重力。

物体在单位面积上受到的压力大小就是压强，压强是表示压力的作用效果的物理量。需要注意的是，压强不是力。压力$\boldsymbol{F}$等于压强$\boldsymbol{P}$乘以受到该压强的总面积A：

$$\boldsymbol{F}=\boldsymbol{P}A$$

得压强为：

$$\boldsymbol{P}=\boldsymbol{F}/\boldsymbol{A}$$

由公式得知：当压强不变时，作用的接触面积越大，所产生的力就越大；当接触面积一定时，压强越大，压力就越大。如图7-8所示，不同的受力面积或压强下，物体所受的压力不同。

图7-8（a）是一个桌子压在某表面的效果；观察图7-8（b），在受力面积不变的情况下，加大了压力（上面加上一个砝码），对于该表面的施压效果增加了，即压强增加了；观察图7-8（c），在受力压力和图7-8（b）受力压力相同的情况下，加大了表面的受力面，施压的效果减小了，即压强减弱了。

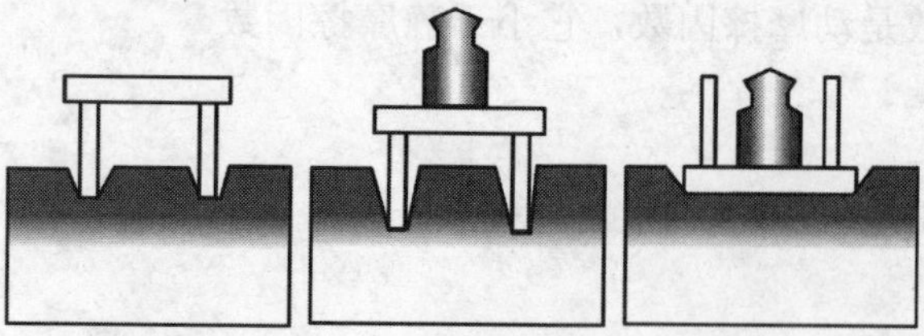

图7-8 压强和压力

7.3.4 浮力

当浸在浴缸时，可以感觉到比在地面上轻，这是由于浮力的作用。本节介绍关于浮力的概念。

首先，介绍浮力的发现，以对浮力有一个更深刻的了解。公元前245年，赫农王命令阿基米德（Archimedes，见图7-9）鉴定金匠是否欺骗了他。赫农王给金匠一块金子让他做一顶纯金的皇冠。做好的皇冠尽管与先前的金子一样重，但国王还是怀疑金匠掺假了。他命令阿基米德鉴定皇冠是不是纯金的，但是不允许破坏皇冠。

图7-9 阿基米德

这看起来是件不可能的事情。在公共浴室内，阿基米德注意到他的胳膊浮到水面。他的大脑中闪现出模糊不清的想法。他把胳膊完全放进水中，全身放松，这时胳膊又浮到水面。

他从浴盆中站起来，浴盆四周的水位下降；再坐下去时，浴盆中的水位又上升了。

他躺在浴盆中，水位变得更高了，而他也感觉到自己变轻了。他站起来后，水位下降，他则感觉到自己变重了。他想，一定是水对身体产生向上的浮力才使得感到自己轻了。

他把差不多同样大小的石块和木块同时放入浴盆，浸入到水中。石块下沉到水里，但是他感觉到石块变轻。他必须要向下按着木块才能把它浸到水里。这表明浮力与物体的排水量（物体体积）有关，而不是与物体的重量有关。物体在水中感觉有多重一定与它的密度（物体单位体积的质量）有关。

阿基米德在此找到了解决国王皇冠问题的方法，问题的关键在于密度。如果皇冠里面含有其他金属，它的密度会不相同，在重量相等的情况下，这个皇冠的体积应是不同的。

他把皇冠和同样重量的金子放进水里，结果发现皇冠排出的水量比金子排出的水量大，这表明皇冠是掺假的。

阿基米德不仅发现了浮力原理，更重要的是他发现了物体的浮力等于物体排出液体的重量。

浮力就是物体浸在流体中所产生的力，为物体体积与流体密度的函数，也就是物体顶端的流体跟物体底部的流体所产生的压力差。压力越大，表示物体在水中的深度越深。所以，对固定高度的物体而言，其底部的受到压力会比其顶端受到的压力大，如图7-10所示。

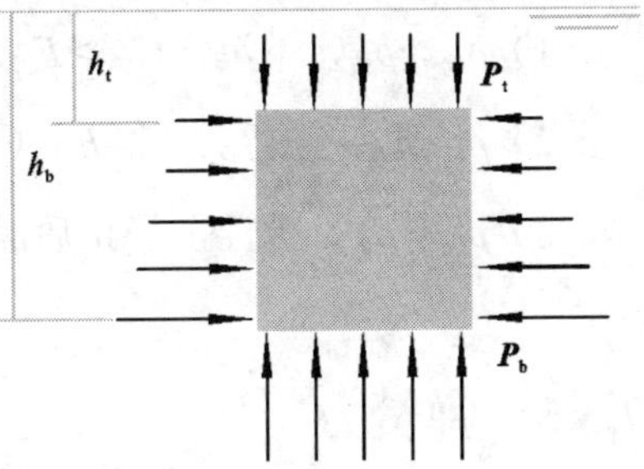

图7-10 浸在流体中的立方体的受力

当物体（以立方体为例）完全浸在流体中时，受到四面八方的来自液体的压力。立方体顶端的压强是$\boldsymbol{P}_t=\rho \boldsymbol{g} \boldsymbol{h}_t$，作用在整个立方体的顶端平面，与平面垂直，方向向下；立方体底部的压强是$\boldsymbol{P}_b=\rho \boldsymbol{g} \boldsymbol{h}_b$，作用在整个立方体底部的平面，与平面垂直且方向向上；立方体侧面平面所受的压强与沉入水中的深度成线性递增，范围是$\boldsymbol{P}_t \sim \boldsymbol{P}_b$。立方体侧面平面所受的压强是相互对称的，而且大小相同，方向相反，所以侧面的合力为0，相互抵消。即对于立方体来说，所受的压力就是上下表面的压力差，已知$\boldsymbol{F}=\boldsymbol{P}\boldsymbol{A}$，则计算立方体顶端平面所受到的力，公式如下：

$$\boldsymbol{F}_t=(\rho \boldsymbol{g} \boldsymbol{h}_t)(s^2)$$

同样，立方体底面的压力公式为：

$$\boldsymbol{F}_b=(\rho \boldsymbol{g} \boldsymbol{h}_b)(s^2)$$

所以立方体所受浮力就是顶面和底面的压力差：

$$\boldsymbol{F}_B=(\rho \boldsymbol{g})(s^2)(\boldsymbol{h}_b-\boldsymbol{h}_t)$$

从上式中发现，(h_B-h_t)就是立方体的高度，本例中是立方体，那么高度等于s，将其代换成s，上式便得到：

$$\boldsymbol{F}_B=(\rho \boldsymbol{g})(s^3)$$

这样，就可以先求出物体的体积，再和ρg相乘。对于简单的形状物体，这样计算比较方便，对于不规则的几何形状计算就比较复杂，可以将物体分解成许多较小且较简单的形状，分别计算它们的体积再加起来。

在生活中见过，在水面上石头是要沉入水底的，而有些东西比如泡沫塑料将会漂在水面上，这是由什么决定的呢？给出以下的沉浮条件，这里是对于实心物体而言。其中，$\rho_{物}$代表物体的密度，$\rho_{液}$代表液体的密度，$G_{物}$代表物体重力的大小，$F_{浮}$代表液体浮力的大小。

1）$\rho_{物}>\rho_{液}$，下沉，$G_{物}>F_{浮}$。

2）$\rho_{物}=\rho_{液}$，悬浮，$G_{物}=F_{浮}$（这样的情况下，物体基本都是空心的）。

3）$\rho_{物}<\rho_{液}$，上浮，静止后漂浮$G_{物}<F_{浮}$。

7.3.5 弹簧力

在介绍弹簧力之前，先来介绍弹力的概念：

物体在力的作用下发生的形状或体积改变叫做形变，在外力停止作用后，能够恢复原状的形变叫做弹性形变。发生弹性形变的物体，会对与它接触的物体产生力的作用。这种力叫做弹力。弹力的方向与接触面（或截面）垂直，与施力物体形变方向相反。

在日常生活中，有很多力都是弹力，比如推、拉、提、举、击球、射箭等，都是接触力，并且有相互作用。

弹簧力就是一种弹力，弹簧力在发生弹性形变时，弹力的大小F和弹簧伸长的长度L成正比，即$F=kL$，k为弹簧的劲度系数。在数值上k等于弹簧伸长（或缩短）单位长度时的弹力，单位是N/m。k值与其弹簧的材料性质有关，这个规律是英国科学家胡克发现的，叫做胡克定律。

弹力有其产生的条件：

1）两物体的直接接触。

2）物体发生弹性形变。

在数值模拟中，阻尼常常与弹簧合并使用。阻尼的作用与粘滞阻力相同，都抵消速度。在这种状况下，当阻尼连接两个正在靠近或远离的物体时，阻尼会试着减慢两物体之间的相对速度，由阻尼所发出的力与两连线物体之间的相对速度和阻尼常数$\boldsymbol{k}_{\mathrm{d}}$成正比，相对速度和阻尼力的关系式如下：

$$\boldsymbol{F}_{\mathrm{d}}=k_{\mathrm{d}}(\boldsymbol{v}_1-\boldsymbol{v}_2)$$

这个公式显示阻尼力$\boldsymbol{F}_{\mathrm{d}}$是阻尼常数和两连接物体上连接点的相对速度的函数，阻尼力的国际单位是N，而速度的单位是m/s，k_{d}的单位是kg/s。

通常弹簧与阻尼会组合为单一的弹簧/阻尼单元。在模拟许多连接在一起的粒子时，使用弹簧和阻尼是很方便的，弹力可以提供结构力，或是附着力，让物体间紧密结合。而阻尼可以让连接的物体之间柔顺，使其不至于看起来太紧绷或太有弹性。从数值稳定的观点看，阻尼也是很重要的，可以避免数值爆炸的情况。

7.3.6 离心力

离心力（centrifugal force）即惯性，因为无法找到施加在物体上的力，从而背离了牛顿第三定律。比如，当物体做圆周运动时，类似于有一股力作用在离心方向，因此称为离心力。

在生活中，洗衣机洗衣服脱水时的原理，就是应用了离心力的原理，衣服中的水被施加了一个背离原心的力，将水甩了出去。

离心力的公式：

$$\boldsymbol{F}=\boldsymbol{a}m$$

其中，$\boldsymbol{a}$表示向心加速度，其数值上$a=\omega^2\times r$，ω是角速度，r是半径，m是物体的质量。

离心力是由物体的惯性运动力和中心束缚力交织在一起产生的，摆脱中心束缚力的物体就可以离心远去。

在天体上，卫星在主星的边缘做惯性运动，由于主星的引力束缚了卫星，使卫星做圆周公转，如果卫星的惯性运动力（速度）大于主星的引力束缚力，那卫星便远离中心一些。

在地球上，物体在不动的中心边缘做惯性运动，由于物体的结合力束缚物体，使物体做圆周旋转，如果物体的惯性运动力（速度）大于物体的结合力，那惯性运动的物体便远离中心而去。由于水和气体的结合很低，因此它们都会离中心而去，结合力高的金属则不会离中心而去。

对于惯性离心力和离心力的概念需要区别一下：通常指定的离心力需要有一个参考系，可以以地面作为参考系，设想地面是静止的，或者在不太长的距离中把地面运动视为匀速直线运动，即惯性参考系，对于牛顿所总结出的运动定律就是在这样的前提下。相对的，如果参考系是变速的，即非惯性参考系，牛顿定律就不能直接应用了，因此这时定义“惯性力”来解决牛顿定律的应用问题，提出惯性离心力。举一个匀速圆周运动的例子：

匀速圆周运动的线速度方向时刻变化，说明有向心加速度，而向心加速度方向也时刻变化，这是个典型的非惯性系。比如，有一个大转盘在做匀速圆周运动，坐在盘上不要看周围的景物，此时就会处于非惯性系了，会感觉到有某种力量想把自己推下来，而此时又没有任何施力物推你，那么称这种力量为惯性离心力。对于"惯性力"存在于非惯性系中，是一种虚拟力，是为了将牛顿定律推广到非惯性系上使用而虚拟的一种力，在加上这样的虚拟力后，除了牛顿第三定律外，牛顿力学中的各种定律、定理在非惯性系上都可以得以运用。

7.4 动量与碰撞

日常生活中，在很多情况下会发生物体相互碰撞，碰撞后的运动情况很复杂，在游戏中也有很多的碰撞。本节中，将介绍关于动量、冲量的概念及定律，这是碰撞的原理知识，另外，将介绍关于碰撞的种类及一个描述碰撞过程的实例，更好地从物理学角度解释碰撞。

7.4.1 冲量、动量定律

1. 动量

动量是指质点的质量m与其速度v的乘积。动量是矢量，使用符号p表示。一般而言，一个物体的动量指的是这个物体在它运动方向上保持运动的趋势。动量实际上是牛顿第一定律的一个推论。

动量公式为：

$$p=mv$$

无论哪一种形式的碰撞，碰撞前后两个物体mv的矢量和保持不变。由于速度是矢量，所以动量也是矢量，它的方向与速度的方向相同。

动量是一个守恒量，也就是说在一个封闭系统内动量的总和是不变的。

2. 动量守恒定律

动量守恒定律是最早发现的一条守恒定律，它是这样定义的：

一个系统不受外力或所受外力之和为零，这个系统的总动量保持不变，这个结论叫做动量守恒定律。

表达式可以这样表述：

$$m_1\boldsymbol{v}_{1-}+m_2\boldsymbol{v}_{2-}=m_1\boldsymbol{v}_{1+}+m_2\boldsymbol{v}_{2+}$$

即系统的总动量变化为零，并由两个物体组成，则两个物体的动量变化大小相等，方向相反，且等式两边都是矢量和，在两物体相互作用的过程中，也可能两物体的动量都增大，也可能都减小，但其矢量和不变。

对于动量守恒定律说明如下：

1）动量守恒定律是自然界中最重要、最普遍的守恒定律之一，它既适用于宏观物体，也适用于微观粒子；既适用于低速运动物体，也适用于高速运动物体，它是一个实验规律，也可用牛顿第三定律和动量定理推导出来。

2）动量守恒定律是由牛顿定律推论的，而它的适用范围却远远广于牛顿定律，是比牛顿定律更基础的物理规律，是时空性质的反应。动量守恒定律由空间平移不变性推出。

3）相互间有作用力的物体系称为系统，系统内的物体可以是两个、三个或者更多，解决实际问题时要根据需要和求解问题的方便程度，合理地选择系统。

3. 冲量

在经典力学里，物体所受合外力的冲量等于它的动量的变化，叫做动量定理。和动量是状态量不同，冲量是一个过程量。一个恒力的冲量指的是这个力与其作用时间的乘积：

$$\boldsymbol{F}\Delta t=m\Delta\boldsymbol{v}$$

其中，$\boldsymbol{F}$是作用在物体上的恒力，Δt是作用的时间，m是物体的质量，$\Delta\boldsymbol{v}$是作用时间内物体速率的改变量，$\boldsymbol{F}\Delta t$是力的冲量，$m\Delta\boldsymbol{v}=\Delta(m\boldsymbol{v})$是动量的改变量。

7.4.2 碰撞

碰撞是指物体间相互作用时间极短，而相互作用力很大的现象。

在碰撞过程中，系统内物体相互作用的内力一般远大于外力，故碰撞中的动量守恒。这表示固定质量的物体，其质量与速度之积的总和在撞击前后是相等的：

$$m_1\boldsymbol{v}_{1-}+m_2\boldsymbol{v}_{2-}=m_1\boldsymbol{v}_{1+}+m_2\boldsymbol{v}_{2+}$$

其中，m代表质量，$\boldsymbol{v}$代表速度，下标符号1表示物体1，下标符号2表示物体2，下标符号－表示撞击前的瞬间，而下标符号+表示撞击后的瞬间。

本方法假设撞击瞬间主要的力是冲撞力，其他的力都假设为在短时间内可忽略。

上面提到的方法是针对刚体的，刚体是在碰撞时不会改变外形的物体，而根据自身的经验，真实的物体在碰撞时确实改变了外形。在真实世界中，动能会转成应变能，使物体变形，当物体的变形是永久时，能量消失，因此动能不会转换。

在这里，介绍一下动能，它是关于移动物体的能量形式。动能等于使静止物体加速所需的能量，也等于使移动物体静止所需的能量。动能是物体速率或速度与其质量的函数。线性动能的公式如下：

$$E_k=(1/2)mv^2$$

涉及动量散失的碰撞称为非弹性碰撞或塑性碰撞。比如，若以相反的方向丢出两个泥球，它们的动能转化成使泥球变形的应变能，而它们的碰撞反应就比较小了，若为完全的非弹性碰撞，则两泥球会粘在一块且在撞击后以相同的速度一起移动。动能守恒的碰撞称为完全弹性碰撞。在这些碰撞中，所有物体动能的总和在撞击前后是相等的。弹性碰撞（这里虽然不是完全弹性碰撞）比较典型的例子就是两颗球间的碰撞，其中球的变形是可忽略的，而且在正常情况下是非永久的。

在现实生活中，碰撞大都介于完全弹性和完全非弹性之间，这时需要利用由经验得出的关系式来模拟碰撞的弹性程度定量，该关系式就是碰撞物体的相对分离速度与相对接近速度的比例：

$$e=-(v_{1+}-v_{2+})/(v_{1-}-v_{2-})$$

其中，e是恢复系数，是物体材质、结构、几何形状的函数，这个系数可由特殊的碰撞实验测得。

对于完全非弹性碰撞，e=0，而对于完全弹性碰撞，e=1，对于既不是完全非弹性碰撞也不是完全弹性碰撞的情况，e在0和1之间。

在无摩擦力的碰撞中，介绍3种不同种类的碰撞。

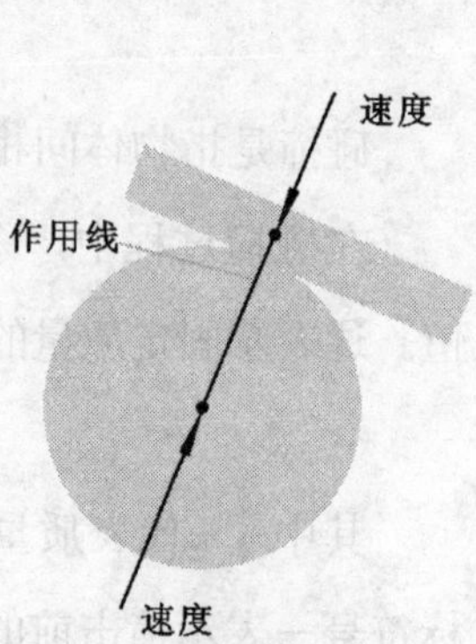

图7-11 直线碰撞

1. 直接碰撞

在无摩擦力的碰撞中，撞击的作用线垂直（或正交）于碰撞的接触面，当物体速度沿着作用线时，这种碰撞就叫做“直接碰撞”，如图7-11所示。

2. 中心碰撞

当作用线通过物体的质心时，这种碰撞称为“中心碰撞”。粒子或质量分布均匀的球体遭受的碰撞都是中心碰撞，如图7-12所示。

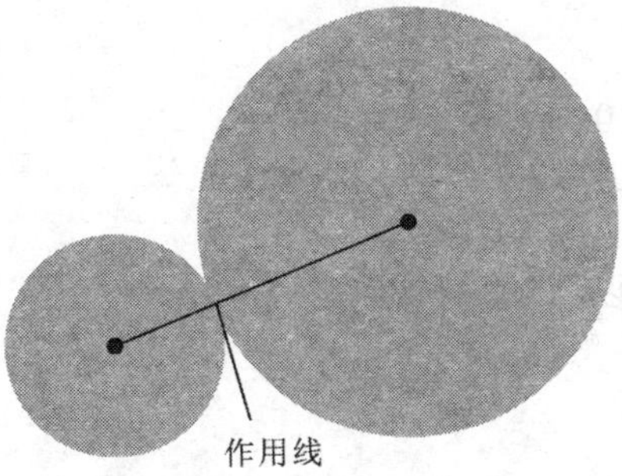

图7-12 中心碰撞

其中一个特殊的碰撞就是直线中心碰撞，需要满足作用线通过碰撞物体质心并且速度沿着作用线，如图7-13所示。

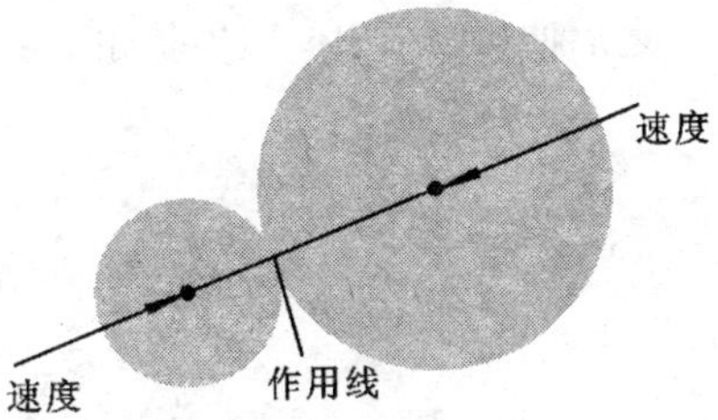

图7-13 直线中心碰撞

3. 倾斜碰撞

当物体速度不沿着作用线时，这种碰撞称作“倾斜碰撞”，如图7-14所示。

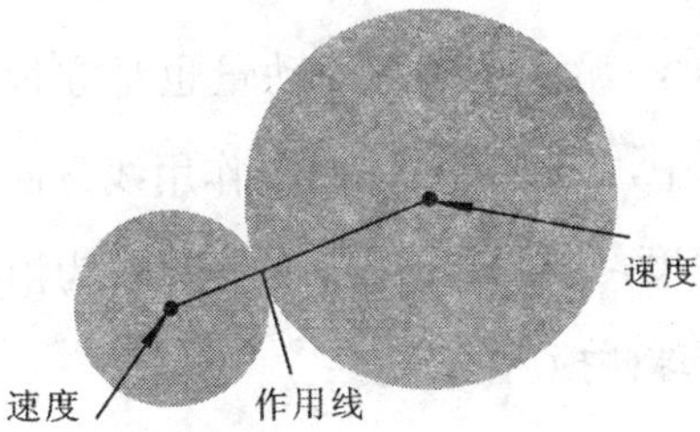

图7-14 倾斜碰撞

可以利用分量坐标来分析倾斜碰撞，将速度分解为平行于作用线的分量和垂直于作用线的分量，其中平行于作用线的分量与碰撞有关，垂直于作用线的分量则与碰撞无关。

接下来举一个实例，分解一个倾斜碰撞的速度：两个相同的球体之间的碰撞。设两颗球直径都是标准的2.25，重量都是5.5，假设碰撞几乎是完全弹性的且恢复系数是0.9，若当球1碰撞球2时，其x方向的速度为20 m/s（见图7-15），要求的是两球碰撞后的速度（忽略摩擦力）。

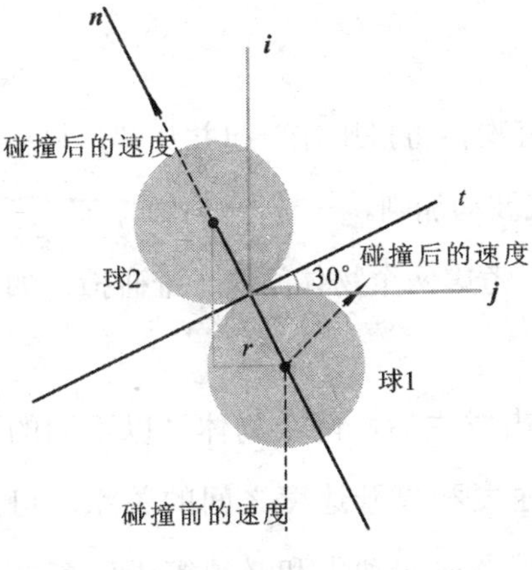

图7-15 倾斜碰撞实例

首先需要确认碰撞的作用线是沿着两球重心的连线，因为两个都是球体，所以其作用线亦垂直于球体表面，并且如图7-15所示，设x、y坐标轴的x轴与t直线夹角为30°，这样，可以由球1圆心到球2边的切点与球1圆心和球2圆心构成一个直角三角形，通过直角三角形的性质，可以求出单位垂直向量$\boldsymbol{n}$的结果：

$$\boldsymbol{n}=\{\sqrt{[(2r)^2-r^2]}\boldsymbol{i}-r\boldsymbol{j}\}/\|\boldsymbol{n}\|$$
$$\boldsymbol{n}=(0.866)\boldsymbol{i}-(0.5)\boldsymbol{j}$$

其中，r是球的半径，$\boldsymbol{i}$和$\boldsymbol{j}$分别表示y和x方向的单位向量。

现在有了碰撞的作用线，或单位法线向量，就可以求出碰撞瞬间两球间的相对法线速度：

$$v_m=[\boldsymbol{v}_1-\boldsymbol{v}_2]\cdot\boldsymbol{n}$$

$$v_m=[(20)\boldsymbol{i}+(0)\boldsymbol{j}]\cdot[(0.866)\boldsymbol{i}-(0.5)\boldsymbol{j}]$$

$$v_m=17.28$$

这里需要注意的是，由于球2刚开始是静止的，所以球2的初始速度$\boldsymbol{v}$等于0。

接下来应用动量守恒定律，得：

$$m_1\boldsymbol{v}_{1-}+m_2\boldsymbol{v}_{2-}=m_1\boldsymbol{v}_{1+}+m_2\boldsymbol{v}_{2+}$$

将等式简化，两球的质量是一样的，可以省略，所以在数值上得：

$$\boldsymbol{v}_{1+}=\boldsymbol{v}_{1-}-\boldsymbol{v}_{2+}$$

要求出这些速度，需要利用恢复系数的方程并代换$\boldsymbol{v}_{1+}$，之后便可以求出$\boldsymbol{v}_{2+}$。步骤如下：

$$e=(v_{1+}+v_{2+})/(v_{1-}-v_{2-})$$

$$ev_{1-}=-(v_{1-}-v_{2+})+v_{2+}$$

$$v_{2+}=v_{1-}(e+1)/2$$

$$v_{2+}=(17.28)(1.9)/2=16.42$$

利用上面的结果，就可以求出v_{1+}的公式了：

$$v_{1+}=17.28-16.42=0.86$$

因为这是无摩擦力的碰撞，所以切线方向无冲量，那么在该方向动量也是守恒的，且球1的切线末速度等于切线的初速度，对于本例中，是速度的垂直于作用线方向的分量，等于20 sin30°，即为10；而球2没有切线初速度，因此其碰撞后的速度仅为沿法线的方向，将这些结果转为所设的xy坐标中，得到两球碰撞后的速度：

$$\boldsymbol{v}_{2+}=(16.42)\sin 60°\boldsymbol{i}-(16.42)\cos 60°\boldsymbol{j}$$

$$\boldsymbol{v}_{1+}=[(0.86)\cos 30°+(10)\sin 30°]\boldsymbol{i}+[(-0.86)\sin 30°+(10)\cos 30°]\boldsymbol{j}$$

$$\boldsymbol{v}_{1+}=(5.43)\boldsymbol{i}+(8.23)\boldsymbol{j}$$

4. 碰撞响应

当物体间发生碰撞时将会发生复杂的变化，如所有物体将挤压在一起并瓦解，材料的碎片会向周围飞散，火花四射，3D物体会发热，空气波动加剧。

具体的细节非常复杂，所以，将会先做一些实验，考虑两个物体间的一维碰撞，如图7-16所示。

两个质量为m_1、m_2的物体以速度v_1、v_2飞行，撞击发生后，两个物体又以不同的速度v_1'、v_2'飞出，假定碰撞的时间很短，求取初始速度和离开速度之间的关系。可以采用动量守恒定律，因为动量是恒定的，所以碰撞之前的动力和必须等于碰撞之后的：

假设P_1表示碰撞前物体的动量，P_1'为碰撞后物体的动量，第二个物体类似，则：$P_1+P_2=P_1'+P_2'$，将$P=mv$带入，可得：

$$m_1v_1+m_2v_2=m_1v_1'+m_2v_2'$$

这是最好的结果，得到了碰撞前后之间的关系。

1）能量。深入研究碰撞，能量是值得提及的概念，如果保持一个恒定的力施加给物体，并将物体移动一段距离，如图7-17所示。

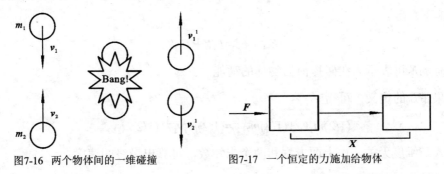

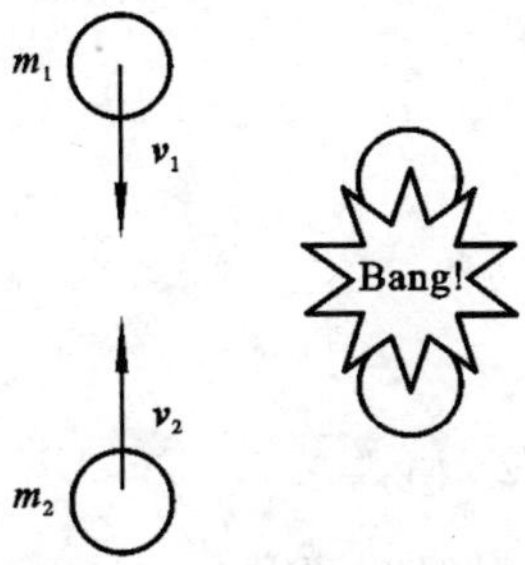

图7-16　两个物体间的一维碰撞

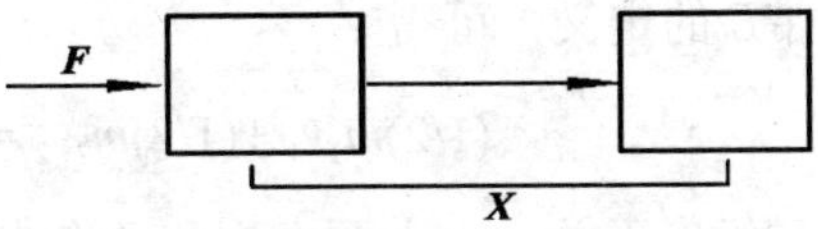

图7-17　一个恒定的力施加给物体

结果会使物体移动得很快，这将会消耗，这些消耗被称为作功，记为W，其值为外力与距离的点积：

$$W=\boldsymbol{F}\cdot\boldsymbol{x}$$

当x=0，并在恒定加速度的影响下，t时刻可获得速度v的条件下，将使物体从静止状态变为运动状态，可得到以下等式：

$$\boldsymbol{x}=(1/2)\boldsymbol{a}t^2$$

$$\boldsymbol{v}=\boldsymbol{a}t$$

因有牛顿第二定律：

$$\boldsymbol{F}=m\boldsymbol{a}$$

合并等式可得，加速一个质量为m的物体使其获得速度v，所作功如下：

$$\begin{aligned}W&=\boldsymbol{F}\cdot\boldsymbol{x}\\&=m\boldsymbol{a}\cdot\boldsymbol{x}\\&=m\boldsymbol{a}\cdot(1/2)\boldsymbol{a}t^2\\&=(1/2)m(\boldsymbol{a}\cdot\boldsymbol{a})t^2\\&=(1/2)m(\boldsymbol{a}t\cdot\boldsymbol{a}t)\\&=(1/2)m(\boldsymbol{v}\cdot\boldsymbol{v})\\&=(1/2)mv^2\end{aligned}$$

W称为动能，是运动中物体存在的能量，这时，将动能改成E_k：

$$E_k = (1/2)mv^2$$

功可以重新解释为由于力作用于一个系统中而使得能量改变。如果在系统中没有力的影响，就不会作功，能量也是恒定的，此原理称为能量守恒。

2）弹性碰撞。回到碰撞，重新查看应用动量守恒得到的等式：

$$m_1v_1 + m_2v_2 = m_1v_1' + m_2v_2'$$

能量守恒定律告诉我们，碰撞前的能量之和等于碰撞后的能量之和，假定在无任何外力的影响下，得：

$$E_{k1} + E_{k2} = E_{k1}' + E_{k2}'$$

所有的E_k可表示为在碰撞前后物体的动能。

如果带E_k的定义，可得：

$$(1/2)m_1v_1^2 + (1/2)m_2v_2^2 = (1/2)m_1v_1'^2 + (1/2)m_2v_2'^2$$

等式与维度无关，由上面方程和两个未知数，可算出最终的速度。

经过转换，可得：

$$v_1' = \frac{(m_1 - m_2)v_1}{m_1 + m_2} + \frac{2m_2v_2}{m_1 + m_2}$$

$$v_2' = \frac{(m_2 - m_1)v_2}{m_1 + m_2} + \frac{2m_1v_1}{m_1 + m_2}$$

小结

本章介绍物理学的基础知识，包括牛顿的3个运动定律；运动学中速度、加速度及常见的两种运动类型的介绍；力学中常见力的概念及特征的说明；最后介绍了动量及冲量，对于动量守恒定律做了说明，并结合碰撞的知识，举例说明碰撞的过程中物体的运动。

习题

请将正确的答案填入相应的括号内。

1.“物体的加速度与物体所受的合外力成正比，跟物体的质量成反比，加速度的方向与合外力的方向相同。”这个是（　　）

A. 牛顿第一运动定律

B. 牛顿第二运动定律

C. 牛顿第三运动定律

D. 动量定律

2. 以下（　　）是标量。

A. 速度

B. 加速度

C. 速率

D. 重力

3. 下面说法不正确的是（　　）。

A. 牛顿第一运动定律又称惯性定律

B. 物体的运动状态是由它的运动速度决定的，没有外力，它的运动状态是不会改变的

C. 要改变一个物体的运动状态，必须有其他物体和它相互作用。物体之间的相互作用是通过力体现的。力的作用是相互的，有作用力必有反作用力

D. 物体的加速度与物体的质量成正比，与物体所受的合外力成反比

4. 对于平抛运动以下说法错误的是（　　）。

A. 在水平方向上不受外力，所以做匀速直线运动，其速度就是平抛运动的初速度

B. 在竖直方向上，物体只受重力作用，所以做自由落体运动

C. 运动时间由高度和初速度决定

D. 水平位移由高度和初速度决定

5. 下面对各种力的说明正确的是（　　）。

A. 万有引力是一个接触力

B. 摩擦力的大小与接触面间的正压力无关，只与表面粗糙程度有关

C. 压强不是力，压力F等于压强乘以受到该压强的总面积A

D. 浮力就是物体浸在流体中所产生的力，是物体体积和物体密度的函数

6. 下面对动量守恒定律的解释正确的是（　　）。

A. 动量守恒定律仅适用于宏观物体，对于微观粒子不适用

B. 一个系统不受外力或所受外力之和为零，这个系统的总动量保持不变

C. 在两物体相互作用的过程中，也可能两物体的动量都增大，也可能都减小，矢量和也会增大或减小

D. 在碰撞过程中，系统内物体相互作用的内力虽然远大于外力，但碰撞中的动量不一定是守恒的

扩展练习

1．结合本章节所讲的运动学内容，回顾在以前的物理课程学习中讲到的各种运动的定义及公式。

2．结合本章所讲的力学知识，举例说明3个物理现象。

第 8 章

光线的相关算法

本章主要内容：

根的求解

曲面交点

反射向量和折射向量

本章重点：

曲面交点

本章难点：

反射向量和折射向量

学完本章您将能够：

- 了解根的求解方程
- 掌握曲面交点的求解方法
- 掌握反射向量和折射向量的计算

引 言

本章介绍光线的相关知识。在游戏中，光线跟踪是非常重要的部分。术语“光线跟踪”指的是跟随光束以求得与光线相互作用的物体的算法。光线跟踪的应用包括光谱的产生、可见性确定、碰撞检测及视线检测。本章介绍当光线照射到物体上时，如何确定光线与物体的交点，以及当光线照射到反射面或折射面时，光线的传播路径是如何改变的。

8.1 根的求解

求解由方程

$$\boldsymbol{P}(t)=\boldsymbol{Q}+t\boldsymbol{V}$$

所确定的直线与一个曲面的交点的问题时，通常要求解关于t的n次多项式的根。对于平面，多项式的次数为1，求解过程很简单。对于二次曲面，比如球面或圆柱面，多项式的次数为2，通过求解二次方程就可得到所需的根。对于更复杂的曲面，比如样条曲面和环形圆纹曲面，所对应的多项式的次数为3或4，在这种情况下仍然能够通过解析的方法来求解，但需要花费更大的计算开销。

关于二次、三次和四次多项式的解析求解法会在本章中给予介绍，但关于三次方程与四次方程求解的完整推导过程，由于超出了本书的范围，因此不予更多介绍。

8.1.1 二次多项式

对关于t的二次多项式的根，通过简单的代数运算解下面的方程就可以求得：

$$at^2+bt+c=0$$

在方程式的两边同时减去c，再同时除以a可得

$$t^2+\frac{b}{a}t=-\frac{c}{a}$$

在方程的两边同时加上$\frac{b^2}{4a^2}$来配方，结果如下：

$$t^2+\frac{b}{a}t+\frac{b^2}{4a^2}=-\frac{c}{a}+\frac{b^2}{4a^2}$$

将方程的左边写成平方的形式，同时将方程的右边写成同分母的形式：

$$\left(t^2+\frac{b^2}{2a}\right)^2=\frac{b^2-4ac}{4a^2}$$

方程的两边开平方根，然后都加上$\frac{b}{2a}$，可以得到

$$t=\frac{-b\pm\sqrt{b^2-4ac}}{2a}$$

这就是著名的二次求根公式。$D=b^2-4ac$称为多项式的判别式，它确定了多项式实根的个数，如果$D>0$，则存在两个实根；如果$D=0$，则存在一个实根；如果$D<0$，则不存在实根。通过计算判别式的值，在不需计算实际交点的情况下就可以知道光线与物体是否相交。

8.1.2 三次多项式

三次方程具有如下的形式：

$$t^3+at^2+bt+c=0$$

这里已经做了必要的除法，已使最高次项的系数为1。做如下的替换：

$$t=x-\frac{a}{3}$$

这样可以去掉多项式的二次项，于是得到下面的方程：

$$x^3+px+q=0$$

其中：

$$p=-\frac{1}{3}a^2+b$$

$$q=\frac{2}{27}a^3-\frac{1}{3}ab+c$$

只要求得方程$x^3+px+q=0$的解x，将x减去$a/3$就可得到方程$t^3+at^2+bt+c=0$的解t。

三次多项式的判别式为：

$$D=-4p^3-27q^2$$

令：

$$r = \sqrt[3]{-\frac{1}{2}q + \sqrt{-\frac{1}{108}D}}$$

$$s = \sqrt[3]{-\frac{1}{2}q - \sqrt{-\frac{1}{108}D}}$$

则可以将方程 $x^3 + px + q = 0$ 的3个复数根表示为：

$$x_1 = r + s$$
$$x_2 = \rho r + \rho^2 s$$
$$x_3 = \rho^2 r + \rho s$$

其中，ρ是单位基本三次根，表达式为 $\rho = -\frac{1}{2} + \mathrm{i}\frac{\sqrt{3}}{2}$（这里应注意 $\rho^2 = -\frac{1}{2} - \mathrm{i}\frac{\sqrt{3}}{2}$）。做如下的替换，可以明显地简化计算：

$$p' = \frac{p}{3} = -\frac{1}{9}a^2 + \frac{1}{3}b$$

$$q' = \frac{q}{2} = \frac{1}{27}a^3 - \frac{1}{6}ab + \frac{1}{2}c$$

这时判别式就变为：

$$D = -108(p'^3 + q'^2)$$

令：

$$D' = -\frac{D}{108} = p'^3 + q'^2$$

则r和s表达式变成为

$$r = \sqrt[3]{-q' + \sqrt{D'}}$$
$$s = \sqrt[3]{-q' - \sqrt{D'}}$$

和二次方程一样，根据判别式就可以判定三次方程的实根个数。如果$D<0$，也就是$D'>0$，公式

$$x_1 = r + s$$
$$x_2 = \rho r + \rho^2 s$$
$$x_3 = \rho^2 r + \rho s$$

给出的x_1的值就是方程 $x^3 + px + q = 0$ 的唯一实根。

如果$D=D'=0$，可以得到$r=s$，因此存在两个实数解，其中一个是双根：

$$x_1 = 2r$$
$$x_2, x_3 = (\rho + \rho^2)r = -r$$

对于其他情况（也就是$D>0$或$D'<0$的情况），根据公式

$$x_1 = r + s$$

$$x_2 = \rho r + \rho^2 s$$

$$x_3 = \rho^2 r + \rho s$$

可以得到三个不同的实根，比较麻烦的是，这时还需要使用复数来求解这些根。在这种情况下，可以使用另外一种方法，它不需要复数运算。在这种方法中用到了三角恒等式

$$4\cos^3\theta - 3\cos\theta = \cos 3\theta$$

该恒等式可以用DeMoivre定理证明（即$e^{\alpha i}=\cos\alpha+i\sin\alpha$）。将$x=2m\cos\theta$代入方程$x^3 + px + q = 0$，并令$m = \sqrt{-p/3}$，可以得到：

$$8m^3\cos^3\theta + 2pm\cos\theta + q = 0$$

这里要注意，为了使D为正，p必须为负。用$-3m^2$来替代p，并提取两项的系数$2m^3$，可以得到

$$2m^3(4\cos^3\theta - 3\cos\theta) + q = 0$$

使用公式$4\cos^3\theta - 3\cos\theta = \cos 3\theta$，并求解$\cos 3\theta$，可以得到

$$\cos 3\theta = \frac{-q}{2m^3} = \frac{-q/2}{\sqrt{-p^3/27}} = \frac{-q'}{\sqrt{-p'^3}}$$

因为$D'<0$，公式$D' = -\frac{D}{108} = p'^3 + q'^2$表明$q'^2 < -p'^3$，这也保证了公式

$\cos 3\theta = \frac{-q}{2m^3} = \frac{-q/2}{\sqrt{-p^3/27}} = \frac{-q'}{\sqrt{-p'^3}}$右边的绝对值恒小于1。根据反余弦的定义，可以解得$\theta$为

$$\theta = \frac{1}{3}\cos^{-1}\left(\frac{-q'}{\sqrt{-p'^3}}\right)$$

因此，方程$x^3 + px + q = 0$的一个解为：

$$x_1 = 2m\cos\theta = 2\sqrt{-p'}\cos\theta$$

因为对于任意整数k都有$\cos(3\theta+2\pi k)=\cos(3\theta)$，因此有

$$\theta_k = \frac{1}{3}\cos^{-1}\left(\frac{-q'}{\sqrt{-p'^3}}\right) - \frac{2\pi}{3}k$$

k取三个不同的值，是以3为mod余数，分别为1，2，3。选择不同的k值，就可以得到不同的$\cos\theta_k$值。设$k=\pm 1$，就可以得到方程$x^3+px+q=0$其余的两个解：

$$x_2 = 2\sqrt{-p'}\cos\left(\theta + \frac{2\pi}{3}\right)$$

$$x_3 = 2\sqrt{-p'}\cos\left(\theta - \frac{2\pi}{3}\right)$$

8.1.3 四次多项式

四次多项式的一般形式为

$$t^4+at^3+bt^2+ct+d=0$$

其中已经做了必要的除法，使得次数最高项的系数为1。可以做如下的替换，以去除3次项。令：

$$t = x - \frac{a}{4}$$

则可以得到方程：

$$x^4+px^2+qx+r=0$$

其中：

$$p = -\frac{3}{8}a^2 + b$$

$$q = \frac{1}{8}a^3 - \frac{1}{2}ab + c$$

$$r = -\frac{3}{256}a^4 + \frac{1}{16}a^2b - \frac{1}{4}ac + d$$

一旦求得方程$x^4+px^2+qx+r=0$的解x，减去$a/4$，就可以得到方程$t^4+at^3+bt^2+ct+d=0$的解t。

通过先求得三次方程

$$y^3 - \frac{p}{2}y^2 - ry + \frac{4rp - q^2}{8} = 0$$

的解，就可以得到四次方程的根。设y是这个方程的任意实数解，如果$q \geqslant 0$，那么解这个四次方程就相当于解下面两个二次方程：

$$x^2 + x\sqrt{2y - p} + y - \sqrt{y^2 - r} = 0$$

$$x^2 - x\sqrt{2y - p} + y + \sqrt{y^2 - r} = 0$$

如果$q<0$，那么解四次方程相当于解下面的两个二次方程：

$$x^2 + x\sqrt{2y - p} + y + \sqrt{y^2 - r} = 0$$

$$x^2 - x\sqrt{2y - p} + y - \sqrt{y^2 - r} = 0$$

8.2 曲面交点

光线跟踪的核心问题是计算光线与曲面的交点。这一节讨论由$\boldsymbol{P}(t)=\boldsymbol{Q}+t\boldsymbol{V}$确定的光线与常见对象（其他的对象留作练习）的交点的求法。除了三角形，交点的计算是在对象空间中进行的，在该空间中，对象的自然中心与原点、自然轴与坐标轴保持一致。在求与任意指向物体的交点时，首先要将光线变换到对象空间中，一旦求交完毕，再将诸如交点、交点处的法向量等相关信息变换回世界坐标空间中。

8.2.1 光线与三角形相交

一个三角形是由它在空间中的三个顶点$\boldsymbol{P}_0$、$\boldsymbol{P}_1$和$\boldsymbol{P}_2$的位置来描述的。通过先计算法向量$\boldsymbol{N}$，可以确定三角形所在的平面，计算公式如下：

$$\boldsymbol{N}=(\boldsymbol{P}_1-\boldsymbol{P}_0)\times(\boldsymbol{P}_2-\boldsymbol{P}_0)$$

三角形到原点的带符号距离D通过计算$\boldsymbol{N}$与该平面上任意点的复点积得到，这样可以选用顶点$\boldsymbol{P}_0$来构造4D平面向量$\boldsymbol{L}=\langle\boldsymbol{N},-\boldsymbol{N}\cdot\boldsymbol{P}_0\rangle$。公式$\boldsymbol{P}(t)=\boldsymbol{Q}+t\boldsymbol{V}$所给出的光线与平面$\boldsymbol{L}$的交点处的$t$值为：

$$t=-\frac{\boldsymbol{L}\bullet\boldsymbol{Q}}{\boldsymbol{L}\bullet\boldsymbol{V}}$$

当$\boldsymbol{L}\cdot\boldsymbol{V}=0$时，线面不存在交点；当$\boldsymbol{L}\cdot\boldsymbol{V}\neq0$时，将$t$的值代入公式$\boldsymbol{P}(t)=\boldsymbol{Q}+t\boldsymbol{V}$，就可以得到光线与三角形所在平面的交点$\boldsymbol{P}$。

现在要考虑的问题是如何判断点$\boldsymbol{P}$是否在三角形边的内侧。如果去掉$\boldsymbol{N}$的绝对值最大的分量所对应的坐标，就可以将问题放至2D空间来考虑。降维过程相当于将三角形投影到xy、xz或yz平面上，在这里假设被去掉的是z坐标（见图8-1），在其他两种情况下被去掉的将分别是x和y坐标。

对三角形的每条边i（$0\leqslant i\leqslant2$）进行下面的2D差运算：

$$\boldsymbol{E}=\boldsymbol{P}_{(i+1)\bmod 3}-\boldsymbol{P}_i$$

$$\boldsymbol{F}=\boldsymbol{P}_{(i+2)\bmod 3}-\boldsymbol{P}_i$$

$$\boldsymbol{G}=\boldsymbol{P}-\boldsymbol{P}_i$$

这样做的本质意义是移动坐标系，使得顶点i位于原点位置。如图8-2所示，向量$\boldsymbol{E}$所表示的边有内侧和外侧之分，将边向量旋转90°（沿哪个方向并不重要），可以构造出该边的法向量，这里设$\boldsymbol{N}_{\mathrm{E}}=\langle-\boldsymbol{E}_y,\boldsymbol{E}_x\rangle$为得到的法向量。因为点$\boldsymbol{F}$一定位于边的内侧，所以点积$\boldsymbol{N}_{\mathrm{E}}\cdot\boldsymbol{F}$的符号也就是任一内侧点与$\boldsymbol{N}_{\mathrm{E}}$的点积的符号。因此，如果$\boldsymbol{P}$点位于该边的内侧，那么必须满足

$$(\boldsymbol{N}_{\mathrm{E}} \cdot \boldsymbol{F})(\boldsymbol{N}_{\mathrm{E}} \cdot \boldsymbol{G}) \geqslant 0$$

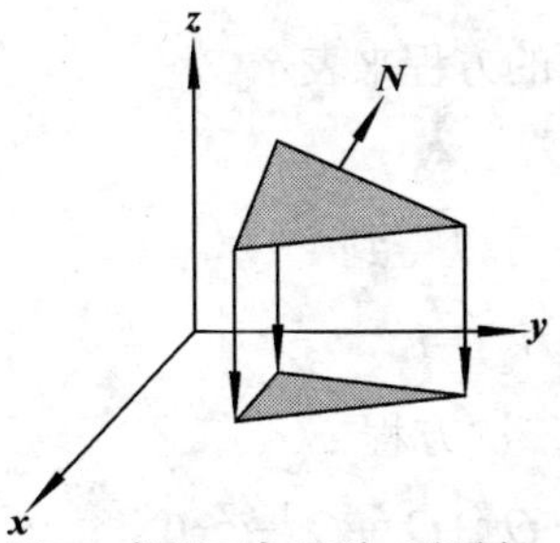

图8-1 投影三角形到xy平面上

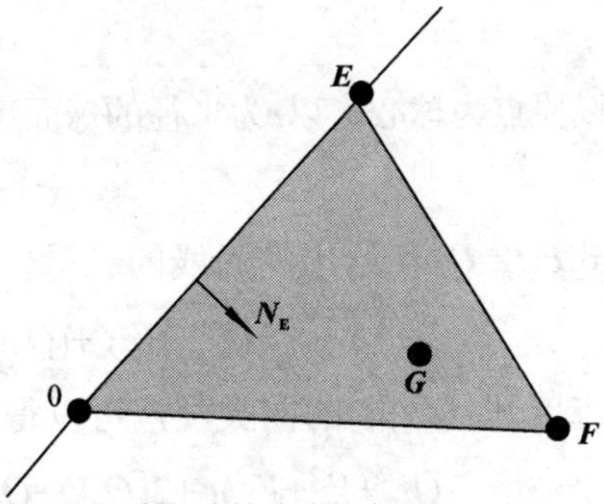

图8-2 一点与边的法线的点积

对于任何点，如果它都位于三角形的三条边的内侧，那么它就在三角形之内。

8.2.2 光线与长方体相交

一个长方体可以用下面6个平面方程来表示：

$$x=0 \quad x=r_x$$
$$y=0 \quad y=r_y$$
$$z=0 \quad z=r_z$$

其中，r_x、r_y和r_z表示长方体的维。因为至少有3个平面与光线$\boldsymbol{V}$的方向相背，所以需要考虑与光线的相交问题的平面最多有3个。通过检测光线$\boldsymbol{V}$的分量，可以一次性地确定这些平面。例如，如果$\boldsymbol{V}_x=0$，那么光线不可能与平面$x=0$或$x=r_x$的任何一个相交，因为$\boldsymbol{V}$与它们平行；如果$V_x>0$，那么不需考虑平面$x=r_x$的相交情况，因为它对于光线来说是长方体的背面；同样，如果$V_x<0$，那么不需要考虑平面$x=0$的相交情况。同样的原理适用于$\boldsymbol{V}$的y分量和z分量。

一旦找到了光线与平面的交点，则必须确定该点是否位于长方体表面上，这是通过检测交点平行于该平面的两个坐标分量来完成的。例如，t对应的是公式$\boldsymbol{P}(t)=\boldsymbol{Q}+t\boldsymbol{V}$所确定的光线与平面$x=r_x$的交点，其值如下：

$$t=-\frac{r_x-Q_x}{V_x}$$

为了保证位于长方体对应的表面上，点$\boldsymbol{P}(t)$的t和z坐标必须满足

$$0 \leqslant [\boldsymbol{P}(t)]_y \leqslant r_y$$
$$0 \leqslant [\boldsymbol{P}(t)]_z \leqslant r_z$$

如果任一条件不满足，那么在表面上不存在任何交点；如果两个条件都满足，则可以得到一个交点，在这种情况下，因为不会有其他更近的交点产生，所以不需要对其他平面进行检测。

8.2.3 光线与球体相交

一个以原点为球心、以r为半径的球面可以用下面的方程来表示：

$$x^2+y^2+z^2=r^2$$

用公式$\boldsymbol{P}(t)=\boldsymbol{Q}+t\boldsymbol{V}$给出的光线的分量代替$x$、$y$和$z$可以得到：

$$(Q_x+tV_x)^2+(Q_y+tV_y)^2+(Q_z+tV_z)^2=r^2$$

将平方展开且合并t的同类项，可以得到下面的二次方程：

$$(V_x^2+V_y^2+V_z^2)t^2+2(Q_xV_x+Q_yV_y+Q_zV_z)t+Q_x^2+Q_y^2+Q_z^2-r^2=0$$

公式$at^2+bt+c=0$中的系数a、b和c可以用向量$\boldsymbol{Q}$和$\boldsymbol{V}$表示如下：

$$a=\boldsymbol{V}^2$$

$$b=2(\boldsymbol{Q}\bullet\boldsymbol{V})$$

$$c=\boldsymbol{Q}^2-r^2$$

通过计算判别式$D=b^2-4ac$，可以判断光线是否和球面相交。如图8-3所示，如果$D<0$，则不相交；如果$D=0$，则光线与球面相切；如果$D>0$，则有两个不同的交点。如果光线与球面有两个不同的交点，光源点为$\boldsymbol{Q}$，那么越接近$\boldsymbol{Q}$的交点所对应的t值越小，t值计算公式为：

$$t=\frac{-b-\sqrt{D}}{2a}$$

之所以选择该式来计算t值，是因为已事先保证a确定为正。

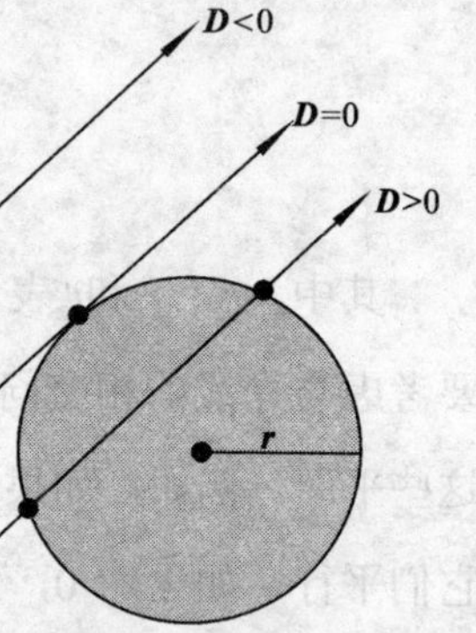

图8-3 判别式指出了光线与球体是否相交

用下面的公式代替等式$x^2+y^2+z^2=r^2$，可以求解光线和椭球面的交点：

$$x^2+m^2y^2+n^2z^2=r^2$$

其中，m是y半轴长度与x半轴长度的比值，n是z半轴长度与x半轴长度的比值。将光线的分量代入到公式中，可以得到另外一个二次多项式，其中系数为

$$a=V_x^2+m^2V_y^2+n^2V_z^2$$

$$b=2(Q_xV_x+m^2Q_yV_y+n^2Q_zV_z^2)$$

$$c=Q_x^2+m^2Q_y^2+n^2Q_z^2-r^2$$

同样，用判别式可以判断出是否存在交点，如果存在，交点参数t由公式$t=\frac{-b-\sqrt{D}}{2a}$给出。

8.2.4 光线与圆柱面相交

如图8-4所示，沿x轴半径为r，沿y轴半径为s，高度为h，底部在xy平面上，并且圆心在原点的椭圆柱面的侧表面可以表示为

$$x^2+m^2y^2=r^2 \qquad 0\leqslant z\leqslant h$$

其中，$m=r/s$。如果$r=s$，那么椭圆柱面就是圆柱面，并且$m=1$。用公式$\boldsymbol{P}(t)=\boldsymbol{Q}+t\boldsymbol{V}$给出的光线的分量分别代替$x$和$y$，可以得到

$$(Q_x+tV_x)^2+m^2(Q_y+tV_y)^2=r^2$$

展开平方，并合并t的同类项，可以得到下面的二次方程：

$$(V_x^2+m^2V_y^2)t^2+2(Q_xV_x+m^2Q_yV_y)t+Q_x^2+m^2Q_y^2-r^2=0$$

和球面一样，根据判别式可以判断是否存在交点。这个方程的解给出了光线与以z轴为轴心的无限圆柱面相交时的t值，所以必须检验交点的z坐标 是否满足$0\leqslant z\leqslant h$。

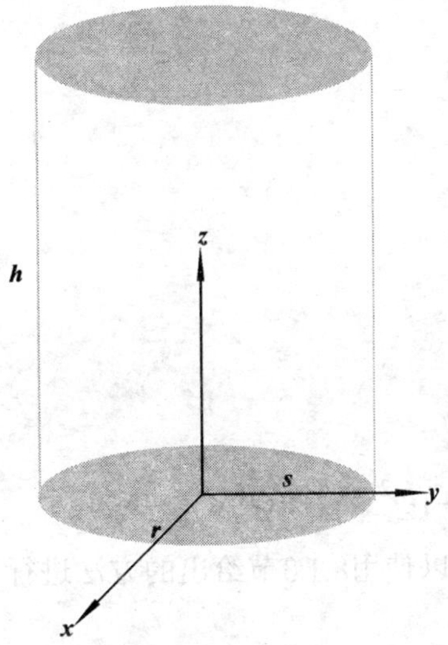

图8-4 椭圆柱的物体空间

8.2.5 光线与环形圆纹曲面相交

如图8-5所示，环形圆纹曲面的横截面有两个半径，分别为主半径r_1和辅半径r_2。

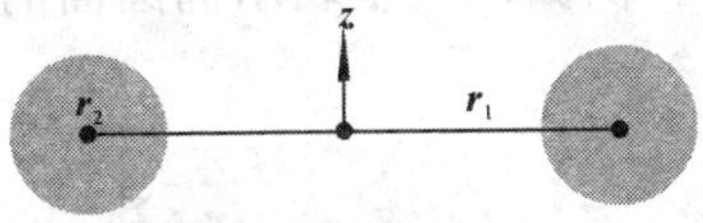

图8-5 环形圆纹曲面的横截面

半径为r_1的圆位于xy平面，它表示半r_2并且垂直于r_1的另外一个圆的中心，后者绕z轴进行旋转。描述该旋转圆的方程为：

$$s^2+z^2=r_2^2$$

其中，s值是在xy平面上点到主圆的距离，即：

$$s=\sqrt{x^2+y^2}-r_1$$

将该式代入公式$s^2+z^2=r_2^2$并展开平方可得

$$x^2+y^2+z^2+r_1^2-r_2^2-2r_1\sqrt{x^2+y^2}=0$$

将根号项单独移动到公式的右边，两边同时平方就

可得到下面的环形圆纹曲面方程：

$$(x^2+y^2+z^2+r_1^2-r_2^2)^2=4r_1^2(x^2+y^2)$$

用光线的3个分量代替公式$\boldsymbol{P}(t)=\boldsymbol{Q}+t\boldsymbol{V}$中的$x$、$y$和$z$，可以得到

$$[(Q_x+tV_x)^2+(Q_y+tV_y)^2+(Q_z+tV_z)^2+r_1^2-r_2^2]^2=4r_1^2[(Q_x+tV_x)^2+(Q_y+tV_y)^2]$$

经过代数简化，这个等式可以表示为四次方程

$$at^4+bt^3+ct^2+dt+e=0$$

其中：

$a=V^4$

$b=4V^2(\boldsymbol{Q}\bullet\boldsymbol{V})$

$c=2V^2(\boldsymbol{Q}^2+r_1^2-r_2^2)-4r_1^2(V_x^2+V_y^2)+4(\boldsymbol{Q}\bullet\boldsymbol{V})^2$

$d=8r_1^2Q_zV_z+4(\boldsymbol{Q}\bullet\boldsymbol{V})(\boldsymbol{Q}^2-r_1^2-r_2^2)$

$e=Q_x^4+Q_y^4+Q_z^4+(r_1^2-r_2^2)^2+2[Q_x^2Q_y^2+Q_z^2(r_1^2-r_2^2)+(Q_x^2+Q_y^2)(Q_z^2-r_1^2-r_2^2)]$

方程两边除以a后，左边第一项的系数为1，这样该方程可以使用8.1.3节给出的方法进行求解。

8.3 法向量的计算

有时用隐函数$f(x, y, z)$能够很方便地表示一个平面，在平面上的任一点(x, y, z)使得该函数值为零，而在平面之外的点使函数值不为零。例如，一个表示椭圆面的函数为：

$$f(x,y,z)=\frac{x^2}{a^2}+\frac{y^2}{b^2}+\frac{z^2}{c^2}-1$$

这里使用的就是隐函数表示法，从中可以导出曲面上任一点处法向量的公式。

假设$f(x, y, z)$表示一个曲面S，则$f(x, y, z)=0$对曲面S上的所有点都成立。设C是位于曲面S上并且由可微函数$x(t)$、$y(t)$和$z(t)$定义的一条曲线。曲线C在点$<x(t), y(t), z(t)>$的切向量$\boldsymbol{T}$表示为

$$\boldsymbol{T}=\left(\frac{\mathrm{d}}{\mathrm{d}t}x(t),\frac{\mathrm{d}}{\mathrm{d}t}y(t),\frac{\mathrm{d}}{\mathrm{d}t}z(t)\right)$$

由于曲线C在曲面S上，所以$\boldsymbol{T}$也与曲面S相切。同样，由于对任意的t值都有$f(x(t), y(t), z(t))=0$，所以在曲面C上任一点处$\mathrm{d}f/\mathrm{d}t=0$都成立。根据链式法则，可以写成：

$$0=\frac{df}{dt}=\frac{\partial f}{\partial x}\frac{dx}{dt}+\frac{\partial f}{\partial y}\frac{dy}{dt}+\frac{\partial f}{\partial z}\frac{dz}{dt}=\left(\frac{\partial f}{\partial x},\frac{\partial f}{\partial y},\frac{\partial f}{\partial z}\right)\bullet \boldsymbol{T}$$

因为与$\boldsymbol{T}$的点积总为零，所以向量$\left(\frac{\partial f}{\partial x},\frac{\partial f}{\partial y},\frac{\partial f}{\partial z}\right)$肯定是平面$S$的法向量。这个向量称为$f$在点$(x,y,z)$处的梯度，通常记为$\nabla f(x,y,z)$，其中符号$\nabla$是del操作符，定义为

$$\nabla=\boldsymbol{i}\frac{\partial}{\partial x}+\boldsymbol{j}\frac{\partial}{\partial y}+\boldsymbol{k}\frac{\partial}{\partial z}$$

现在可以用一个公式来表示由$f(x,y,z)=0$确定的曲面的法向量$\boldsymbol{N}$为

$$\boldsymbol{N}=\nabla f(x,y,z)$$

继续式$f(x,y,z)=\frac{x^2}{a^2}+\frac{y^2}{b^2}+\frac{z^2}{c^2}-1$给出的例子，可以用下面的公式给出椭圆面的法向量：

$$\boldsymbol{N}=\left(\frac{2x}{a^2},\frac{2y}{b^2},\frac{2z}{c^2}\right)$$

8.4 反射向量和折射向量

当一束光线射到物体的表面时，它的一部分能量被物体表面吸收，一部分能量被表面反射，其余部分的能量则穿过物体本身。这一节介绍如何计算光线投射到光滑或透明曲面所产生的反射和折射。

8.4.1 反射向量的计算

光滑表面（比如镜面）对光线的反射方向遵循一个简单的原理，即入射角等于折射角。如图8-6所示，法向量$\boldsymbol{N}$与指向入射光的$\boldsymbol{L}$的夹角，等于法向量$\boldsymbol{N}$与反射光方向$\boldsymbol{R}$的夹角。

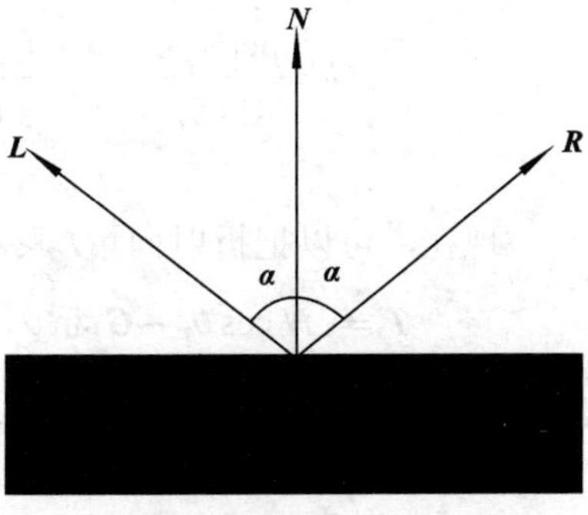

图8-6 入射角等于反射角

这里假设向量$\boldsymbol{N}$和$\boldsymbol{L}$已经单位化。为了导出用指向入射光的$\boldsymbol{L}$和法向量$\boldsymbol{N}$来计算反射光方向$\boldsymbol{R}$的公式，首先要计算出$\boldsymbol{L}$的垂直于法向量的分量：

$$\text{perp}_N\boldsymbol{L}=\boldsymbol{L}-(\boldsymbol{N}\cdot\boldsymbol{L})\boldsymbol{N}$$

如图8-7所示，向量$\boldsymbol{R}$到$\boldsymbol{L}$的距离是它到法向量$\boldsymbol{N}$的投影距离的两倍。这样可以给出$\boldsymbol{R}$的计算公式为：

$$\begin{aligned}\boldsymbol{R} &= \boldsymbol{L} - 2\text{perp}_N \boldsymbol{L} \\ &= \boldsymbol{L} - 2[\boldsymbol{L} - (\boldsymbol{N} \bullet \boldsymbol{L})\boldsymbol{N}] \\ &= 2(\boldsymbol{N} \bullet \boldsymbol{L})\boldsymbol{N} - \boldsymbol{L}\end{aligned}$$

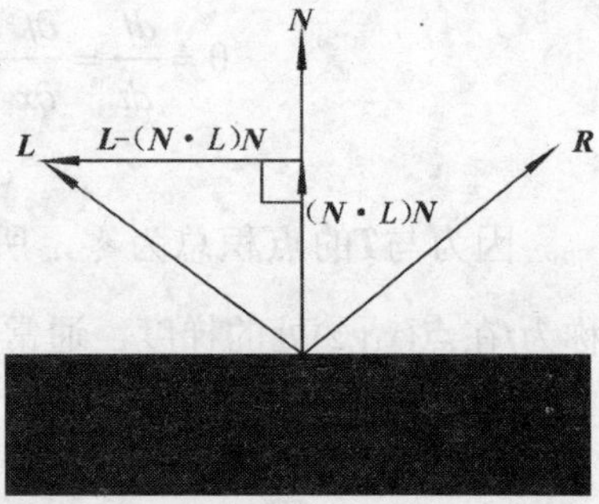

图8-7 求反射向量$\boldsymbol{R}$

8.4.2 折射向量的计算

透明表面具有一个特殊的性质，称为折射系数。根据Snell定律，入射角θ_L和透射角θ_T（见图8-8）之间的关系可以表示为

$$\eta_L \sin\theta_L = \eta_T \sin\theta_T$$

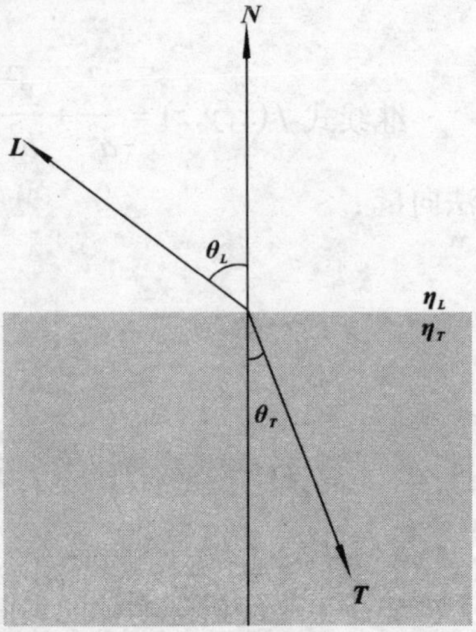

图8-8 入射角θ_L和透射角θ_T之间的关系

其中，η_L是光线离开媒质的折射系数，而η_T是光线进入媒质的折射系数。空气的折射系数通常为1。两种媒质的折射系数的差别越大，在界面处所产生的弯曲效果就越明显。

这里假设法向量$\boldsymbol{N}$和指向入射光的$\boldsymbol{L}$已经单位化了。把透射光传输的方向$\boldsymbol{T}$表示为平行于法向量的分量和垂直于法向量的分量。如图8-9所示，$\boldsymbol{T}$平行于法向量的分量可以简单的表示为$-\boldsymbol{N}\cos\theta_T$，$\boldsymbol{T}$垂直于法向量的分量可表示为$-\boldsymbol{G}\sin\theta_T$，其中向量$\boldsymbol{G}$是平行于$\text{perp}_\text{N}\boldsymbol{L}$的单位向量。由于$\boldsymbol{L}$是单位向量，$\|\text{perp}_N \boldsymbol{L}\| = \sin\theta_L$，所以有

$$\boldsymbol{G} = \frac{\text{perp}_N \boldsymbol{L}}{\sin\theta_L} = \frac{\boldsymbol{L} - (\boldsymbol{N} \bullet \boldsymbol{L})\boldsymbol{N}}{\sin\theta_L}$$

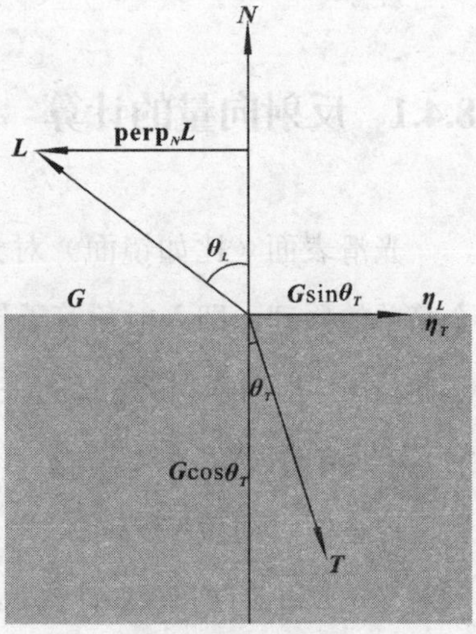

图8-9 折射向量$\boldsymbol{T}$用平行于法向量$\boldsymbol{N}$的分量和垂直于$\boldsymbol{N}$的分量来表示

现在，可以把折射向量$\boldsymbol{L}$表示为

$$\begin{aligned}\boldsymbol{T} &= -\boldsymbol{N}\cos\theta_T - \boldsymbol{G}\sin\theta_T \\ &= -\boldsymbol{N}\cos\theta_T - \frac{\sin\theta_T}{\sin\theta_L}[\boldsymbol{L} - (\boldsymbol{N} \bullet \boldsymbol{L})\boldsymbol{N}]\end{aligned}$$

利用公式$\eta_L \sin\theta_L = \eta_T \sin\theta_T$，可以用$\eta_L/\eta_T$代替正弦的商，即

$$T = -N\cos\theta_T - \frac{\eta_L}{\eta_T}[L - (N \bullet L)N]$$

用 $\sqrt{1-\sin^2\theta_T}$ 代替$\cos\theta_T$，然后根据公式$\eta_L\sin\theta_L = \eta_T\sin\theta_T$，用$(\eta_L/\eta_T)\sin\theta_T$代替$\sin\theta_T$，这样可以得到

$$T = -N\sqrt{1-\frac{\eta_L^2}{\eta_T^2}\sin^2\theta_L} - \frac{\eta_L}{\eta_T}[L - (N \bullet L)N]$$

用$1-\cos^2\theta_T-(N \cdot L)^2$代替$\sin^2\theta_L$，最终可以得到

$$T = \left\{\frac{\eta_L}{\eta_T}N \bullet L - \sqrt{1-\frac{\eta_L^2}{\eta_T^2}[1-(N \bullet L)^2]}\right\}N - \frac{\eta_L}{\eta_T}L$$

如果$\eta_L > \eta_T$，上面公式中的根号里的值可能为负，当光线从有较高折射系数的媒质以较大的入射角进入较低折射系数的媒质时，就会出现这种情形。需要注意的是，上面公式仅当$\sin\theta \leqslant \eta_T/\eta_L$时才成立。如果根号里的值为负，就会出现一种称为全反射的现象，此时光线不发生折射，只根据公式

$$\begin{aligned} R &= L - 2\mathrm{perp}_N L \\ &= L - 2[L - (N \bullet L)N] \\ &= 2(N \bullet L)N - L \end{aligned}$$

在媒质内部发生反射。

小结

本章介绍光线相关的算法，主要介绍光线跟踪的算法，几个应用到的重要的公式：分析求根法、光线与球体相交、法向量的计算、反射向量的计算和投射向量的计算。

习题

请将正确的答案填入相应的括号内。

1．下面（　　）是二次多项式。

A．$at^2+bt+c=0$　　B．$t^3+at^2+bt+c=0$

C．$t^4+at^3+bt^2+ct+d=0$　　D．$x^4+px^2+qx+r=0$

2．光线跟踪的核心问题是（　　）。

A．移动坐标系　　B．计算光线与曲面的交点

C．判断光线是否与曲面相交　　D．曲面的形状

扩展练习

1．两个媒质间的分界面上的临界角就是发生全反射的最小入射角。试求光线穿过水到达空气的临界角。水的折射系数是1.33，空气的折射系数是1.00。

2．计算抛物面$f(x,y,z)=2x^2+3y^2-z=0$在点(−1,2,14)处的表面单位法向量。

第 9 章

光　照

本章主要内容：

RGB 颜色系统

光源

漫反射光

纹理映射

镜面反射光

本章重点：

漫反射光

纹理映射

镜面反射光

本章难点：

纹理映射

镜面反射光

学完本章您将能够：

- 了解 RGB 颜色系统
- 了解光源种类的定义
- 掌握漫反射光定义
- 掌握纹理映射和镜面反射光计算公式

引 言

本章主要讲述有关表面光照的数学问题。光照过程，通常称为明暗处理，要求确定构成表面的每个像素反射到观察者眼中的光的颜色。这些颜色一方面取决于照射到表面上的光源的特性，另一方面依赖于表面本身的反射特性。

光和表面之间的相互作用是一个复杂的物理过程。当撞击到物质的表面时，光子可能被吸收、反射或投射。如果使用当今所知的所有物理知识对这个交互过程进行建模，将要花费难以承受的计算开支，因此，应该建立一种简化模型，尽可能地接近所期望的表面特性。本章首先介绍一些简单的模型，这些模型的计算效率很高，产生的结果能够为人们所接受，所以得到了广泛的应用，当然这些模型缺少物理上的精确性。然后，将讨论计算开支更大但功能准确的反映和表面之间物理交互过程的建模技术。

9.1 RGB颜色系统

一个描述表面反射光的精确模型，应该能够表示可见光谱中各种波长的光。然而，对于大多数的计算机显示器来说，颜色信息的显示只是依靠3种光波的组合：红、绿、蓝。将红、绿、蓝颜色按一定的比例进行混合来模拟，比如，黄色可以通过混合相同比例的红色和绿色而得到。对于那些又不止一种波长的光组成的颜色，比如褐色，也可以使用RGB颜色系统来模拟。

本章所介绍的光照模型都遵循RGB颜色系统，在计算表面上一点对光的反射时，要同时计算该点对红、绿、蓝3种光波的反射。由于对每个分量都要进行相同的计算，所以可以使用一种颜色三元组来表达数学公式，这种颜色三元组可以简称为颜色。

颜色可以用红、绿、蓝三元组来表示，每个分量都在0到1的区间取值。这样，颜色既能够代表光的光谱成分（决定了眼睛所看到的颜色），同时也能代表光的强度。这样使用下标r、g、b来表示颜色C的分量，所以一种颜色可以写作$C=(C_r,C_g,C_b)$。

颜色C可以通过乘以一个比例系数而变成一个新的颜色：

$$sC=(sC_r,sC_g,sC_b)$$

颜色的加法和乘法是通过其分量的加法和乘法实现的。也就是说，对于颜色C和D有：

$$C+D=(C_r+D_g, C_g+D_g, C_b+D_b)$$

$$CD=(C_rD_g, C_gD_g, C_bD_b)$$

颜色的乘法又称调制，可以是一个颜色与另一个颜色相乘，也可以是颜色乘以一个数量系数。渲染三角形时，三角形上的每个像素的颜色通常由多个光源的颜色组合来决定。三角面上像素的颜色通常来自两个颜色的乘积，一个是在纹理映射中得到的颜色，另一个是对三角形顶点颜色的插值。这种情况下，称用顶点颜色对纹理颜色进行调制。

9.2 光源

所计算的表面上任意一点颜色是照射到表面上的所有光源的总和。3D图形系统支持的光源的可以归纳为4种标准类型：环境光、定向光、电光源和聚焦光。这一节介绍每一种类型的光源及它们是如何使空间中的点发出光亮的。

9.2.1 环境光

在某一区域出现的环境光是一种低强度的光，它是由光线经周围环境中所有的临近表面多次反射后形成的。利用环境光可以近似地描述区域的大概亮度，这样就避免了场景中所有物体间相互反射的复杂计算。

环境光可以认为来自四面八方，并且在各个方向具有相同的强度，能够均匀地照亮物体的每一个部分。在一个场景中，环境光的颜色A通常是一个常量，当然有时也可以是一个关于空间位置的函数。比如，对于现实世界中单一的区域，可以对该区域用规则网络进行划分，然后进行环境光采样，最后将采样结果记录到一个纹理映射图中。

9.2.2 定向光源

定向光源是一个无穷光源，它在单一的方向从无限远处发射光线。定向光源可以用来对诸如太阳光的光源进行建模，可以认为这种光源发出的光是平行的。定向光源在空间中没有位置，具有无限的射程，并且发射的光强度不像点光源和聚焦光那样随着距离的增加而减弱。

9.2.3 点光源

点光源是一种在空间中的某个点上向各个方向等强度地发射光线的光源。根据平方反比律，光线的强度随距离的增加而自然减弱。在OpenGL和Direct3D中都对这种原理进行了实现，允许使用二次多项式的倒数来控制点光源所发出的光线的强度。

假设一个点光源位于$\boldsymbol{P}$点，到达空间一点$\boldsymbol{Q}$的光强$\boldsymbol{C}$可以通过下面的公式计算：

$$C = \frac{1}{k_c + k_l d + k_q d^2} C_0$$

其中，C_0是光的颜色，d是光源和$\boldsymbol{Q}$之间的距离（即$d=\|\boldsymbol{P}-\boldsymbol{Q}\|$），常量$k_c$、$k_l$、$k_q$分别是衰减常量、线性衰减常量和二次衰减常量。

9.2.4 聚集光源

聚集光源和点光源类似，不同的是聚集光源具有主辐射方向。聚集光源和点光源一样，强度随着距离的增加而衰减，除此之外，它还受到另外一种衰减因素的影响，即聚光灯效应。

假设在点$\boldsymbol{P}$有一聚焦光源，方向为$\boldsymbol{U}$，到达空间一点$\boldsymbol{Q}$的光强$\boldsymbol{C}$可以用下面的公式计算：

$$C = \frac{\max | -\boldsymbol{U} \cdot \boldsymbol{L}, 0 |^p}{k_c + k_l d + k_q d^2} C_0$$

其中，C_0是光的颜色，d是光源和$\boldsymbol{Q}$之间的距离，k_c、k_l、k_q是衰减常数，$\boldsymbol{L}$是从$\boldsymbol{Q}$指向光源的单位方向向量：$\boldsymbol{L} = \frac{\boldsymbol{P}-\boldsymbol{Q}}{\|\boldsymbol{P}-\boldsymbol{Q}\|}$，指数$p$控制聚焦光的聚焦方式。如图9-1所示，较大的指数$p$对应于高聚焦度的聚焦光，光强从聚焦中心向外出现急剧衰减；反之，较小的指数p则对应聚焦度不高的光柱。当$\boldsymbol{U}=-\boldsymbol{L}$时，聚焦光的光强最大，当$\boldsymbol{U}$和$-\boldsymbol{L}$之间的夹角增大时，光强将逐渐衰减。当一个点$\boldsymbol{U}$和$-\boldsymbol{L}$之间的夹角大于90°时，聚焦光源发出的光线不会到达该点。

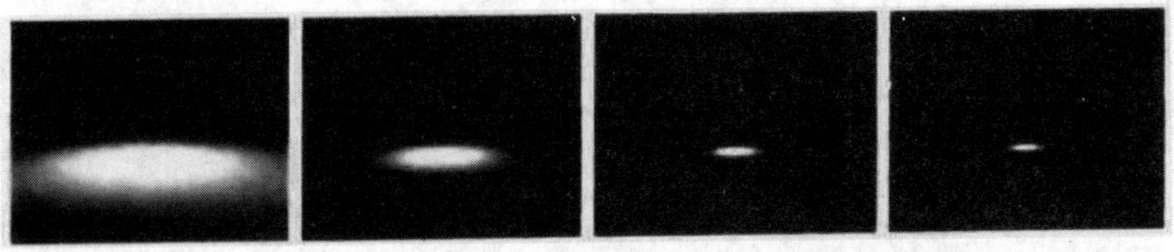

（a）聚焦指数为2　(b)聚焦指数为10　（c）聚焦指数为50　（d）聚焦指数为100

图9-1　聚焦光指数控制了聚焦光的聚焦程度

9.3 漫反射光

漫反射面是这样一种表面：当光照射到它上面的一点时，光将在任意方向上散射。一般的效果就是光的某种颜色（就是表面漫反射的颜色）向各个方向均匀地反射。这种反射称为Lambertian反射，因此光在各个方向上的反射时相等的，所以Lambertian反射的观察效果与观察者所处的位置无关。

如图9-2所示，对于横截面积为A的光束，只有当它的入射方向与表面垂直时，照射面积才为A，随着法向量和光线方向之间夹角的增加，被光束照射的面积也随之增加。如果法向量与光线方向的夹角为θ，则该光束照射的面积为$A/\cos\theta$，也说明单位面积上的光强是以$\cos\theta$为系数进行衰减的。

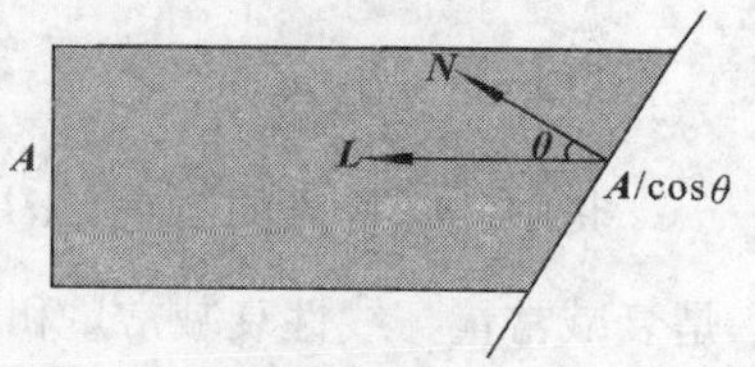

图9-2 光束照射的面积随夹角θ的增加而增加

注：光束所照射的面积随着表面法线与光的入射方向的夹角的增加而增加，而单位面积的入射光的光强减少。

$\cos\theta$的值可由法向量$\boldsymbol{N}$与指向光源的单位方向向量$\boldsymbol{L}$的点积得到，如果点积为负说明该表面是背向光源的，根本不会被光线照到，这时可以在光照计算中用零来代替点积的结果。

现在可以建立一个公式，用它来计算表面上给定点$\boldsymbol{Q}$反射到观察者眼中光的颜色K。在该公式中，C_i是n种光源中每种光照射到点$\boldsymbol{Q}$的光强，它对于定向光源来说是个常量，对于点光源和聚焦光源则由公式$C=\dfrac{1}{k_c+k_l d+k_q d^2}C_0$和公式$C=\dfrac{\max|-\boldsymbol{U}\cdot\boldsymbol{L},0|^p}{k_c+k_l d+k_q d^2}C_0$给出。反射光由表面漫反射颜色$D$进行调制。把$n$个光源对该点的作用量相加，并考虑环境光强$A$，这样可以将光照公式的漫射分量表示为

$$K_{\text{diffuse}}=DTA+DT\sum_{i=1}^{n}C_i\max|\boldsymbol{N}\cdot\boldsymbol{L}_i,0|$$

其中，单位向量$\boldsymbol{L}_i$从点$\boldsymbol{Q}$指向第i个光源。

9.4 纹理映射

如图9-3所示，在立方体表面上使用一个或多个纹理图可以更详细地表现表面的细

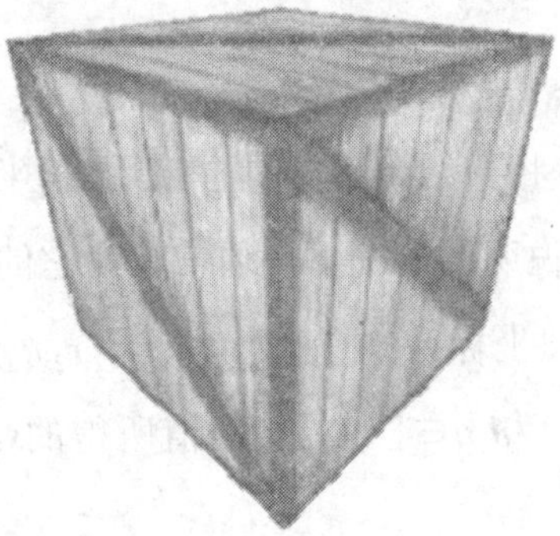

图9-3 使用纹理图可以增加表面的细节

节。对于表面上的每个点，可以在每个纹理图中查出其对应的纹理像素，并且可以将纹理像素与光照公式以某种方式结合起来。在最简单的情况下，可以从漫反射纹理图中查出取样，然后用得到的取样对漫反射颜色进行调制。

对于表面上的一点，用颜色T表示从纹理图中取得的对应于该点的过滤样本，用这个颜色来调制漫反射颜色，就可以得到公式$K_{\text{diffuse}} = DTA + DT\sum_{i=1}^{n} C_i \max|\boldsymbol{N}\cdot\boldsymbol{L}_i, 0|$的扩展版本：

$$K_{\text{diffuse}} = DTA + DT\sum_{i=1}^{n} C_i \max|\boldsymbol{N}\cdot\boldsymbol{L}_i, 0|$$

从纹理图中取得的实际颜色取决于与物体结合在一起的纹理坐标。纹理坐标要么预先计算，计算结果存储在三角网格的每个顶点中；要么在运行过程中计算，这样可以产生一些特殊的效果。对三角面进行渲染时，要对纹理坐标进行插值。

每个顶点都可能有1～4个纹理坐标，分别用s、t、r和q来标记。下面将介绍几种不同的纹理图，同时介绍在每种纹理图中如何使用纹理坐标查找纹理像素。

9.4.1 标准纹理图

在查找一维、2D和3D纹理图中的纹理元素时要分别用到一维、2D和3D纹理坐标。如图9-4所示，纹理图的宽度、高度、深度分别对应于s、t、r方向上的坐标值，取值区间为0～1。

一维纹理图可以看做在高度上只有一个像素的2D纹理图。同样，2D纹理图可以看做在深度上只有一个像素的3D纹理。当t、r坐标没有特别说明时，一般情况下可以认为值都为0。

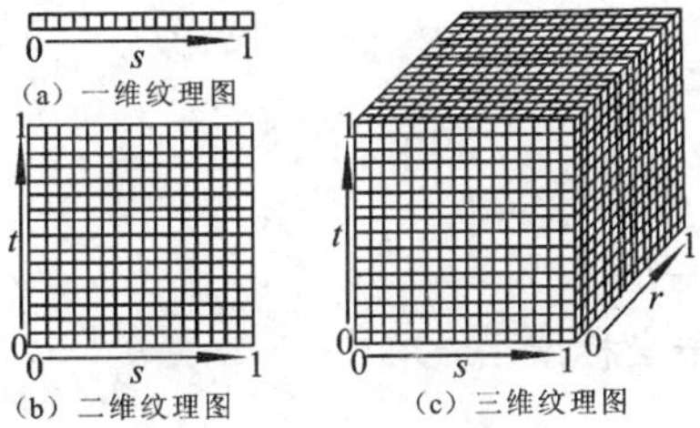

图9-4 纹理空间

9.4.2 投影纹理图

第4个纹理坐标q用于投影纹理映射，在本节后面部分将介绍到它的具体应用。q坐标的作用与齐次坐标点中的ω坐标非常类似，在没有特别说明的情况下，通常认为它的值为1。插值坐标s、t、r要除以插值坐标q。对于端点纹理坐标为(s_1,t_1,r_1,q_1)和(s_2,t_2,r_2,q_2)的扫描线，可以计算插值s_3和q_3，其中要用到一个中间参数$u(u\in[0,1])$。插值所得的s_3和q_3的商就是对纹理图进行取样的s的坐标，为：

$$s=\frac{s_3}{q_3}=\frac{(1-u)\dfrac{s_1}{z_1}+u\dfrac{s_2}{z_2}}{(1-u)\dfrac{q_1}{z_1}+u\dfrac{q_2}{z_2}}$$

使用类似的公式可以得到投影纹理坐标t和r。

使用投影纹理图可以模拟一种聚焦光源，该光源把一副图像投影到场景中，这就是投影纹理图的一种应用。如图9-5所示，与聚焦光源的距离越远，得到的投影图像就越大。这样的效果可以通过以下方式得到：用一个4×4纹理矩阵来将物体的顶点位置坐标映射到纹理坐标$(s,t,0,q)$，除以q之后得到校正的2D纹理坐标(s,t)，然后使得到的2D纹理坐标从投影图像中取样。

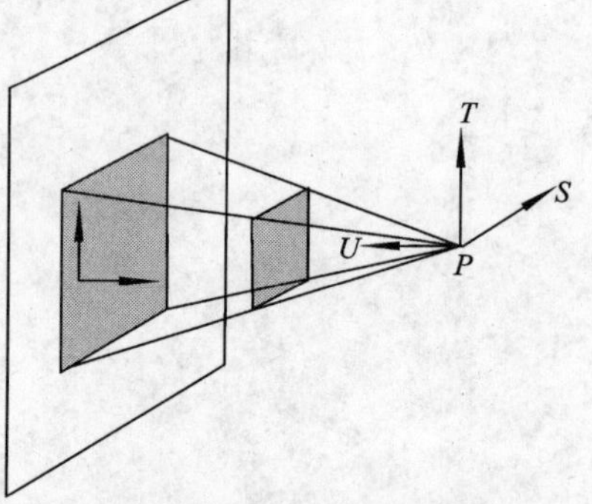

图9-5 投影纹理图用于模拟将图像投影到场景中的聚焦光源

假设聚焦光源位于$\boldsymbol{P}$点，方向为$\boldsymbol{U}$。令单位向量$\boldsymbol{S}$和$\boldsymbol{T}$位于垂直于$\boldsymbol{U}$的平面上，这样，可以使投影纹理图像的s轴和t轴与$\boldsymbol{S}$和$\boldsymbol{T}$的方向保持一致。对于被聚焦光照射的表面上的每个点（$x,y,z,1$），必须先变换到另一个坐标系中，在该坐标系中聚焦光源位于原点并且x、y、z轴分别与方向$\boldsymbol{S}$、$\boldsymbol{T}$、$\boldsymbol{U}$保持一致，这个变换过程可以使用以向量$\boldsymbol{S}$、$\boldsymbol{T}$、$\boldsymbol{U}$、$\boldsymbol{P}$为列的矩阵的逆矩阵来完成。如果$\boldsymbol{S}$、$\boldsymbol{T}$是正交的（这时投影图像不会出现斜扭现象），则变换矩阵为：

$$\boldsymbol{M}_1=\begin{bmatrix} S_x & S_y & S_z & -\boldsymbol{S}\bullet\boldsymbol{P} \\ T_x & T_y & T_z & -\boldsymbol{T}\bullet\boldsymbol{P} \\ U_x & U_y & U_z & -\boldsymbol{U}\bullet\boldsymbol{P} \\ 0 & 0 & 0 & 1 \end{bmatrix}$$

注：因为$\boldsymbol{S}\times\boldsymbol{T}=-\boldsymbol{U}$，这个矩阵变换的结果为一个左手坐标系。

现在需要将公式 $M_1=\begin{bmatrix} S_x & S_y & S_z & -\boldsymbol{S}\bullet\boldsymbol{P} \\ T_x & T_y & T_z & -\boldsymbol{T}\bullet\boldsymbol{P} \\ U_x & U_y & U_z & -\boldsymbol{U}\bullet\boldsymbol{P} \\ 0 & 0 & 0 & 1 \end{bmatrix}$ 中的矩阵乘以一个实现投影的矩阵。

可以用顶角α来定义聚焦光投影的焦距e为：

$$e=\frac{1}{\tan(\alpha/2)}$$

设a为纹理图的高宽比，它的值等于纹理图的高除以宽。每个顶点位置都应被投影到距离聚焦光源为e的平面上，在这个平面上，要将x方向上的区间[−1,1]映射到[0,1]上，将y方向上的区间[$-a$，a]映射到[0,1]上，实现这个过程的映射矩阵为

$$\boldsymbol{M}_2=\begin{bmatrix} e/2 & 0 & 1/2 & 0 \\ 0 & e/2a & 1/2 & 0 \\ 0 & 0 & 0 & 0 \\ 0 & 0 & 1 & 0 \end{bmatrix}$$

将映射结果中的s坐标和t坐标除以q坐标，就会得到最终的投影结果。结合公式 $\boldsymbol{M}_1=\begin{bmatrix} S_x & S_y & S_z & -\boldsymbol{S}\bullet\boldsymbol{P} \\ T_x & T_y & T_z & -\boldsymbol{T}\bullet\boldsymbol{P} \\ U_x & U_y & U_z & -\boldsymbol{U}\bullet\boldsymbol{P} \\ 0 & 0 & 0 & 1 \end{bmatrix}$ 和 $\boldsymbol{M}_2=\begin{bmatrix} e/2 & 0 & 1/2 & 0 \\ 0 & e/2a & 1/2 & 0 \\ 0 & 0 & 0 & 0 \\ 0 & 0 & 1 & 0 \end{bmatrix}$ 中的矩阵，根据公式 $\boldsymbol{M}=\boldsymbol{M}_2\boldsymbol{M}_1$，就可以得到形成聚焦光图像投影效果的4×4纹理矩阵$\boldsymbol{M}$。

9.4.3 立方体纹理图

立方体纹理图提供了对物体进行纹理映射的一种新方法，常用立方体纹理图来近似地表示模型表面对周围环境的反射。如图9-6所示，立方体纹理图由6个2D分量组成，分别对应于立方体的6个面。s、t和r坐标组成了从立方体中心指向待采样纹理像素的方向向量。

应该对哪个面进行采样是由绝对值最大的坐标的符号来决定的，其他两个坐标除以最大坐标，然后使用表9-1中的公式将这些坐标重新映射到区间[0,1]上，以生成2D纹理坐标（s'，t'）。这样，在立方体纹理图相应的面上，就可以使用相应的纹理坐标实现2D纹理图的采样。在图9-7中，给出了在立方体各个面上的立方体纹理映射轴的方向。

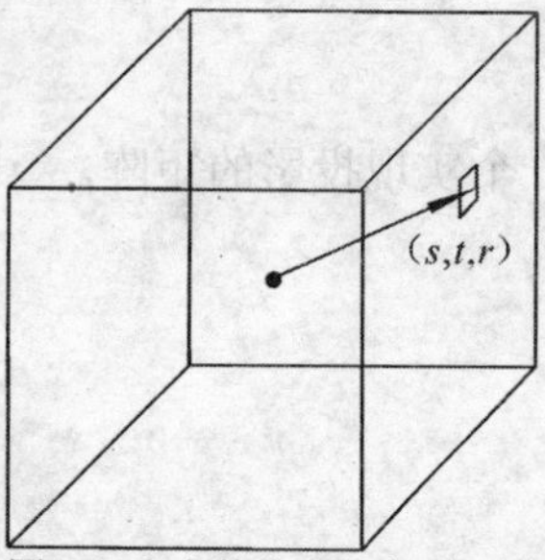

图9-6　立方体纹理图由6个对应于立方体的面的分量组成

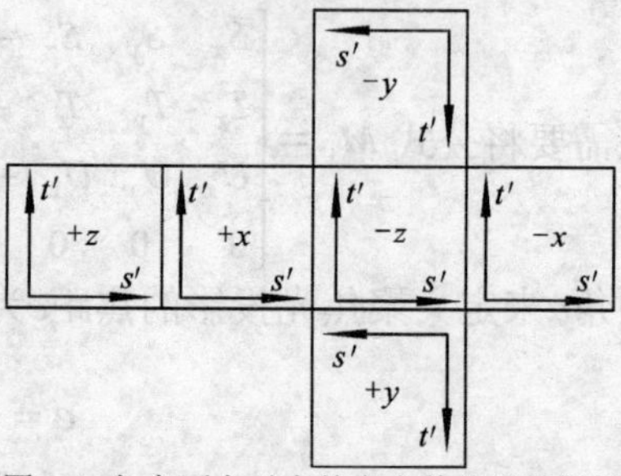

图9-7　各个面上对应的立方体纹理映射轴的指向

表9-1　用于计算2D坐标（s′，t′）的公式

面	s'	t'
正x	$\frac{1}{2}-\frac{r}{2s}$	$\frac{1}{2}+\frac{t}{2s}$
负x	$\frac{1}{2}-\frac{r}{2s}$	$\frac{1}{2}+\frac{t}{2s}$
正y	$\frac{1}{2}+\frac{s}{2t}$	$\frac{1}{2}+\frac{r}{2t}$
负y	$\frac{1}{2}-\frac{s}{2t}$	$\frac{1}{2}+\frac{r}{2t}$
正z	$\frac{1}{2}+\frac{s}{2r}$	$\frac{1}{2}-\frac{t}{2r}$
负z	$\frac{1}{2}+\frac{s}{2r}$	$\frac{1}{2}+\frac{t}{2r}$

与立方体纹理图一起使用的纹理坐标通常是在程序运行时产生的。例如，环境映射可以这样实现：计算出朝向摄像机方向的反射，然后将计算得到的发射信息存储在三角网格中每个顶点的（s，t，r）坐标中。反射方向的计算通常由计算机的硬件来完成，所以具有很高的效率。

具有规格化向量的立方体纹理图是立方体纹理图的一种极具价值的应用。规格化立方体纹理图是这样一种立方体纹理图，在它的6个面上存储的不是图像颜色，而是向量阵列，每个向量以RGB的形式进行编码记录，计算如下公式：

$$\text{red}=\frac{x+1}{2}$$

$$\text{green}=\frac{y+1}{2}$$

$$\text{blue}=\frac{z+1}{2}$$

在立方体纹理图的面上，每个像素位置上实际存储的是像素采样的单位向量(s,t,r)。当进行像素级光照明计算时，就要用到规格化立方体纹理图，因为在整个三角面上进行曲面法向量插值时，所得到的法向量的长度恒小于1。

9.4 镜面反射光

除了均匀的漫反射，某些表面会形成强烈的光反射，反射的路线与入射方向和表面法线形成的发射方向保持一致，其结果是在表面上出现耀眼的强光，这就是镜面反射。与漫反射不同，镜面反射在表面上的可见性依赖于观察者所处的位置。

如图9-8所示，$\boldsymbol{N}$是表面上$\boldsymbol{Q}$点的法向量，$\boldsymbol{V}$为指向观察者的单位方向向量，$\boldsymbol{L}$为指向光源的单位方向向量，$\boldsymbol{R}$是根据公式

$$\begin{aligned}\boldsymbol{R} &= \boldsymbol{L} - 2\mathrm{perp}_{\boldsymbol{N}}\boldsymbol{L} \\ &= \boldsymbol{L} - 2[\boldsymbol{I} - (\boldsymbol{N}\cdot\boldsymbol{L})\boldsymbol{N}] \\ &= 2(\boldsymbol{N}\cdot\boldsymbol{L})\boldsymbol{N} - \boldsymbol{L}\end{aligned}$$

计算出来的对应于$\boldsymbol{L}$的反射向量。当反射方向$\boldsymbol{R}$指向观察者时，镜面强光最强；当$\boldsymbol{R}$和指向观察者的向量$\boldsymbol{V}$之间的角度增加时，强光的强度逐渐减弱。

这里给出一个对镜面强光进行描述的可信模型

$$SC_{\max} \mid \boldsymbol{R}\cdot\boldsymbol{V}, 0\mid^{m} (\boldsymbol{N}\cdot\boldsymbol{L} > 0)$$

虽然几乎没有实际的物理基础与其对应，但该模型确实可信。用公式$SC_{\max} \mid \boldsymbol{R}\cdot\boldsymbol{V}, 0\mid^{m} (\boldsymbol{N}\cdot\boldsymbol{L} > 0)$可以给出单一光源的镜面反射量，其中$S$是表面的镜面反射颜色，$C$是入射光的光强，$m$为镜面指数。($N\cdot L>0$）表达式，当其为真时值为1，否则值为0，这样可以防止镜面强光在背向光源的平面上出现。

镜面指数m控制镜面强光的集中程度，小的m值产生模糊的强光，并在较大的范围内逐渐消失；大的m值产生明显的强光，并随着向量$\boldsymbol{V}$和$\boldsymbol{R}$之间的相互分离很快消退。

下面介绍另外一种镜面强光计算公式，该公式在某些条件下需要较少的计算量，其中用到了一个叫做平分向量的向量。如图9-9所示，平分向量$\boldsymbol{H}$刚好位于指向观察者的向量$\boldsymbol{V}$和指向光源的向量$\boldsymbol{L}$的中间，当平分向量$\boldsymbol{H}$与法向量$\boldsymbol{N}$指向相同时，镜面强光的强度最大。在这个模型中，可以用点积$\boldsymbol{N}\cdot\boldsymbol{H}$代替公式$SC_{\max} \mid \boldsymbol{R}\cdot\boldsymbol{V}, 0\mid^{m} (\boldsymbol{N}\cdot\boldsymbol{L} > 0)$中的点$\boldsymbol{R}\cdot\boldsymbol{V}$，虽然这会使镜面强光减弱的速率发生变化，但仍然不失原来模型的一般特性。

把n个光源相加，可以将光照明公式的镜面分量表示为

$$K_{\text{specular}} = S\sum_{i=1}^{n} C_i \max \mid \boldsymbol{N}\cdot\boldsymbol{H}_i, 0\mid^{m} (\boldsymbol{N}\cdot\boldsymbol{L}_i > 0)$$

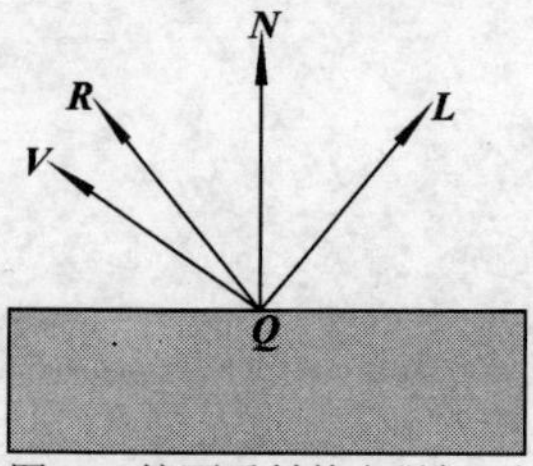

图9-8 镜面反射的光强与**V**和**R**向量之间的夹角有关

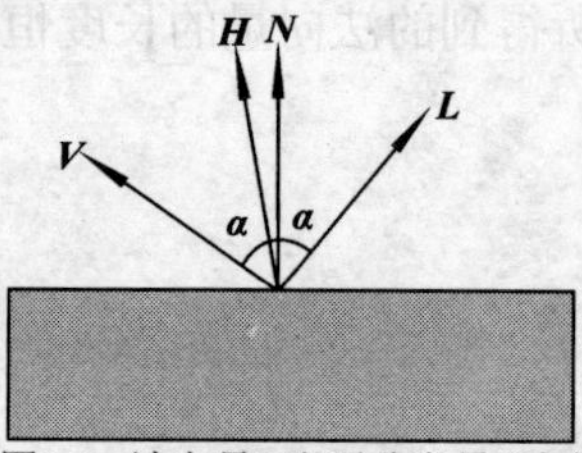

图9-9 法向量**N**和平分向量**H**之间的夹角也可以用于确定镜面的强度

其中，$\boldsymbol{H}_i$是第i个光源的平分向量，即

$$\boldsymbol{H}_i = \frac{\boldsymbol{L}_i + \boldsymbol{V}}{\| \boldsymbol{L}_i + \boldsymbol{V} \|}$$

就像可以用纹理图对光照明公式的漫反射分量进行调制一样，也可以用一个纹理图对镜面分量进行调制，这样的纹理图称为光泽图，用它可以确定表面上每个点的镜面光强。.用颜色G表示从光泽图得到的过滤样本，可以将镜面光照的公式扩展为

$$K_{\text{specular}} = S\sum_{i=1}^{n} C_i \max|\boldsymbol{N}\cdot\boldsymbol{H}_i, 0|^m \ (\boldsymbol{N}\cdot\boldsymbol{L}_i > 0)$$

小结

本章介绍与光照相关的知识，首先讲解了RGB颜色系统，列举了各种各样的光源，然后介绍了漫反射光和镜面反射光，分析了描述渲染表面细节的技术，如纹理映射。

习题

请将正确的答案填入相应的括号内。

1. RGB颜色系统中的颜色不包括以下的（　　）。

A. 红色　　B. 蓝色　　C. 黄色　　D. 绿色

2. 光源包括（　　）。

A. 环境光　　B. 定向光源　　C. 点光源　　D. 聚集光源

扩展练习

1. 一点光源的衰减常数为$K_c = 1, K_l = 0, K_q = \frac{1}{2}$。问距光源多远处的光强度是距光源1 m处的光强度的1/4？

2. 描述当$\boldsymbol{N}\cdot\boldsymbol{L}$为负数时，$\boldsymbol{N}\cdot\boldsymbol{H}$怎样才能为正数，以此判断光照公式中的条件（$\boldsymbol{N}\cdot\boldsymbol{L}>0$）的必要性。

附录 A

简单的数学公式

1. 乘法与因式分解

$a^2-b^2=(a+b)(a-b)$

$a^3+b^3=(a+b)(a^2-ab+b^2)$

$a^3-b^3=(a-b)(a^2+ab+b^2)$

2. 三角不等式

$|a+b|\leqslant|a|+|b|$

$|a-b|\leqslant|a|+|b|$

$|a|\leqslant b \quad -b\leqslant a\leqslant b$

$|a-b|\geqslant|a|-|b|$

$-|a|\leqslant a\leqslant|a|$

3. 三角函数公式

1）两角和公式

$\sin(A+B)=\sin A\cos B+\cos A\sin B$

$\sin(A-B)=\sin A\cos B-\sin B\cos A$

$\cos(A+B)=\cos A\cos B-\sin A\sin B$

$\cos(A-B)=\cos A\cos B+\sin A\sin B$

$\tan(A+B)=(\tan A+\tan B)/(1-\tan A\tan B)$

$\tan(A-B)=(\tan A-\tan B)/(1+\tan A\tan B)$

$\cot(A+B)=(\cot A\cot B-1)/(\cot B+\cot A)$

$\cot(A-B)=(\cot A\cot B+1)/(\cot B-\cot A)$

2）倍角公式

$\tan 2A=2\tan A/(1-\tan 2A)$

$\cot 2A=(\cot 2A-1)/2\cot A$

$\cos 2A=\cos 2A-\sin 2A=2\cos 2A-1=1-2\sin 2A$

3）半角公式

$\sin^2(A/2)=(1-\cos A)/2$

$\cos^2(A/2)=(1+\cos A)/2$

$\tan^2(A/2)=(1-\cos A)/(1+\cos A)$

$\tan(A/2)=\sin A/(1+\cos A)$

$\tan(A/2)=(1-\cos A)/\sin A$

4）和差化积

$2\sin A\cos B=\sin(A+B)+\sin(A-B)$

$2\cos A\sin B=\sin(A+B)-\sin(A-B)$

$2\cos A\cos B=\cos(A+B)-\sin(A-B)-2\sin A\sin B$

$=\cos(A+B)-\cos(A-B)$

$\sin A+\sin B=2\sin((A+B)/2)\cos((A-B)/2)$

$\cos A+\cos B=2\cos((A+B)/2)\sin((A-B)/2)$

$\tan A+\tan B=\sin(A+B)/\cos A\cos B$

$\tan A-\tan B=\sin(A-B)/\cos A\cos B$

5）正弦定理

$$a/\sin A=b/\sin B=c/\sin C=2R$$

其中，R表示三角形的外接圆半径。如图A-1所示，R为三角形ABC的外接圆的半径，a、b、c分别对应三角形的边BC、边AC、边AB。

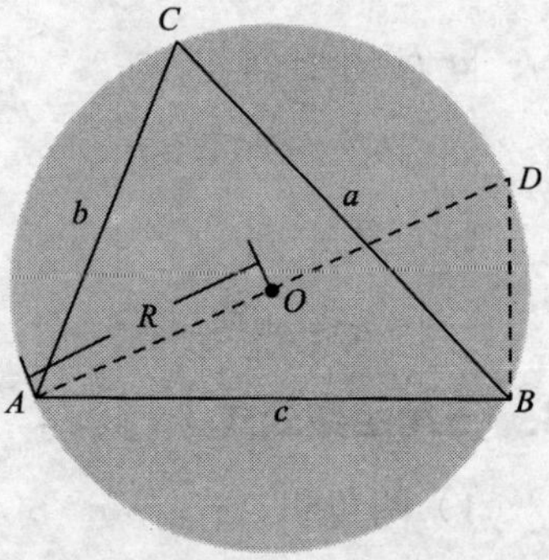

图A-1　正弦定理

6）余弦定理

$$b^2=a^2+c^2-2ac\cos B$$

其中，角B是边a和边c的夹角，如图A-2所示。

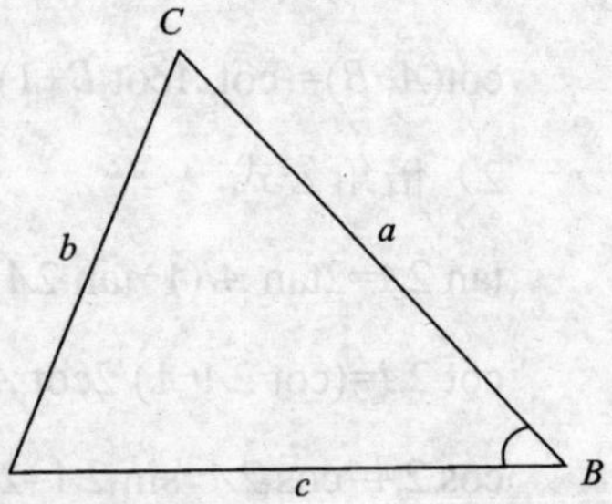

图A-2　余弦定理

附录 B

常用的物理公式

1. 运动学常用公式

1）匀变速直线运动

平均速度：$v_{平}=s/t$

中间时刻速度：$v_t/2= v_{平}=(v_t+ v_0)/2$

末速度：$v_t= v_0+at$

加速度：$a=(v_t - v_0)/t$

其中，以v_0为正方向，a与v_0同向（加速）$a>0$；反向则$a<0$。

2）竖直上抛运动

位移：$s= v_0t - gt^2/2$

末速度：$v_t= v_0 - gt$

往返时间：$t= 2v_0/g$

其中，t为从抛出落回原位置的时间。

3）平抛运动

水平方向速度：$v_x= v_0$

竖直方向速度：$v_y=gt$

水平方向位移：$x= v_0t$

竖直方向位移：$y=gt^2/2$

2. 力

重力：$G=mg$

胡克定律：$F= - kx$

滑动摩擦力：$F=\mu FN$

万有引力：$F=Gm_1m_2/r^2$

3. 冲量和动量

动量：$p=mv$

冲量：$I=Ft$

动量定理：$I=\Delta p$

动量守恒定律：$p_{前总}=p_{后总}$

$$m_1v_1+m_2v_2= m_1v_1' +m_2v_2'$$

附录 C

部分习题参考答案

第1章　数学基础与坐标系统

1．B

2．1）T　　2）T　　3）F

第2章　向量

1．C　　2．C　　3．A　　4．B

第3章　矩阵

1．T　　2．F　　3．T　　4．F

5．T　　6．T　　7．F　　8．T

9．T　　10．F　　11．T　　12．T

第4章　3D空间的方位与角位移

1．1）C　　2）A　　3）B　　4）C

2．1）T　　2）F　　3）T　　4）T

第5章　空间几何体

1．1）A　　2）C　　3）D　　4）C

5）B

2．1）T　　2）F　　3）T

第6章　几何检测和碰撞检测

1．T　　2．T　　3．F　　4．F

5．T　　6．F　　7．T　　8．T

9．F　　10．T　　11．T　　12．F

13．T　　14．T　　15．F　　16．T

第7章　物理模拟

1．B　　2．C　　3．D　　4．C

5．C　　6．B

第8章　光线的相关算法

1．A　　2．B

第9章　光照

1．C　　2．ABCD

参 考 文 献

[1] FOLEY J D, VAN DAM A, FEINER S K, et al. Computer Graphics — Principles and Practice. 2nd ed. Addison-Wesley, 1990.

[2] GLASSNER, ANDREW S. Maintaining Winged-Edge Models. Graphics Gems II, James Arvo (ed), AP Professional, 1991.

[3] BECKMANN, PETR, SPIZZICHINO. The Scattering ofElectromagnetic Waves from Rough Surfaces. Macmilian, 1963.

[4] GLASSNER, ANDREW S. Building Vertex Normals from an Unstructured Polygon List. Graphics Gems IV, Paul S. Heckbert (ed), AP Professional, 1994.

[5] GOMEZ, MIGUEL. Interactive Simulation of Water surfaces. Game Programming Gems. Charles River Media, 2000.

[6] GOLDMAN, RONALD. Intersection of Three Planes, in Graphics Gems, Andrew S. Glassner (ed), AP Professional, 1990.

[7] GOLDMAN, RONALD. Triangles. Graphics Gems, Andrew S. Glassner (ed), AP Professional, 1990.

[8] SCHORN, PETER, FISHER, et al. Testing the Convexity of a Polygon. Graphics Gems IV, Paul S. Heckbert (ed), AP Professional, 1994.

[9] SHOEMAKE, KEN. Euler Angle Conversion. Graphics Gems IV, Paul S. Heckbert (ed), AP Professional, 1994.

[10] SHOEMAKE, KEN. Quaternions and 4×4 Matrices. Graphics Gems II, James Arvo (ed), AP Professional, 1991.

[11] WATT, ALAN, MARK WATT. Advanced Animation and Rendering Techniques, ACM Press, 1992.

[12] HOPPE, HUGUES. Progressive meshes, in Computer Graphics (SIGGRAPH 1996 Proceedings): 99-108. http://research.microsoft.com.

[13] KAUTZ, JAN, et al. Achieving Real-Time Realistic Refections, Part1. Game Developer. 2001,

[14] HOPPE, HUGUES. Optimization of mesh locality for transparent vertex caching. Computer Graphics (SIGGRAPH 1999 Proceedings):269-276. http://research.microsoft.com.

[15] HULTQUIST, JEFF. Intersection of a Ray with a Sphere. Graphics Gems, Andrew S. Glassner (ed), AP Professional, 1990.

[16] WU XIAOLIN. A Linear-Time Simple Bounding Volume Algorithm. Graphics Gems III. Academic Press, 1992.

[17] PRESS, JOHN R, MILFORD, FREDERICK J, et al. Foundation of Electromagnetic theory. 4th ed. Addison-Wesley, 1993.

[18] GONZALEZ, RAFAEL C, WOODS, et al. Digital Image Processing. Addison-Wesley, 1992.